GOLDEN ROUTE

物理

［物理基礎・物理］

基礎編

大学入試問題集
ゴールデンルート

問題編

QUESTION

1

この別冊は本体との接触部分が糊付けされていますので、この表紙を引っ張って、本体からていねいに引き抜いてください。なお、この別冊抜き取りの際に損傷が生じた場合、お取り替えはお控えください。

目次

物理［物理基礎・物理］

基礎編

CHAPTER 1 **力学**

1　等加速度直線運動

解答目標時間：7 分

問　x 軸上を等加速度直線運動する物体がある。物体は時刻 $t=0$ s に原点 O を速度 0 m/s で出発した。図 1 は，時刻 $t=0$ s から $t=6$ s までの間の物体の速度 v の時間変化の様子を示してある。

問 1　この物体の加速度 a〔m/s^2〕の時間変化を，図 2 に描け。

問 2　$t=0$ s から $t=6$ s までの間で，物体の位置が最大となる時刻 t_1〔s〕を求めよ。また，時刻 t_1〔s〕における位置 x_1〔m〕を求めよ。

時刻 $t=6$ s 以降も，物体が等加速度直線運動を続けると，時刻 t_2〔s〕に物体の速度が -16 m/s となった。

問 3　時刻 t_2〔s〕を求めよ。

問 4　時刻 t_2〔s〕における物体の位置 x_2〔m〕を求めよ。

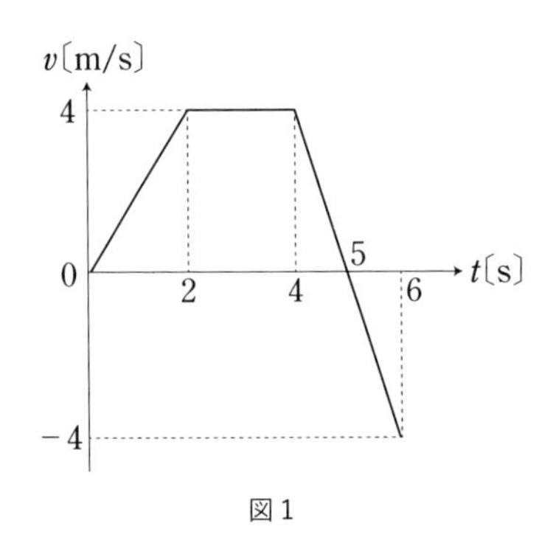

図 1

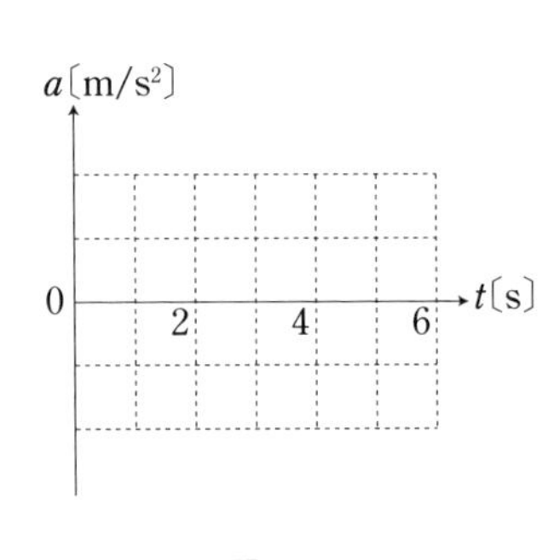

図 2

〈オリジナル〉

★★★

合格へのゴールデンルート

GR 1　速度 v と時間 t のグラフの傾きは（　　）を表す。

GR 2　速度 v と時間 t のグラフの面積は（　　）を表す。

2　放物運動

解答目標時間：5 分

問　図のように，高さ 78.4 m のビルの屋上から水平方向に投げ出した小球が，投げ出した位置の真下から前方 40 m の地面に落下した。重力加速度の大きさを 9.8 m/s^2 として，以下の問いに答えよ。

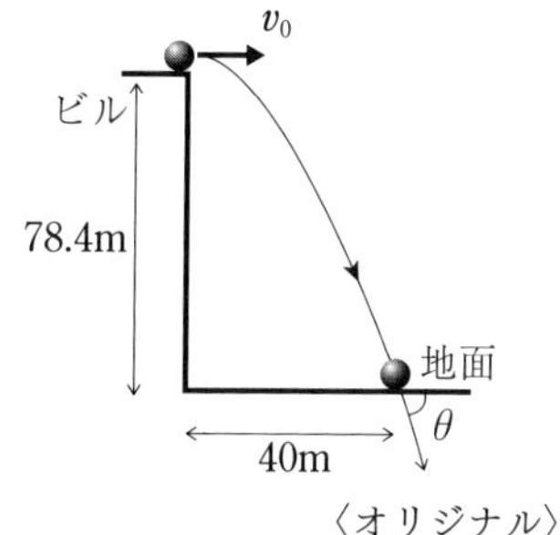

問 1　地面に落下するまでの時間を求めよ。

問 2　小球の初速度の大きさ v_0 はいくらか。

問 3　地面に達したときの速度と水平方向のなす角を θ とするとき，$\tan\theta$ を求めよ。

〈オリジナル〉

★★★

合格へのゴールデンルート

GR 1　水平投射は水平方向に（　　）運動する。また, 鉛直方向に（　　）運動をする。

3　斜方投射

解答目標時間：7分

問

図のように，水平面上の点Oから，仰角θでボールを投げたところ，点Pに落下した。初速度の大きさをv_0，ボールを投げ出した時刻を$t=0$とし，重力加速度の大きさをgとする。

問1　ボールが最高点に達した時刻t_1と高さHをそれぞれ求めよ。

問2　水平面に落下する時刻t_2とOP間の距離Lを求めよ。

問3　v_0は変えずに，θ（$0° \leqq \theta \leqq 90°$）を変えたとき，OP間の距離$L$が最大となる角度$\theta$および$L$の値を求めよ。

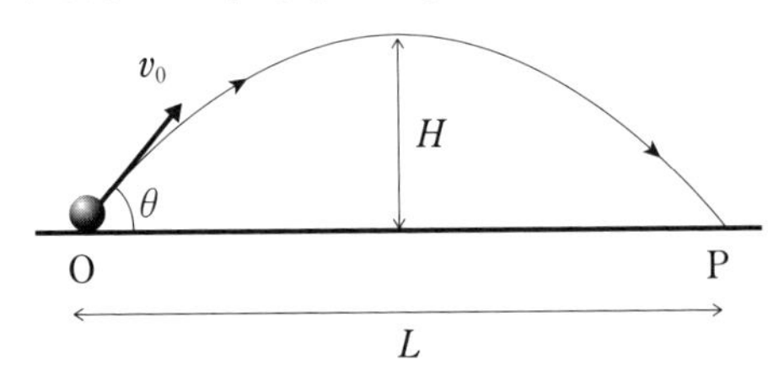

〈オリジナル〉

★★★

合格へのゴールデンルート

GR 1　斜方投射は水平方向に（　　）運動をする。また，鉛直方向は（　　）投げ上げとみなせる。

4　1物体の力のつり合い

解答目標時間：10 分

問

［A］ 図1のように，軽くて伸び縮みしない糸を天井に固定し，糸の他端には質量 m の小球を取り付ける。この小球にばね定数 k の軽いばねをつけ，ばねを水平に引いて小球を静止させた。糸と鉛直線とのなす角度は θ であり，重力加速度の大きさを g とする。

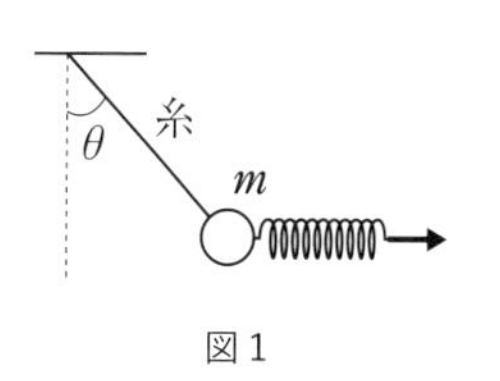

図1

問1　小球に働く張力の大きさを T，ばねの弾性力の大きさを F とする。T と F をそれぞれ求めよ。

問2　自然長からのばねの伸び x を求めよ。

［B］ 摩擦のある水平面上に質量 m の物体が置かれている。物体と水平面との間の静止摩擦係数を μ とし，重力加速度の大きさを g とする。

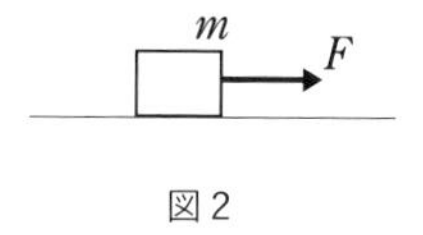

図2

問1　図2のように，物体に大きさ F の力を水平右向きに加えたところ，物体は静止したままであった。

(a)　物体に働く垂直抗力の大きさと摩擦力の大きさを求めよ。

(b)　力 F を徐々に大きくしていき，力 F が F_0 を超えると物体は滑り出した。F_0 を求めよ。

問2　図3のように，水平方向から30°上方へ力を加えた。加えた力の大きさを徐々に大きくしていくと，物体は面から離れることなく動き出した。物体が動き出す直前に加えていた力の大きさ F_1 を求めよ。

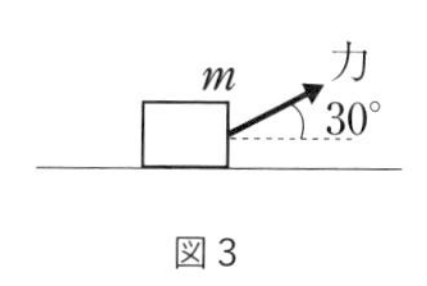

図3

〈オリジナル〉

★★★

合格へのゴールデンルート

GR 1 物体が静止しているとき，力の（　　）が成り立つ。

5　2物体の力のつり合い①

解答目標時間：5 分

図のように，傾角 30° の十分長い斜面がある。質量 m の物体 A に糸をつけ，滑らかな滑車を通して質量 m の容器 B をつないだところ，A は静止していた。重力加速度の大きさを g とする。

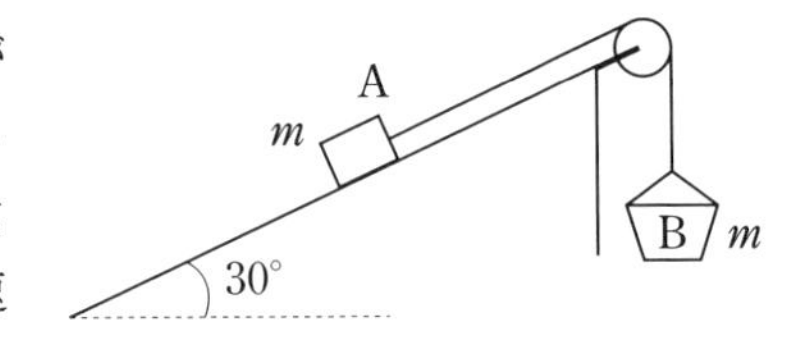

問1　物体 A に働く静止摩擦力の大きさを求めよ。

B に水を徐々に注いで，A が動き始める直前に注水をやめる。

問2　斜面と物体 A の間の静止摩擦係数を μ として，A が動き始めるときの容器 B と水を合わせた全質量 M を求めよ。

〈信州大（改）〉

★★★

合格へのゴールデンルート

GR 1 複数の物体があるときは（　　）に着目して力をかく。

6　2物体の力のつり合い②

解答目標時間：10 分

問　図1のように，質量 m の物体1の上に，質量 $3m$ の物体2を重ねて床の上に置いた。物体1と2の間，物体1と床の間には摩擦が働き，物体1と2の間，物体1と床の間の静止摩擦係数はそれぞれ 2μ，μ である。

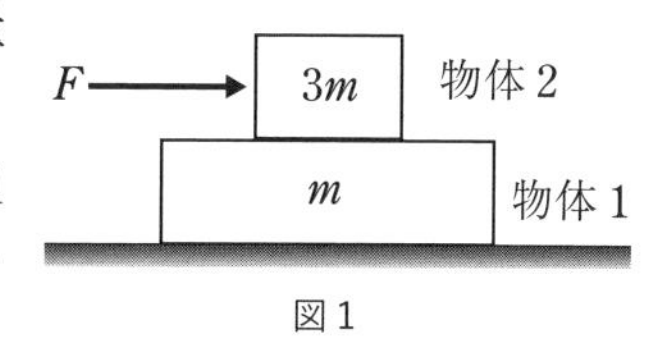

図1

問1　物体2に水平右向きに大きさ F の力を加えたところ，物体1と2はともに静止したままであった。物体1と2に働くすべての力を矢印で記せ。ただし，物体2の力の矢印は図2に，物体1の力の矢印は図3に記入せよ。

問2　物体1と床の間，物体1と2の間に働く静止摩擦力の大きさをそれぞれ，f_1，f_2 とする。また，物体1が床から受ける垂直抗力の大きさを N_1，物体2が1から受ける垂直抗力の大きさを N_2 とする。f_1，f_2，N_1，N_2 をそれぞれ求めよ。

問3　物体2に加える力を徐々に大きくしていくとき，物体1あるいは物体2のどちらかが先に動き出す。力を大きくしたときに，物体2が物体1に対して先に滑り始めるか。あるいは，物体1が床に対して滑り出すか。どちらか答えよ。

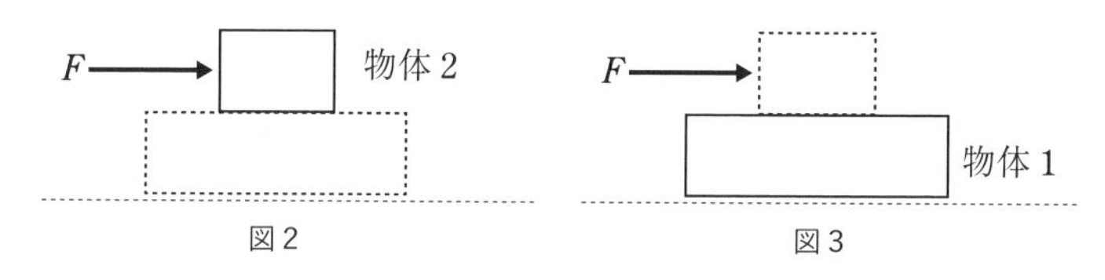

図2　図3

★★★

合格へのゴールデンルート

GR 1　物体Aから物体Bに力が働くと，物体Bから物体Aに，同じ作用線上で，大きさが等しく，向きが反対の力が働く。この法則を（　　）という。

7 棒のつり合い

解答目標時間：10 分

問　図のように，長さ l で質量 m のまっすぐで太さが一様な棒 AB を鉛直な粗い壁面に押し当てて，B 端を軽くて伸びない糸で結び，糸の他端を C 点に固定する。B 端に質量 m のおもり P をつり下げた状態で，棒は A 点で壁に垂直になってつり合った。棒 AB と糸は壁に垂直な一つの鉛直面内にあり，糸 BC と棒 AB のなす角度は θ である。重力加速度の大きさを g とする。

壁面と棒の間の静止摩擦力の大きさ f は［イ］であり，A 点での垂直抗力の大きさ N は［ロ］である。また，糸の張力の大きさ S は［ハ］である。

P のつり下げる位置を B 点から A の方にゆっくり移動していくと，P が B 点から x だけ離れた位置に達する直前で，棒の A 端が滑り始めた。壁面と棒の間の静止摩擦係数を μ，壁面の垂直抗力の大きさを R とすると，棒が滑り出す直前では，棒の B 点まわりに働く力のモーメントのつり合いの式は m，R，l，x，g，μ を用いて表すと，$\frac{mgl}{2}$ + ［ニ］ $= 0$ である。また，糸の張力の大きさ T は m，g，μ，θ を用いて表すと［ホ］であり，x は θ，μ，l を用いて表すと，［ヘ］である。

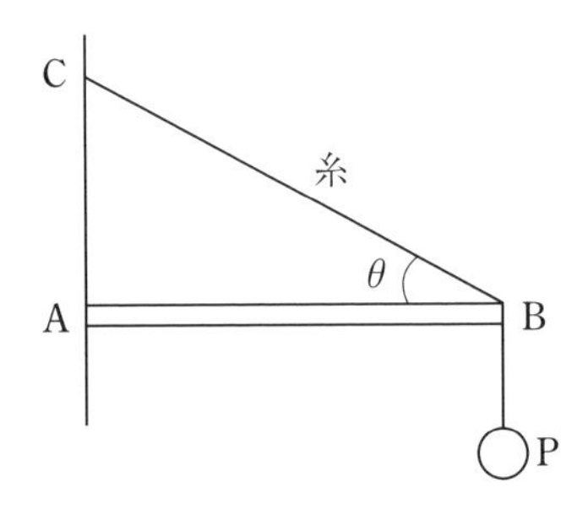

〈芝浦工業大〉

★★★

合格へのゴールデンルート

GR 1　棒(剛体)が静止するときには，力のつり合いの式と力の（　　）のつり合いの式を立てればよい。

8　運動方程式の立て方

解答目標時間：7 分

問 [A]　図 1 のように，水平方向から θ の角度をなす粗い斜面上に質量 m の小物体 A を置き，静かに放したところ，A は斜面に沿って，運動した。A と斜面の動摩擦係数を μ，重力加速度の大きさを g とする。

問 1　A に働く動摩擦力の大きさを求めよ。
問 2　A の加速度の大きさを求めよ。

[B]　図 2 のように，水平方向から 30° の角度をなす粗い斜面上に質量 m の小物体 P を置き，軽い糸で滑車を通して質量 $5m$ の小物体 Q をつり下げたところ，Q は下がり始めた。P と斜面の動摩擦係数を $\frac{1}{\sqrt{3}}$，重力加速度の大きさを g とする。

問 1　小物体 P の加速度の大きさはいくらか。
問 2　糸の張力の大きさはいくらか。

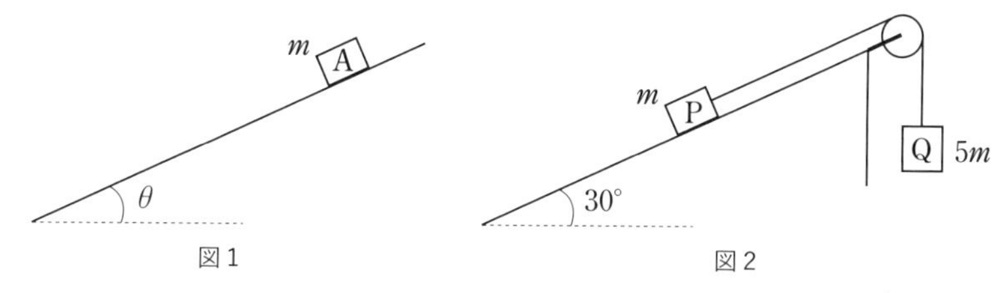

図 1　　図 2

〈東京電機大〉

★★★

合格へのゴールデンルート

GR 1　運動方程式を立てると，力や（　　）を求められる。

GOLDEN ROUTE 1 2 3 4 5 GOAL

9　水平面内での２物体の運動

解答目標時間：10 分

問　図のように，水平で滑らかな床面上に質量 M の一様な厚さの板が置いてあり，その上に質量 m の小物体をのせてある。床面に沿って大きさ F の一定の力を図の右向きに加えて板を引き続けたところ，板と小物体は一体となって床面上を運動した。板と小物体との間の静止摩擦係数を μ，重力加速度の大きさを g とする。

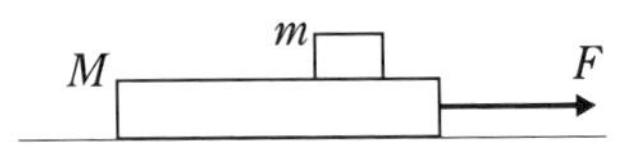

問１　小物体に働く摩擦力の向きはどちら向きか。図の右向き，または，左向きで答えよ。

問２　板の加速度の大きさはいくらか。また，小物体に働く摩擦力の大きさはいくらか。

問３　次に，板に加える力を増していったところ，小物体が板上を滑り始めた。小物体が滑り始める直前に加えた力の大きさはいくらか。

〈オリジナル〉

★★★

合格へのゴールデンルート

GR 1　２物体が一体となって加速度運動しているとき，物体間には，(　　)摩擦力が働く。

CHAPTER 1　力学

10　力学的エネルギー保存則

解答目標時間：10 分

問　図1のように，質量 m の物体を，水平な床と角度 θ をなす斜面上の高さ h の点に，静かに置いたところ物体は滑り始めた。物体は水平な床に達した後，ばね定数 k の軽いばねの端に接触しばねを押し縮めて速さ 0 となった。物体と斜面，物体と床の間の摩擦は無視できるものとし，床と斜面は滑らかにつながっているものとする。重力加速度の大きさを g とする。

問1　物体が床に達したときの速さ v を求めよ。

問2　物体がばねを押し縮め，速さ 0 となったときのばねの縮み x を k，m，g，h を用いて表せ。

次に，図2のように，物体とばねを接触させ，ばねを自然長から d だけ押し縮め，静かに放す。物体は右向きに運動し，ばねが自然長となったところでばねから離れ斜面を上昇した後，高さ h_C の斜面の頂点 C から飛び出した。その後，物体は最高点 D に達し，床上の点 E に落下した。

問3　物体がばねから離れたときの速さ v_0 を求めよ。

問4　点 C から飛び出すときの物体の速さ v_C を h_C，v_0，g を用いて表せ。

問5　物体が最高点に達したときの高さ H を v_C，v_0，g，θ を用いて表せ。

問6　床に達したときの速さを v_0 を用いて表せ。

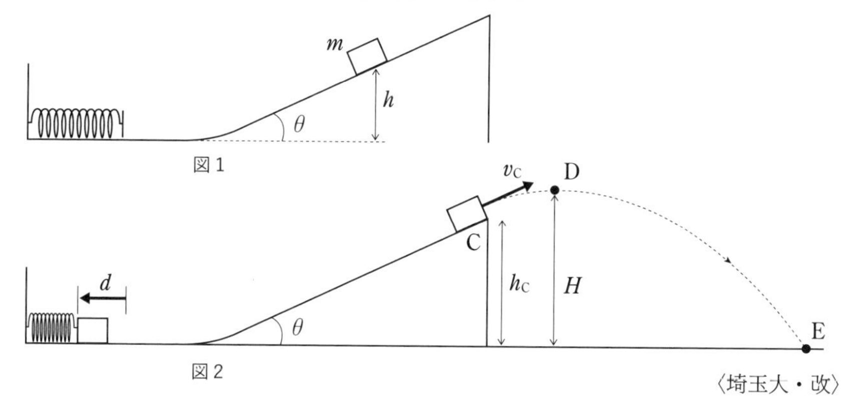

〈埼玉大・改〉

★★★

合格へのゴールデンルート

GR 1 熱が発生しない場合は，(　　) 保存則が成り立つ。

11 仕事と力学的エネルギーの関係

解答目標時間：10 分

問　図のように，質量 m の物体を，水平な床と角度 θ をなす摩擦のある粗い斜面上に置き，この物体に大きさ F の一定の外力を加え続けて距離 l だけ斜面に沿って下降させた。斜面と物体との間の動摩擦係数を μ，重力加速度の大きさを g として，以下の問いに答えよ。

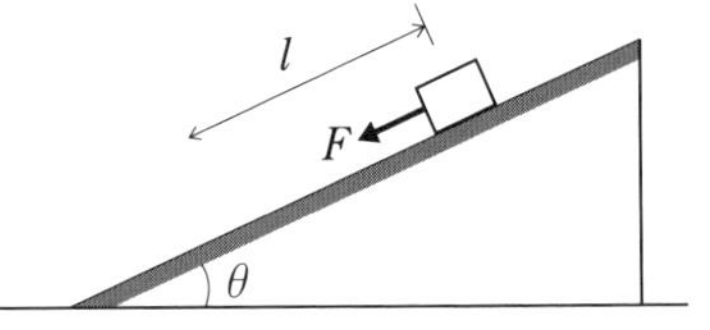

問 1　物体が距離 l だけ運動するまでの間で，(a)〜(d)の各力がする仕事を求めよ。

(a)　外力がした仕事 W_F

(b)　重力がした仕事 W_g

(c)　垂直抗力がした仕事 W_N

(d)　動摩擦力がした仕事 W_f

問 2　外力を加え始めたときの物体の速さを 0 とする。物体が斜面上を距離 l だけ運動したときの速さは v であった。v を求めよ。

〈オリジナル〉

★★★

合格へのゴールデンルート

GR 1 摩擦力が仕事をする場合は，(　　) は保存しない。

CHAPTER 1　力学

12　1物体の運動量と力積の関係

解答目標時間：10 分

問　図1のように，長さ l の細い糸の一端をA点に固定し，他端に質量 m のボールをつり下げる。このときボールの位置をOとする。糸がたるまないようにして，ボールをAOに対して，60°の高さの点Bまで持ち上げて，静かに放す。ボールが最下点Oにきたとき，バットでボールを反対向きに打ち返した。ボールは鉛直面内で運動するものとし，空気の抵抗は無視できるものとする。重力加速度の大きさを g として，以下の問いに答えよ。

問1　バットで打つ直前のボールの速さ v_0 はいくらか。

問2　ボールを打ち返した直後の速さが v_0 であるとき，バットがボールに与えた力積の大きさ I はいくらか。

問3　バットとボールが t 秒間接触していた。バットがボールに及ぼした平均の力の大きさ F はいくらか。

問4　次に，点Bから静かに放したボールが最下点Oにきたときにバットで打つことで，ボールを鉛直上向きに速さ v_0 で飛ばしたい。ボールを鉛直上向きに飛ばすためには，バットを鉛直方向から角度 θ だけ傾ければよい。角度 θ はいくらか。また，バットがボールに与えた力積の大きさはいくらか。

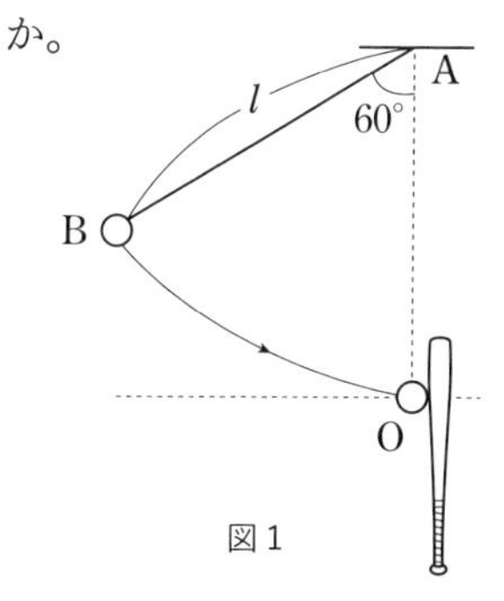

図1

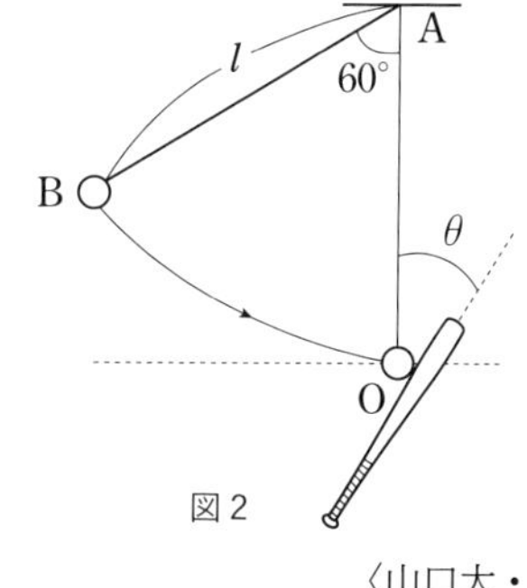

図2

〈山口大・改〉

★★★

合格へのゴールデンルート

GR 1　物体に働く力が一定ではないとき，力積は（　　）の変化を考える。

13 滑らかな面での斜め衝突

解答目標時間：10 分

問 図のように，台の上から投げ出された小球のはね返り運動について考える。台と壁は水平な床に固定され，ともに鉛直に立っている。台の高さは h，台と壁の間隔は d である。小球の質量を m，重力加速度の大きさを g，小球と床および壁とのはね返り係数をともに e（$0 < e < 1$）として次の問いに答えよ。ただし，小球は台から水平かつ壁に垂直な方向に投げ出すものとする。また，小球の大きさと空気の抵抗は無視でき，床および壁はともに滑らかな平面である。

小球を初速 v_0 で台から投げ出したところ，小球は床に一度だけ落下した後，はね返って壁に衝突した。

問 1　小球が床に到達するまでの時間 t_0 を求めよ。また，床に到達する直前の速度の鉛直成分の大きさ v_{y0} を求めよ。

問 2　床との衝突で小球が床から与えられた力積の大きさ I を求めよ。

問 3　小球が床に一度だけ落下した後，再び床に落ちることなく壁に衝突するために初速 v_0 が満足する条件を求めよ。

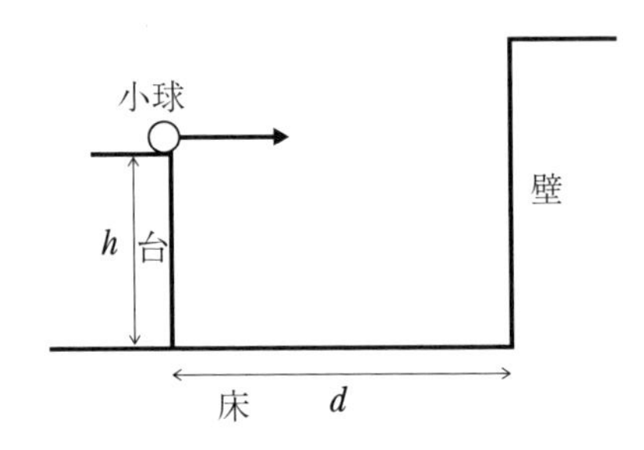

〈埼玉大・改〉

★★★

合格へのゴールデンルート

GR 1 小球が滑らかな面への斜め衝突をしたとき，面に対して平行な方向の速度は（　　）。面に対して垂直な方向の速度は衝突前の速度の（　　）倍となる。

14　2物体の衝突

解答目標時間：10 分

問　滑らかな水平面上で，右向きに速さ 4 m/s で進んでいる質量 1 kg の物体 A と左向きに速さ 2 m/s で進んでいる質量 3 kg の物体 B の正面衝突を考える。反発係数が異なると衝突後の物体の運動も異なってくる。反発係数が異なる 3 つの場合について以下の問いに答えよ。ただし，物体 A と B が衝突した後の速度をそれぞれ v_A，v_B とし，速度は右向きを正とする。

A と B の反発係数が 1 である場合

問 1　衝突後，A の速度 v_A と B の速度 v_B を求めよ。また，衝突において失われた力学的エネルギーを求めよ。

A と B の反発係数が 0 である場合

問 2　衝突後，A の速度 v_A と B の速度 v_B を求めよ。

A と B の反発係数が 0 でも 1 でもない場合

問 3　衝突後，B は静止した。A と B の反発係数を求めよ。また，衝突後の A の速度を求めよ。

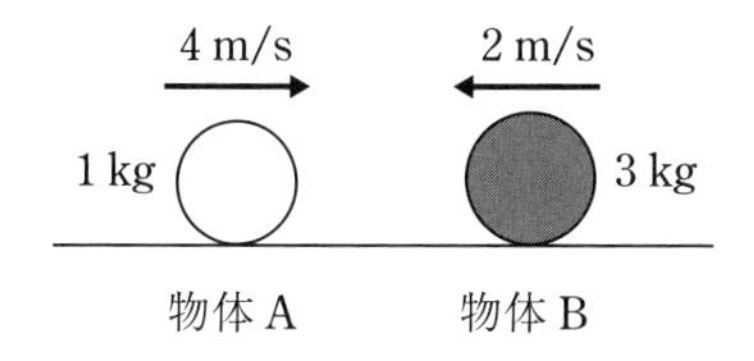

〈南山大・改〉

★★★

合格へのゴールデンルート

GR 1　2 物体の衝突では（　　）と反発係数の式を立てればよい。

15　2体問題

解答目標時間：10分

問　水平に置かれた滑らかな直線上の管の中に，質量 m の小球Aが置かれている。そのAの左側には，ばね定数 k のばねがつけられている。図のように，管の左側から，Aと同じ質量 m の小球Bを速さ v_0 でばねに向けて滑らせたところ，Bはばねに衝突し，ばねから力を受けたAは動き始めた。A，B間のばねは，ある長さまで縮んで，再び元の自然な長さに戻り，それ以後，Aとばねは，Bから離れて滑っていった。ばねの先端にBが接触した瞬間のBの位置をP，ばねが最も縮んだ瞬間のBの位置をQ，ばねが再び自然の長さに戻った瞬間のBの位置をRとする。BがPからRに達するまでの運動について以下の問に答えよ。ただし，ばねの質量は無視することができ，ばねによる力はフックの法則にしたがう保存力であるものとする。

問1　A，Bには，ばねを通して互いに作用し合う力以外の水平方向の力は作用しないので，運動量保存の法則が成り立つ。ある時刻におけるAの速さを v_A，Bの速さを v_B とすると，v_A+v_B は v_0 を用いてどのように表されるか。

問2　Bが点Qに達したとき，Aの速さを求めよ。また，ばねの縮みを求めよ。

問3　Bが点Rに達したときのAとBの速さをそれぞれ求めよ。

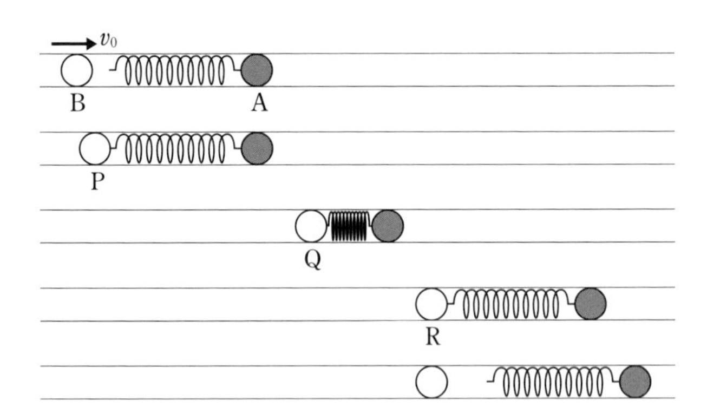

〈名城大・改〉

★★★

合格へのゴールデンルート

GR 1 外力が働かない内力のみの物体系であれば（　　）が成り立つ。

16 エレベーター内の物体の運動

解答目標時間：7分

問 鉛直方向に昇降するエレベーターがある。図のように，エレベーターの床から高さ h の位置に，天井から糸で吊り下げられた質量 m のおもりがある。このおもりを地上で静止している観測者の立場Pとエレベーター内の観測者の立場Qの両方から考えてみる。おもりの空気抵抗は無視でき，重力加速度の大きさを g とする。

エレベーターが等速度で鉛直上方に運動している場合を考える。

問1 おもりにはたらく張力の大きさ T を，Pの立場で観測したときとQの立場で観測したときのそれぞれで求めよ。

エレベーターが大きさ a の加速度で鉛直上方に運動している場合を考える。

問2 おもりにはたらく張力の大きさ T を，Pの立場で観測したときとQの立場で観測したときのそれぞれで求めよ。

問3 エレベーターが上昇中に，糸を切断すると，おもりは床に落下した。糸を切ってから，おもりが床に落下するまでの時間 t_0 を求めよ。

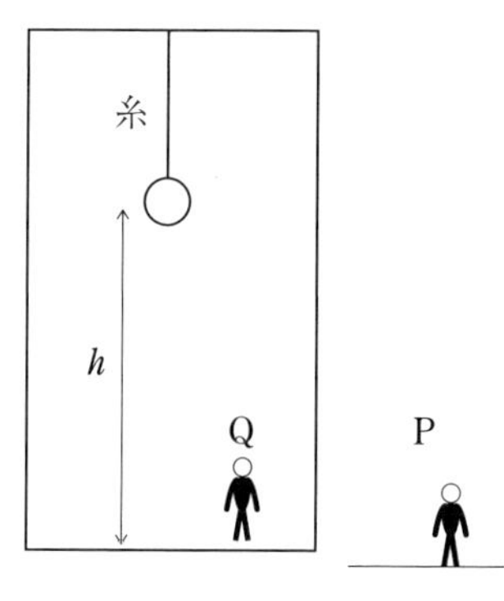

〈姫路工業大〉

GOLDEN ROUTE 1 2 3 4 5 GOAL

★★★

合格へのゴールデンルート

GR 1 加速度運動している観測者から物体を見た場合，(　　)が働くように見える。

17 等速円運動（円すい振り子）

解答目標時間：7分

問

長さLの糸の端に質量mのおもりがつけられ，もう一方の端は点Oに固定されている。このおもりを水平面内で等速円運動させたところ，糸と鉛直線のなす角がθとなった。重力加速度の大きさをgとする。

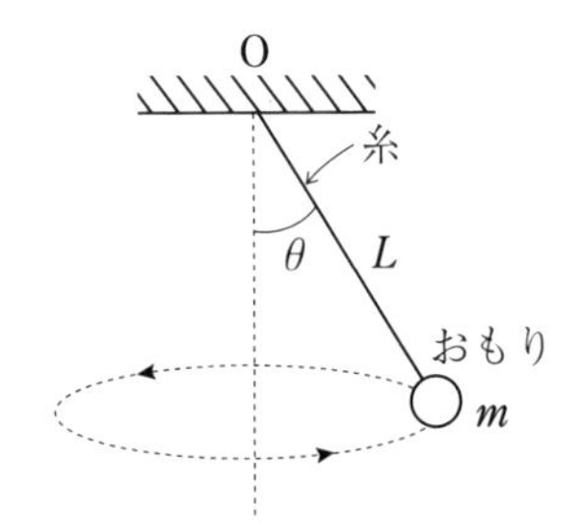

問1　糸の張力の大きさを求めよ。

問2　おもりの速さを求めよ。

問3　おもりの角速度を求めよ。

問4　おもりの周期を求めよ。

〈千葉大・改〉

★★★

合格へのゴールデンルート

GR 1 等速円運動の問題は鉛直方向の力のつり合いと中心方向の(　　)を立てればよい。

18　鉛直面内の円運動

解答目標時間：10 分

問　図で示されるような鉛直面内を小球 A と小球 B が運動する。図の右半分は点 O を中心とした半径 r の半円，左半分は水平な面である。中心 O の真下の点 P に質量 m の A を置き，A と等しい質量を持つ小球 B を，左方から滑らせて A に正面衝突させる。衝突後，A は右方に滑り出し，半円部を滑り上がって，点 S を通過し飛び出した。小球 A と B は弾性衝突するものとし，面と小球との間の摩擦は無視できるものとする。また，重力加速度の大きさを g とする。

問 1　衝突後の A と B の速さをそれぞれ求めよ。

問 2　B が A に衝突した直後，A に働く垂直抗力の大きさを求めよ。

問 3　$\angle$ POQ $= \theta$ とする。点 Q での速さはいくらか。

問 4　点 Q において，小球に働く垂直抗力の大きさはいくらか。

問 5　点 S を通過するための v_0 の条件を求めよ。

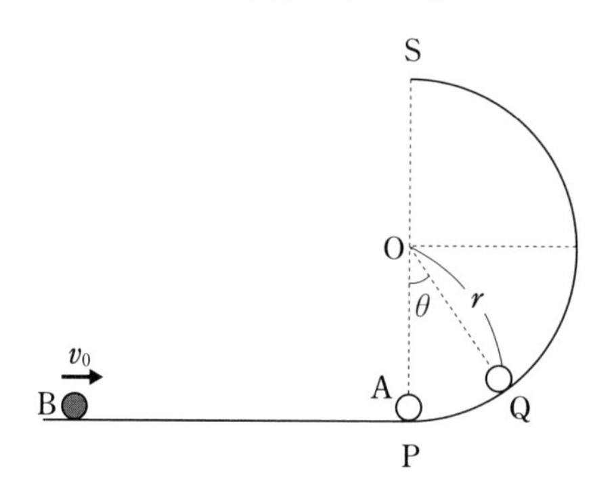

〈同志社大・改〉

★★★

合格へのゴールデンルート

GR 1　鉛直面内の円運動の問題は中心方向の運動方程式と（　　）保存則を立てればよい。

GOLDEN ROUTE ❶ ② ③ ④ ⑤ GOAL

19　単振動（水平ばね振り子）

解答目標時間：7 分

問　ばね定数 k の軽いばねの一端に質量 m の小球を取り付け，滑らかな水平面上に置く。ばねの他端を固定し，ばねを自然長から d だけ伸ばして静かに放すと，小球は単振動を始めた。静かに放した時刻を $t=0$ とし，ばねが自然長となっているときのPの位置を原点Oとして，水平右向きに x 軸をとる。ただし，速度，加速度は x 軸の正方向を正とする。

問1　小球の座標が x のときの加速度を a として，運動方程式を書け。

問2　振動中心の座標，周期，振幅を求めよ。

問3　速さの最大値を求めよ。また，小球の速さがはじめて最大となる時刻を求めよ。

問4　加速度の大きさの最大値を求めよ。

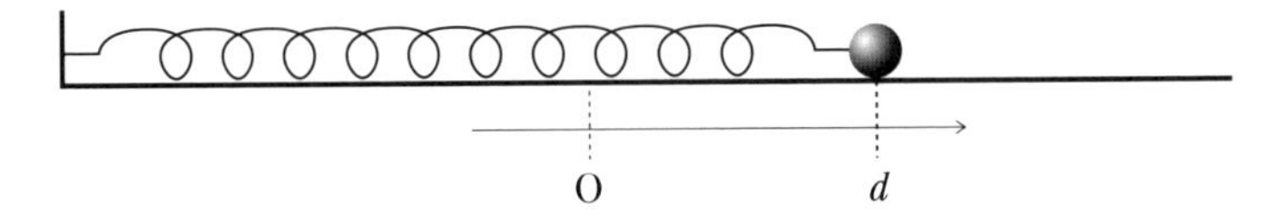

〈オリジナル〉

★★★

合格へのゴールデンルート

GR 1　振動の中心の位置が x_0，角振動数が ω の単振動をしている物体の位置 x の加速度 a は，$a=$（　　）と表せる。

CHAPTER 1　力学

20　鉛直ばね振り子

解答目標時間：10 分

問　ばね定数 k の軽いばねの一端を天井に固定し，他端に質量 m のおもりを取り付けると，自然長から d だけ伸びた位置で静止した。この位置から，さらに d だけ鉛直下方に引っ張り静かに放すと，おもりは単振動を始めた。ばねの自然長の位置を原点 O として，鉛直下向きを x 軸の正方向とし，速度，加速度は x 軸の正方向を正の向きとする。また，おもりを静かに放した時刻を 0 とする。重力加速度の大きさを g とする。

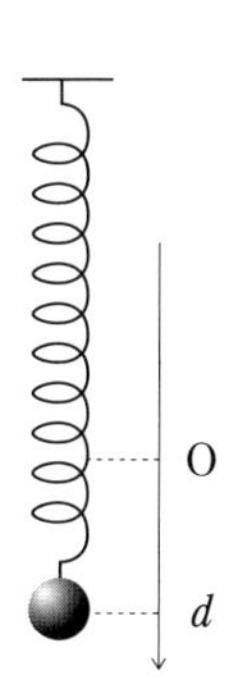

問1　d を求めよ。（以下の問 2 〜 5 は，d を用いずに答えよ。）

問2　おもりが位置 x のときの加速度を a として，運動方程式を書け。

問3　振動中心の座標，周期，振幅を求めよ。

問4　この単振動の速さの最大値を求めよ。

問5　おもりが $x = \dfrac{d}{2}$ をはじめて通過するときの時刻とその時刻におけるおもりの速さを求めよ。

〈オリジナル〉

★★★

合格へのゴールデンルート

GR 1　ある位置 x を通過するときの時刻の求め方は，等速円運動の（　　）で考える。

GOLDEN ROUTE 1 2 3 4 5 GOAL

21　万有引力

解答目標時間：12 分

問　地球から万有引力を受けて，地球を中心とする半径 r の円軌道上を運動している質量 m の人工衛星がある。地球の質量を M，万有引力定数を G として，以下の問いに答えよ。ただし，地球の自転および公転は考えないものとし，空気の抵抗は無視できるものとする。

問1　人工衛星の速さを求めよ。

問2　人工衛星の円運動の周期 T_1 を求めよ。

問3　人工衛星の力学的エネルギー E を求めよ。ただし，万有引力による位置エネルギーの基準を無限遠方とする。

人工衛星が点Pで加速し，速さが v_P となった。このため，人工衛星は地球を一つの焦点とする楕円軌道上を運動するようになった。人工衛星が地球から最も遠ざかるときの速さを v_Q，そのときの地球からの距離を R とする。

問4　v_Q は v_P の何倍か。

問5　v_P を r，R，G，M を用いて表せ。

問6　人工衛星が楕円軌道上を運動しているときの周期 T_2 は，T_1 の何倍か。

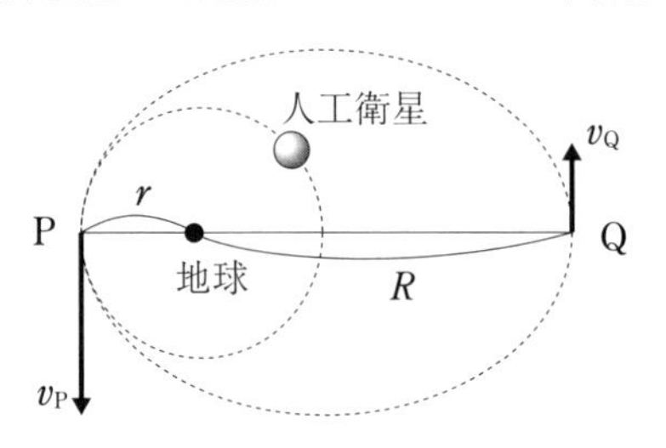

〈オリジナル〉

★★★

合格へのゴールデンルート

GR 1 楕円運動の問題を解くときは（　　）法則と力学的エネルギー保存則を立てる。

GR 2 楕円の周期を問われた場合，ケプラーの第（　　）法則を用いればよい。

GOLDEN ROUTE 1 2 3 4 5 GOAL

CHAPTER 2 波

22 横波と縦波

解答目標時間：10 分

問 図1の実線の波形は，x 軸の正方向に進む正弦波の時刻 $t = 0$ s の様子を示したものである。実線の波形がはじめて点線の波形のようになるのに3sかかった。

問1 振幅，波長を求めよ。
問2 波の速さを求めよ。
問3 周期と振動数を求めよ。
問4 $t = 0$ s において，媒質の速度が0の座標および，y 軸の負の向きに速度の大きさが最大の座標を $0 \leqq x \leqq 8$ の範囲で求めよ。
問5 $x = 4$ cm における媒質の変位の時間的変化を図2にかけ。
問6 $x = 36$ cm の $t = 7$ s における媒質の変位を求めよ。
問7 図1の実線の波形が縦波の，時刻 $t = 0$ s における変位を横波で表したものである場合，以下の(a)〜(d)の媒質の位置を $0 \leqq x \leqq 8$ の範囲でそれぞれ答えよ。ただし，y 軸の正の変位を x 軸の正の向きへ，y 軸の負の変位を x 軸の負の変位とする。

(a) 最も密な点
(b) 変位が x 軸の正の向きに最大の部分
(c) 媒質の速さが波の進行する向きに最大の部分

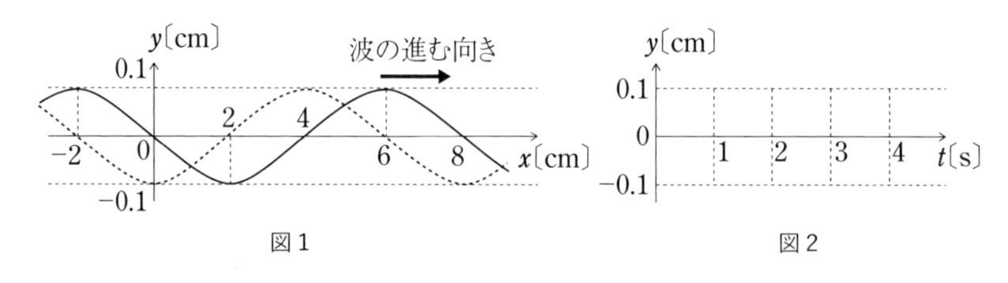

図1　図2

〈オリジナル〉

★★★

合格へのゴールデンルート

GR 1 波を伝える媒質の運動は（　　）である。

23　波の反射・定常波

解答目標時間：10 分

問 ［A］　図 1 のように，x 軸上を波長および周期の等しい正弦波 a，b が，互いに逆向きに進んで重なり合い，定常波が生じている。図には，a 波，b 波が単独で存在したときの，時刻 $t = 0$〔s〕における a 波（実線）と b 波（破線）が示してある。波の速さは 2 cm/s である。

問 1　$t = 0$〔s〕での合成波を描け。

問 2　定常波の節の位置を $0 \leqq x \leqq 4$〔cm〕の範囲ですべて求めよ。

問 3　$t = 0$〔s〕の後，腹の位置の変位の大きさがはじめて最大になる時刻を求めよ。

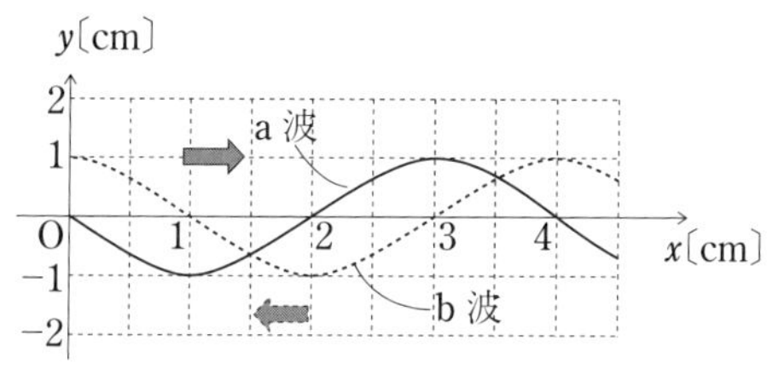

図 1

問 4　$t = 0$〔s〕の後，x 軸上のすべての点ではじめて変位が 0 になる時刻を求めよ。

［B］　図 2 は x 軸の正方向に進む波であり，反射板で反射する。この波は 1 秒間に 1 cm 進み，時刻 $t = 0$ s では，先端が反射板に達した状態になっている。

問 1　反射板が自由端であるとき，$t = 4$ s における入射波，反射波および合成波を描け。

問 2　反射板が固定端であるとき，$t = 4$ s における入射波，反射波および合成波を描け。

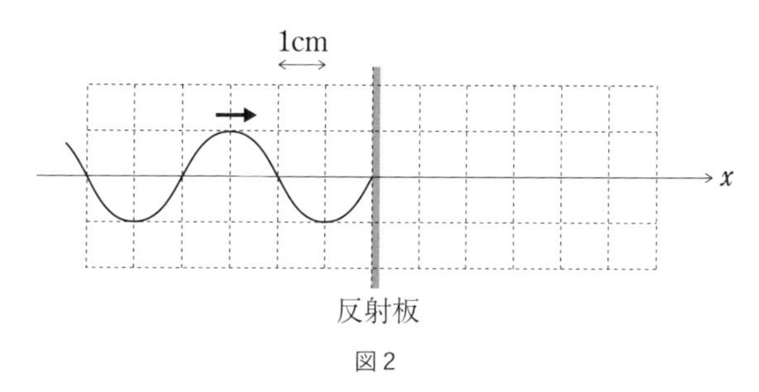

図 2

〈オリジナル〉

★★★

合格へのゴールデンルート

GR 1　２つの波が重なったときは，２つの波の（　　）を足し合わせる。

GR 2　自由端反射では，反射板の位置は（　　）となり，固定端反射では反射板の位置は（　　）となる。

24　弦の振動

解答目標時間：7分

問　図のように，おんさに弦を取り付け滑車を介して，他端に質量 4.0 kg のおもりをつるした。おんさを振動させたところ，弦には基本振動が生じた。おんさの先端から滑車までの長さを 0.40 m とし，弦の線密度を 1.0×10^{-3} kg/m とする。重力加速度は 10 m/s^2 とする。

問1　この弦の基本振動の波長を求めよ。

問2　弦の張力の大きさおよび弦を伝わる波の速さを求めよ。ただし，弦の線密度を ρ とし，弦の張力を S とすれば，弦を伝わる横波の速さ v は，

$v = \sqrt{\dfrac{S}{\rho}}$ と表せる。

問3　おんさの振動数を求めよ。

問4　おもりの質量を徐々に小さいおもりに取り替えて実験すると，腹が２個の定常波ができた。このときのおもりの質量を求めよ。

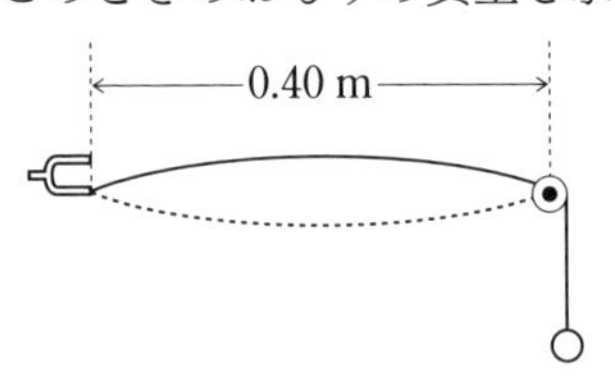

〈オリジナル〉

★★★

合格へのゴールデンルート

GR 1　弦の長さが半波長の整数倍になるとき弦に（　　）が生じる。

25　気柱の共鳴

解答目標時間：10 分

問　図1のように，鉛直に立てられたガラス管と水だめがゴム管で結ばれた気柱共鳴装置がある。ガラス管と水だめに水が入っており，水だめを上下に動かすことで，ガラス管内の水位を変えることができる。管口の近くでおんさを振動させながら水位を変化させた。

［Ⅰ］　振動数 $f = 300$ Hz のおんさを鳴らしながら水面を管口近くからゆっくり下げていくと，1回目の共鳴が管口から水面までの距離が $l_1 = 26.0$ cm のときに起こり，さらに水面を下げていき，2回目の共鳴が $l_2 = 83.5$ cm のときに起こり，音が大きく聞こえた。

問1　音波を横波として表し，l_1 と l_2 の場合に管内に形成される定常波の様子を図2に描け。

問2　この音波の波長〔m〕を求めよ。

問3　開口端補正の値 Δx〔cm〕を求めよ。

問4　この実験から音速が求まる。このときの音速 V〔m/s〕を求めよ。

問5　2回目の共鳴をしているときの空気の密度の変化が最も大きい位置は管口から何 cm の位置か。

［Ⅱ］　**問6**　振動数が未知のおんさを用いて［Ⅰ］と同様の実験を行ったところ，管口から水面までの距離が $l_1 = 16.3$ cm，$l_2 = 50.8$ cm のとき強い音が聞こえた。このおんさの振動数を求めよ。

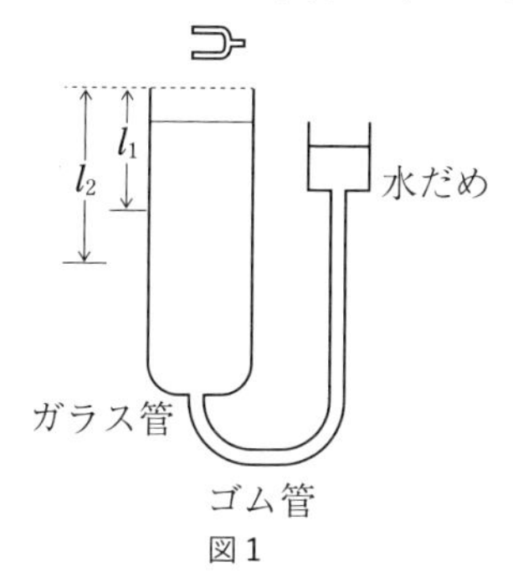

図1

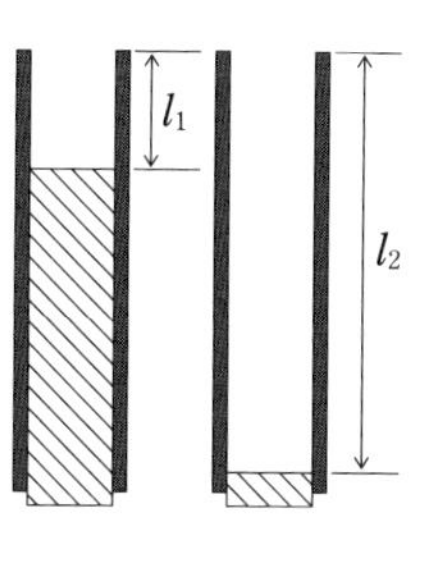

図2

〈信州大・改〉

★★★

合格へのゴールデンルート

GR 1 閉管の気柱の共鳴は管の長さが $\frac{1}{4}\lambda \times ($ $\quad)$ 倍のときに共鳴が起こる。

26 ドップラー効果（ドップラー効果の公式の使い方）

解答目標時間：7分

問 空気中の音波の速さを V〔m/s〕とし，以下の空欄 (a) ～ (c) に入る数式を埋めよ。

図のように，振動数 f_s の平面波を出す音源Sと，音波を観測する観測装置Dがあり，それらは静止している。SとDを結ぶ延長線上で，その線に垂直に反射板Rがあり，Rはその線上を速さ u_R でDやSに向かって近づいている。ただし，$u_R < V$ とする。

音源Sから出た音波を反射板Rで受けるときの振動数 f_{R1} は (a) 〔Hz〕となり，Rはこの振動数の音波を出しながらDに近づくので，Dで観測する反射音波の振動数 f_{R2} は f_s を用いて表すと， (b) 〔Hz〕となる。

Sで出している音波とRで反射された音波とが重なり合ってうなりが生じ，Dで観測される。うなりが1秒間に n 回観測されるとき，反射板RがDに近づく速さは $u_R =$ (c) 〔m/s〕となる。

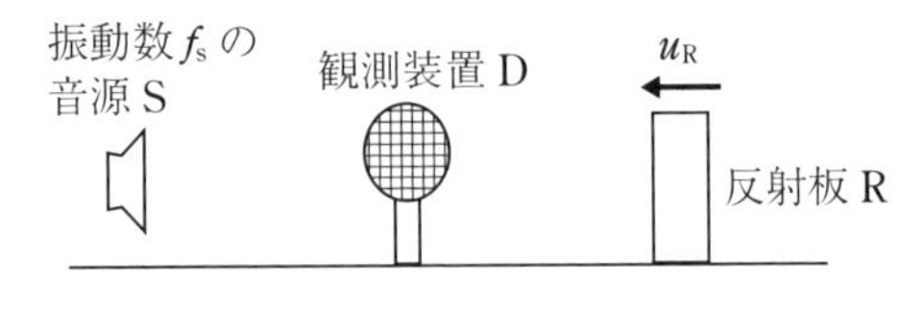

〈オリジナル〉

★★★

合格へのゴールデンルート

GR 1 反射板で反射された音波の振動数の求め方は，まず反射板を（　　）とみなして，反射板の受けとる振動数を求め，次に，反射板を（　　）とみなして，反射音の振動数を求める。

27　ドップラー効果の公式の証明

解答目標時間：10 分

問　空気中の音波の速さを V〔m/s〕とし，以下の空欄 (a) ～ (f) に入る数式を埋めよ。 (d) は｛　｝内から選択せよ。

図のように，観測者が静止していて，振動数 f_0〔Hz〕の音源が速さ v〔m/s〕で観測者に近づく場合を考える。この音源が出す音波の速さは (a) 〔m/s〕である。

音源から 1 秒間に f_0 個の波が送り出されるから，観測者の側での音波の波長 λ_1 は (b) 〔m〕となり，観測する音波の振動数 f_1 は (c) 〔Hz〕になる。

次に，振動数 f_0〔Hz〕の音源が速さ v〔m/s〕で観測者に近づき，観測者が u〔m/s〕の速さで近づく場合を考える。$u < V$，$v < V$ とする。音波の波長は (b) で求めた λ_1 に｛ (d) ：比べて長くなる，比べて短くなる，等しい｝。静止している観測者に比べて，観測者が速さ u〔m/s〕で動く場合は，1 秒間に f_1 個より (e) 個だけ多くの波を受けたことになる（ (e) では，u，λ_1 を用いて答えよ）。したがって，観測する音波の振動数 f_2 は (f) 〔Hz〕となる。

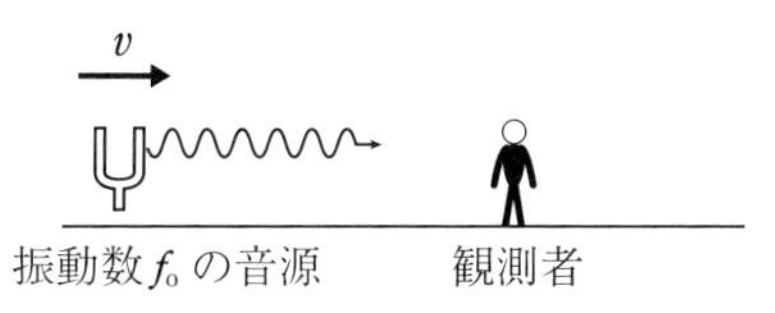

〈九州工大〉

★★★

合格へのゴールデンルート

GR 1　音速が変化するときは（　　）が吹くとき。

28　見かけの深さと全反射

解答目標時間：10 分

問 [A]　以下の空欄 (a) ～ (e) に入る数式を埋めよ。ただし，空欄に付してある｛　｝内の文字を用いること。

水を入れたコップの底にある硬貨を上から見ると，硬貨が浮き上がって見える。これは図 1 のように，点 A（h = OA）から出た光が，空気中の点 E に向かうとき，水面上の点 C で屈折して，点 B（h' = OB）から出たように見えるからである。

点 B は点 A から水面に下ろした垂線と EC を延長した直線との交点である。i を直線 AC と法線のなす角度，r を直線 EC と法線のなす角度とする。ただし，空気に対する水の屈折率を n とする。

問 1　屈折の法則より，$\dfrac{\sin i}{\sin r}$ = (a) ｛n｝である。

問 2　三角形 OBC において，OC = (b) ｛h'，r｝と表すことができる。また，三角形 OAC において，OC = (c) ｛h, i｝と表せる。ほぼ真上から見ると，角度 i や r は十分小さいので，$\sin i \fallingdotseq \tan i$，$\sin r \fallingdotseq \tan r$ と近似することができるので，$\dfrac{\sin i}{\sin r}$ = (d) ｛h，h'｝

問 3　h' = (e) ｛h，n｝である。

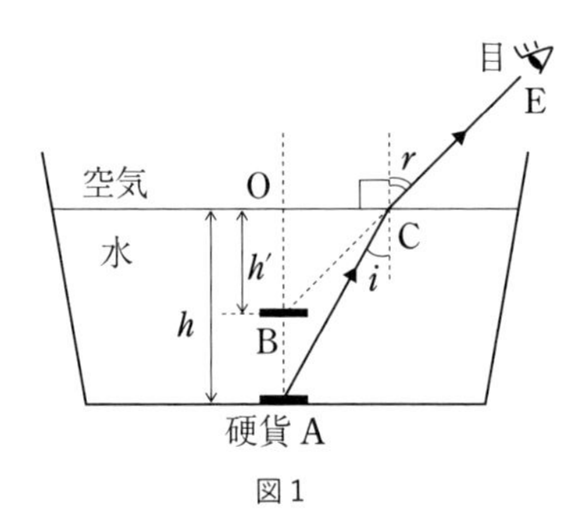

図 1

CHAPTER 2　波

［B］　池に潜り，深さ h の位置から水面を見上げ，水の外を見ていた。図2のように，光を通さない円板が水面に置かれていたので，外が全く見えなくなった。そのときの円板の中心は，潜っている人の目の鉛直上方にあった。このように，外が見えなくなる円板の半径の最小値 R を求めよ。ただし，空気に対する水の屈折率（相対屈折率）を n とし，水面は波立っていないものとする。また，円板の厚さと目の大きさは無視してよい。

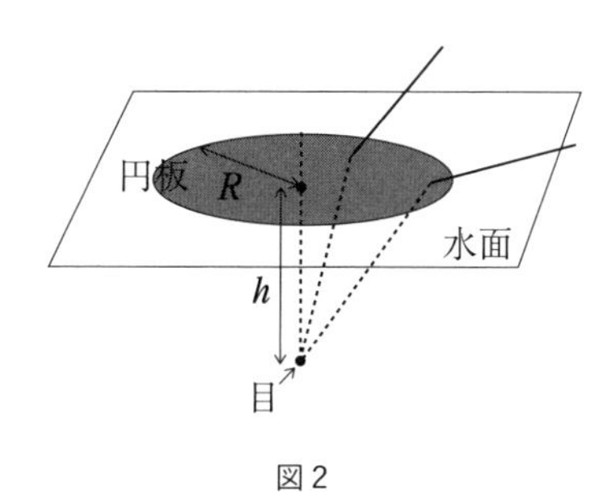

図2

〈A：金沢工業大，B：センター試験〉

★★★

合格へのゴールデンルート

GR 1　見かけの深さを求めるときには，三角形OBCと三角形OACのどの辺に注目すればよいか？

GR 2　全反射は屈折率のより｛小さな or 大きな｝媒質に入射するときに起こる。

29 ヤングの干渉

解答目標時間：10 分

問 図はヤングの干渉実験を示している。光源から出た波長λの単色光を単スリットS_0に当て，S_0からの回折光を２本のスリットS_1，S_2を通して正面のスクリーンに当てると，スクリーン上に明暗の縞模様があらわれた。S_0はS_1S_2の垂直２等分線上にあり，二本のスリット間隔S_1S_2をd，スリットからスクリーンまでの距離をL，スクリーンの中央Oからスクリーン上の点Pまでの距離をxとする。OはS_1S_2の垂直２等分線上にあり，距離S_1PおよびS_2Pをそれぞれl_1，l_2とする。dとxはLよりも十分小さいものとする。実験装置全体は空気中にあり，空気の屈折率は１とする。

問１ $l_2 \geqq l_1$として，$l_2 - l_1 =$ [(a)] を満足すれば，光の波はP点で強め合って明るくなり，$l_2 - l_1 =$ [(b)] を満たす点では光は弱めあって暗くなる。[(a)] と [(b)] をm（$m = 0, 1, 2 \cdots$）およびλを用いて表せ。

問２ $l_2 - l_1 \fallingdotseq \dfrac{dx}{L}$の関係を導け。必要であれば，$(1+z)^n \fallingdotseq 1+nz$，（$|z| \ll 1$）近似式を用いてよい。

問３ 隣り合う明線（または暗線）どうしの間隔ΔxをL，d，λを用いて表せ。

問４ 光源の色が赤のときと，紫のときで，隣り合う明線（または暗線）どうしの間隔はどう違うか。次の中から正しいものを選び記号で答えよ。

(a) 赤の方が広い　(b) 紫の方が広い　(c) どちらも同じ

問５ $d = 5.0 \times 10^{-4}$ m，$L = 2.5$ m の条件で波長が未知の光源を使って干渉縞を観察したところ，スクリーン上の隣り合う明線の間隔Δxが2.9×10^{-3} m であった。光の波長を有効数字２桁で求めよ。

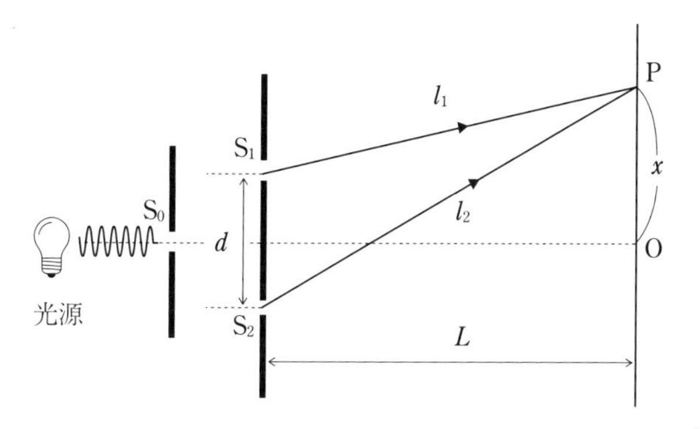

〈姫路工業大〉

★★★

合格へのゴールデンルート

GR 1 光の干渉条件は，経路差＝(　　)で強め合いであり，経路差＝(　　)で弱め合いとなる。(ただし，反射による位相の変化はないものとする。)

GOLDEN ROUTE 1 2 3 4 5 GOAL

30 くさび型空気層による光の干渉

解答目標時間：10 分

問 図のように，十分広い平面ガラス板に，もう一つの長方形の平面ガラス板の一辺を接触させておき，薄いアルミニウムはくを2つのガラスの間に入れてくさび型の空気のすき間をつくった。上方から長方形の平面ガラスを通してこの空気のすき間に波長λの光を，ほぼ垂直に投影すると明るい線と暗い線からなる明暗の直線縞が見えた。

上の平面ガラス板の下面での反射では位相のずれはなく，下の平面ガラス板の上面での反射では位相のずれは［(a)］であるので，2つのガラスの接触部では上から見ると［(b)］線が見える。

図における空気のすき間の長さがyであるとき，上から見ると上の平面ガラス板の下面での反射光と下の平面ガラス板の上面での反射光の経路の差は［(c)］である。

問1　空欄［(a)］～［(c)］に適切な語句あるいは数式を入れよ。

問2　暗線が生じる条件をy，λおよび整数m（$m = 0,\ 1,\ 2,\ \cdots$）を用いて表せ。

問3　アルミニウムはくの厚さをD，2つのガラスの接触部からアルミニウムはくまでの長さをLとする。隣り合う暗線の間隔Δxを求めよ。

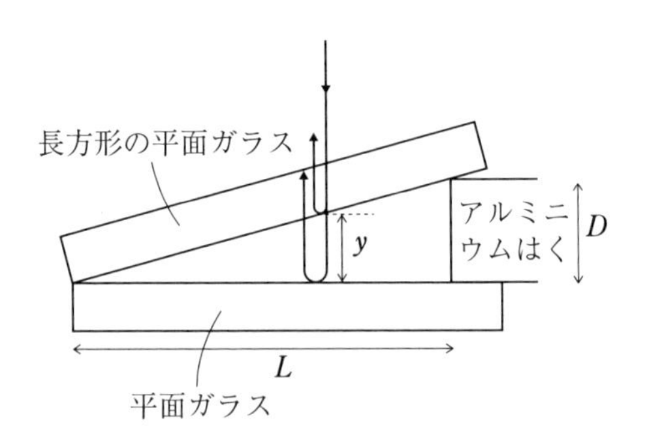

〈玉川大〉

★★★

合格へのゴールデンルート

GR 1 くさび型空気層の干渉では，アルミニウムはくを２枚のガラスに挟むことで，つくられた空気層の（　　）が一定である。

CHAPTER 3 熱

31 気体分子運動論

解答目標時間：10 分

問　図のような1辺の長さがLの立方体の容器に1個の質量がmの気体分子がN個入っている。いま，ある分子が速さvで運動しており，容器の壁と弾性衝突を繰り返している場合を考える。その分子が運動する速度のx成分をv_xとする。容器のx軸に垂直な壁Aに1回の衝突で，Aに与える力積の大きさは［(a)］である。また，この分子がt秒間でAと衝突する回数は［(b)］回であり，この分子とAとの衝突によって，Aがt秒間に受ける平均の力の大きさは［(c)］である。N個の分子に対してその速さの2乗v^2，x成分の2乗v_x^2，y成分の2乗v_y^2，z成分の2乗v_z^2の平均値をそれぞれ$\overline{v^2}$，$\overline{v_x^2}$，$\overline{v_y^2}$，$\overline{v_z^2}$とすれば，分子の運動は等方的であるので$\overline{v_x^2}=\overline{v_y^2}=\overline{v_z^2}$と考えてよい。したがって，$\overline{v_x^2}$は$\overline{v^2}$を用いて，［(d)］と表すことができる。$t$秒間に容器内のすべての分子によって，Aが受ける力の大きさを求め，分子運動の等方性と，この容器内のすべての分子が容器内の内壁に与える単位面積あたりの力の大きさは気体の圧力Pに相当することを考慮すれば，気体の圧力Pは［(e)］と表される。一方，アボガドロ定数N_A，気体定数をR，絶対温度をTとすると，今考えている理想気体の状態方程式は［(f)］と表すことができる。［(e)］と［(f)］より，圧力Pを消去すると，気体分子の平均の運動エネルギー$\dfrac{1}{2}m\overline{v^2}$は［(g)］となり，絶対温度$T$に比例していることがわかる。また，内部エネルギー$U$は気体分子の平均の運動エネルギーの総和であるから，この容器内の物質量をnとして，Uはn，R，Tを用いて［(h)］と表せる。

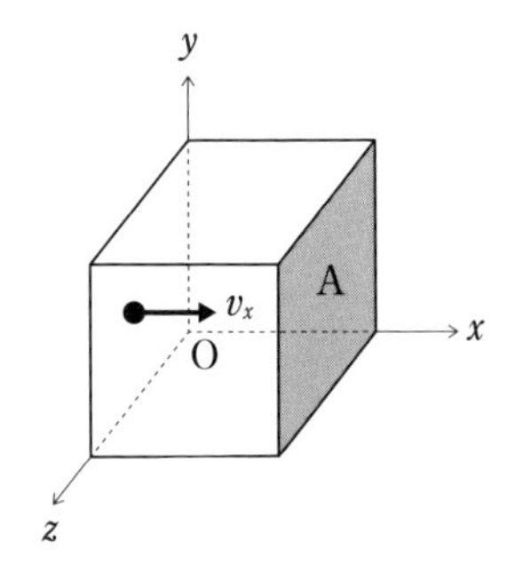

〈オリジナル〉

★★★

合格へのゴールデンルート

GR 1　内部エネルギーとは分子のもつ（　　）エネルギーの合計である。

32 定積変化・定圧変化

解答目標時間：10 分

問 図のような，ピストンをそなえたシリンダーの中に，単原子分子理想気体を n〔mol〕入れた。このときの体積を V_0〔m^3〕，温度を T_0〔K〕とする。ただし，気体定数は R〔J/(mol・K)〕とする。

はじめ，ピストンを固定して加熱し，この気体の温度を $1.5T_0$〔K〕に上昇させた。このとき気体が外部にした仕事は［ (a) ］〔J〕である。したがって，加えた熱量は［ (b) ］〔J〕となる。これより，定積モル比熱は［ (c) ］〔J/(mol・K)〕であることがわかる。

次に，気体を元の状態にもどし，ピストンが自由に動けるようにした。圧力を一定に保ったまま，体積が $1.5V_0$〔m^3〕になるまで，ゆっくりと加熱した。このときの気体の温度は［ (d) ］〔K〕となる。気体が外部にした仕事は［ (e) ］〔J〕であり，内部エネルギーの増加は［ (f) ］〔J〕となる。したがって，加えた熱量は［ (g) ］〔J〕である。これより，定圧モル比熱は［ (h) ］〔J/(mol・K)〕であることがわかる。(h)と(c)の差をとると，［ (i) ］〔J/(mol・K)〕となる。

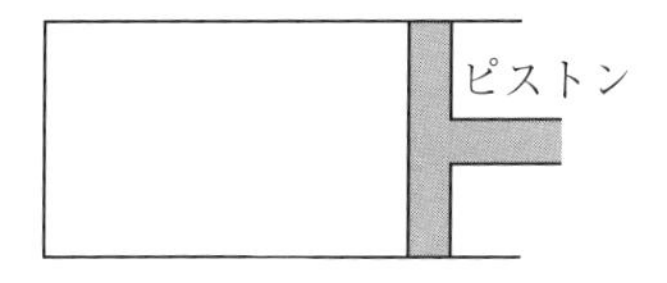

〈岡山大〉

★★★

合格へのゴールデンルート

GR 1 定積変化では，気体が外部に対してする仕事は（　　）である。

GR 2 圧力 P が一定のもとで，気体の体積を ΔV だけ変化させた場合の仕事は（　　）である。

GOLDEN ROUTE 1 2 3 4 5 GOAL

33　等温変化・断熱変化

解答目標時間：10 分

問　シリンダーに単原子分子の理想気体を入れ，その状態を図のように変化させた。A → B，A → C の 2 通りに変化させた。ここで，A → B は等温変化，A → C は断熱変化である。

問 1　A → B において，気体の内部エネルギーの変化量を求めよ。

問 2　A → B において，気体が吸収した熱量は Q であった。気体が外部にした仕事を求めよ。

問 3　A → C において，気体の圧力を求めよ。

問 4　A → C において，気体の内部エネルギーの変化を求めよ。

問 5　A → C において，気体が外部にした仕事を求めよ。

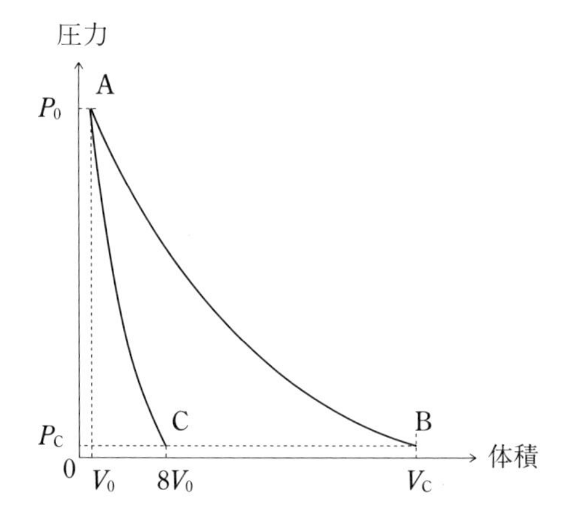

〈オリジナル〉

★★★

合格へのゴールデンルート

GR 1　等温変化における内部エネルギーの変化量は（　　）である。

GR 2　断熱変化では，（　　）の式を用いる。

34 p-V グラフ

解答目標時間：10 分

問 単原子分子からなる理想気体を 1 mol を容器に封入し，図のように，矢印の経路に沿って状態 A から状態 B，状態 B から状態 C，状態 C から状態 A にゆっくりと変化させた。気体は熱源によって，加熱および冷却することができるものとする。理想気体の気体定数を R とする。

問 1 A → B の過程において，以下の(a)〜(c)の各物理量を求めよ。
(a) 気体が外部に対してした仕事
(b) 気体の内部エネルギーの増加分
(c) 気体が吸収した熱量

問 2 B → C の過程において，以下の(a)，(b)の各物理量を求めよ。
(a) 気体が外部に対してした仕事
(b) 気体の内部エネルギーの増加分

問 3 C → A の過程において，以下の(a)〜(c)の各物理量を求めよ。
(a) 気体が外部からされた仕事
(b) 気体の内部エネルギーの増加分
(c) 気体が放出した熱量

問 4 A → B → C → A の過程において，気体が外部にした正味の仕事を求めよ。

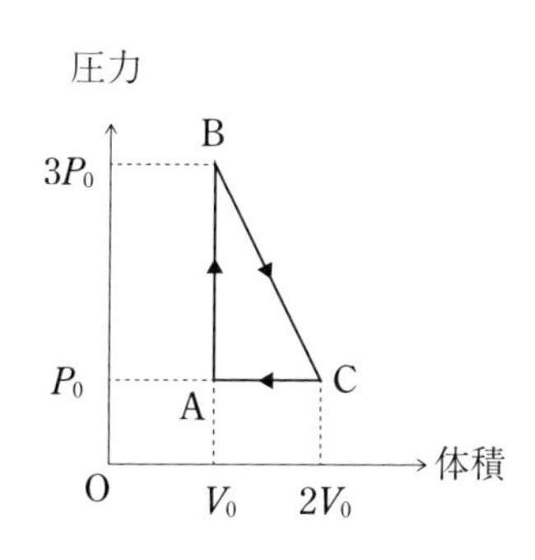

〈オリジナル〉

★★★

合格へのゴールデンルート

GR 1 熱量を求めるときには，(　　) 法則を用いる。

35 ピストンのつり合い

解答目標時間：10 分

問

図 1 に示すように，シリンダーと質量 m〔kg〕のピストンからなる断熱容器が鉛直に立っている。ピストンは滑らかに動き，シリンダー内部には気体を加熱するためのヒーターがある。この容器に絶対温度 T_0〔K〕の単原子分子理想気体を入れた。このとき，ピストンはシリンダーの底から高さが L〔m〕の位置にあった。この状態をはじめの状態として，以下の［A］および［B］の操作をおこなった。

ただし，大気圧を P_0〔Pa〕，ピストンの断面積を S〔m^2〕，重力加速度の大きさを g〔m/s^2〕とし，ヒーターの体積は無視できるものとする。なお，気体定数を R〔J/(mol・K)〕とする。

［A］ 図 1 に示すはじめの状態からヒーターによって気体をゆっくり加熱すると，ピストンが静かに上昇した。その後ヒーターのスイッチを切ったところ，図 2 に示すようにピストンは高さ $2L$〔m〕で静止した。

問 1 気体のモル数〔mol〕を求めよ。

問 2 図 2 の状態における気体の絶対温度 T_1〔K〕を求めよ。

問 3 この操作の過程で気体がした仕事 W_1〔J〕を求めよ。

問 4 この操作の過程で気体に加えた熱量 Q_1〔J〕を求めよ。

［B］　図1に示すはじめの状態でピストンの高さを L〔m〕の位置に固定して，ヒーターによって，気体をゆっくりと加熱した。その後ヒーターのスイッチを切ったところ，気体の絶対温度は T_2〔K〕であった。そのとき，ピストンの上に質量 m〔kg〕のおもりをのせてピストンの固定を外したところ，ピストンは図3に示すように高さ L〔m〕で静止したままであった。

問5　図3の状態における気体の圧力 p_2〔Pa〕を求めよ。

問6　図3の状態における気体の絶対温度 T_2〔K〕を求めよ。

問7　この一連の操作における過程で気体に加えた熱量 Q_2〔J〕を求めよ。

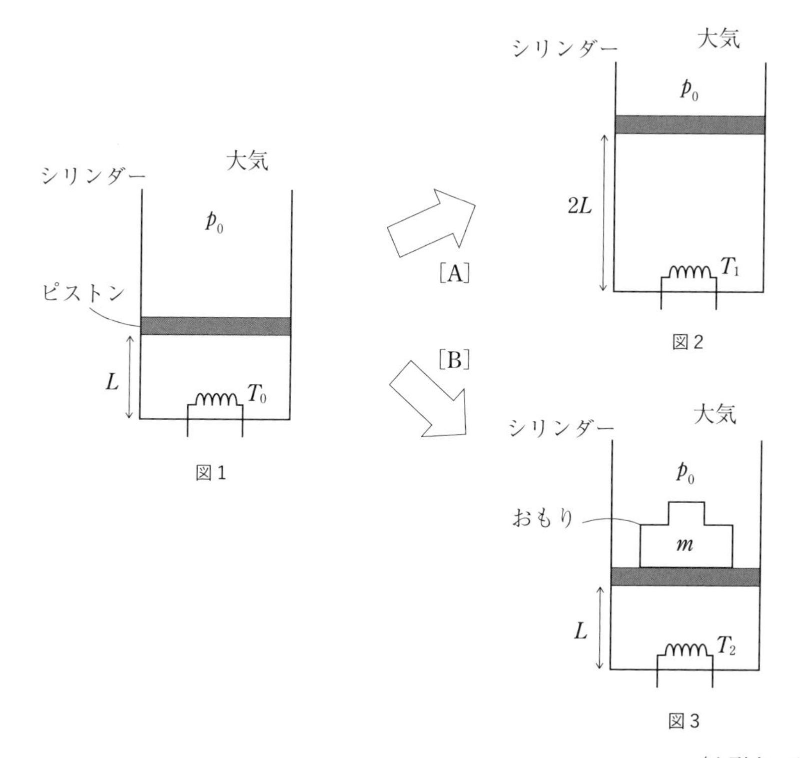

〈山形大・改〉

★★★

合格へのゴールデンルート

GR 1　静かにゆっくりと動くピストンでは，(　　) 変化である。

CHAPTER 4 電磁気

36 一様な電場内での力のつり合い

解答目標時間：5 分

問　図のように，面積の大きな平行板電極 A，B が鉛直に置かれ，その間に，質量 m の小球が軽くて伸び縮みしない糸で上からつり下げられている。この小球に負の電荷 $-Q$ $(Q > 0)$ を帯電させ，電極の間に一様な電場を加えたところ，鉛直線から角度 θ だけ傾いた位置まで動いて静止した。電極間の電場は一様であるとし，重力加速度の大きさを g とする。

問 1　電場の向きを A から B の向き，または B から A の向きで答えよ。

問 2　小球に働く張力の大きさはいくらか。

問 3　電場の大きさを m，g，Q，θ を用いて表せ。

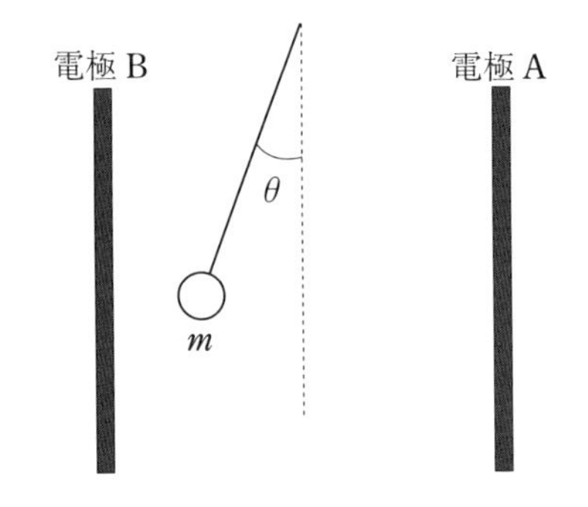

〈大阪工大〉

★★★

合格へのゴールデンルート

GR 1　クーロン力の向きは正電荷であれば，電場の向きと（　　）向きに力を受け，負電荷であれば，電場の向きと（　　）向きに力を受ける。

37　一様な電場内での仕事

解答目標時間：10 分

問　図のように，真空中で同じ面積の2枚の極板A, Bを間隔が d〔m〕となるように平行に置き，極板間の電圧を調節できるようしておく。極板間の電圧を V〔V〕としたとき，極板間には極板と垂直に一様な電場ができた。大きさ Q〔C〕の正電荷が帯電した質量 m〔kg〕のプラスチックの小球をこの極板間の中間に置いたところ，小球は静止した。ただし，重力加速度の大きさを g〔m/s^2〕とする。

問1　極板間の電場の強さはいくらか。

問2　小球が電場から受ける力の大きさを Q, V, d を用いて表せ。また，その力の向きは極板AからBへ向かう向きかそれとも極板BからAへ向かう向きか答えよ。

問3　小球を極板Aまでゆっくりと移動させた。静電気力が小球にする仕事を Q, V を用いて表せ。

問4　極板間の電圧を V のまま，極板の位置は変えず，極板AとBの正極と負極を反転させたところ，小球は極板Aから静かに落下しはじめ，極板Bまで運動したときの速さが v〔m/s〕であった。v を Q, V, m を用いて表せ。

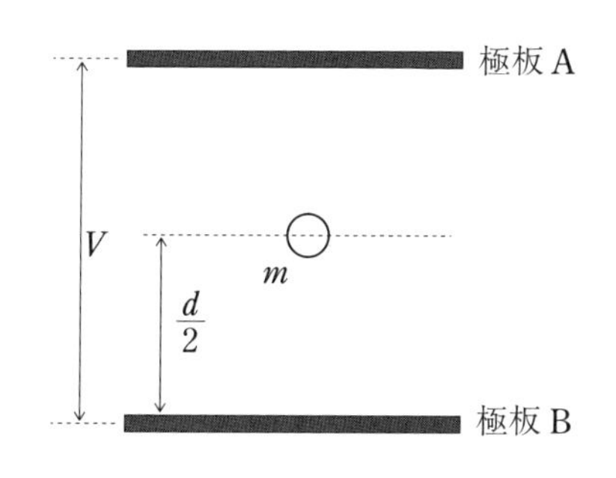

〈玉川大・改〉

★★★

合格へのゴールデンルート

GR 1　電場の強さは電位の（　　）の大きさである。

38　点電荷のつくる電場

解答目標時間：5 分

問　図のように，x 軸上の原点 O に電気量 $4Q$〔C〕の点電荷 A を置き，位置 $x = 3a$ の点 B に電気量 $-Q$ の点電荷を置く。クーロンの比例定数を k として，以下の問いに答えよ。

問 1　位置 $x = a$ の点 P における電場の強さを求めよ。

問 2　点 P に電気量が $-q$〔C〕の点電荷 S を置いたとき，S が受ける静電気力の大きさと向きを答えよ。

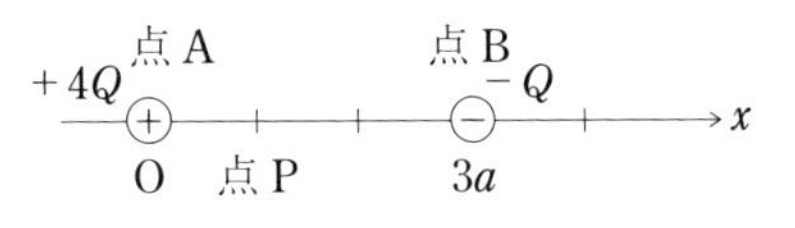

〈オリジナル〉

★★★

合格へのゴールデンルート

GR 1　電場は向きと大きさのある（　　）量である。

39　点電荷のつくる電場と電位

解答目標時間：7 分

問　xy 平面内で原点 O から距離 a だけ離れた点 A $(-a,\ 0)$ と点 B $(a,\ 0)$ に，ともに電気量 Q $(Q > 0)$ の点電荷を固定した。図はそのときの等電位線を示したもので，隣り合う等電位線の電位差は一定であるとする。クーロンの比例定数を k とし，無限遠での電位を 0 とする。

問 1　右図の点 P を通る電気力線を，向きも含めて図中に示せ。

問 2　x 軸上における電位の変化を示す最も適当な図を次の(a)～(d)のうちから記号で選べ。

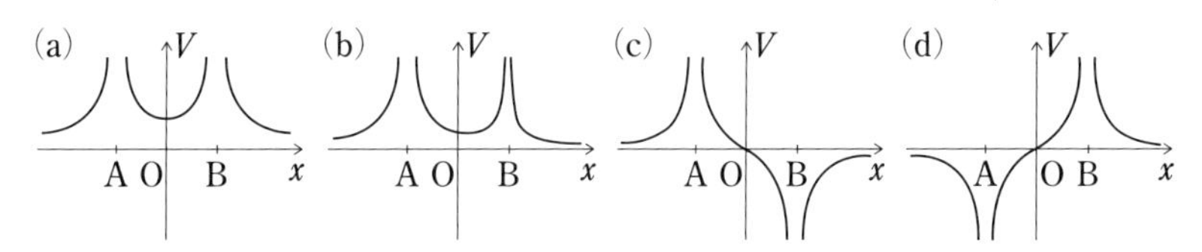

問 3　原点 O の電位 V_O を求めよ。

問 4　y 軸上の点 S $(0,\ \sqrt{3}\,a)$ における電場の大きさと電位をそれぞれ求めよ。

問 5　電気量 q $(q > 0)$ をもつ質量 m の点電荷を原点 O に静かに置いて，わずかに y 軸の正方向にずらすと，点電荷は電場から力を受けて動き出した。十分に遠い位置に達したとき，点電荷の速さはいくらか。V_O，q，m を用いて答えよ。

〈徳島大・改〉

★★★

合格へのゴールデンルート

GR 1　等電位線と電気力線は（　　）する。

40 コンデンサー

解答目標時間：5 分

問 図のように，真空中に置かれた平行板コンデンサーに，電池とスイッチがつながれている。この電池の起電力は一定で V〔V〕である。

コンデンサーの極板面積を S〔m^2〕，極板間隔を d〔m〕とする。極板間の電場は一様であり，真空の誘電率を ε_0〔F/m〕とする。

スイッチを閉じて，十分に時間が経過した。

問 1　コンデンサーの電気容量 C〔F〕はいくらか。

以下，C を用いて解答してよい。

問 2　コンデンサーに蓄えられた電気量 Q_1〔C〕はいくらか。

問 3　コンデンサーが蓄えている静電エネルギー U_1〔J〕はいくらか。

次に，スイッチを開いてから，極板間隔を $3d$〔m〕にした。

問 4　コンデンサーに蓄えられている電気量 Q_2〔C〕はいくらか。

問 5　コンデンサーの電位差 V_2〔V〕はいくらか。

最後に，スイッチを閉じて，十分に時間が経過した。

問 6　コンデンサーに蓄えられている電気量 Q_3〔C〕はいくらか。

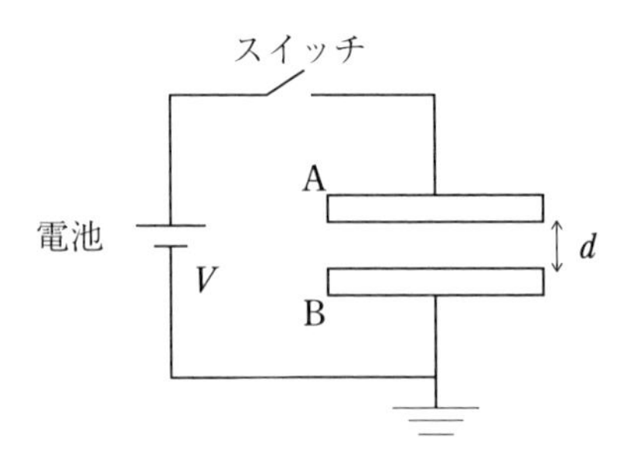

〈龍谷大・改〉

★★★

合格へのゴールデンルート

GR 1 スイッチ ON 時の操作では, コンデンサーの（　　）が一定となる。

GR 2 スイッチ OFF 時の操作では, コンデンサーの（　　）が一定となる。

41 コンデンサーへの金属板の挿入

解答目標時間：7 分

問

図1のように，真空中に置かれた電気容量 C の平行板コンデンサーに，電池とスイッチおよび抵抗がつながれている。この電池の起電力は一定で V である。コンデンサーの極板間隔を $3d$ とする。

スイッチ を閉じて，十分に時間が経過した。

問1　コンデンサーに蓄えられた電気量 Q_1 はいくらか。

問2　コンデンサーが蓄えている静電エネルギー U_1 はいくらか。

問3　電池のした仕事はいくらか。

問4　抵抗で発生したジュール熱はいくらか。

次に，スイッチ を開いてから，図2のようにコンデンサーの極板と同形で面積が等しく厚さ d の金属板をコンデンサーの極板に対して平行に挿入した。

問5　極板 AB 間の電気容量はいくらか。

問6　極板 AB 間の電位差はいくらか。

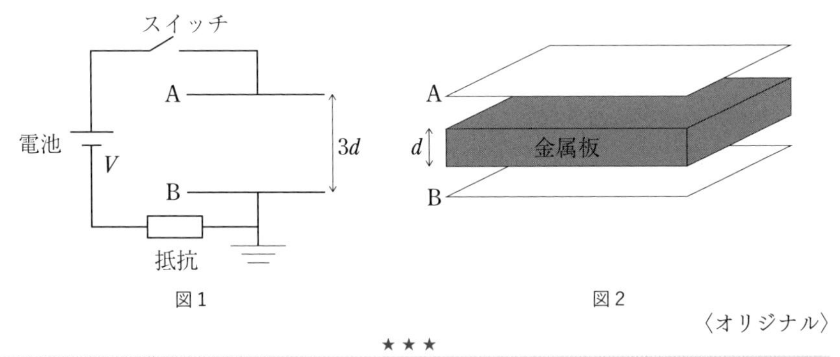

図1　　図2

〈オリジナル〉

★★★

合格へのゴールデンルート

GR 1　抵抗で発生するジュール熱を求めるときは，コンデンサーの（　　）の変化に注目しよう。

GR 2　金属板をコンデンサー内へ挿入したとき，金属板の部分は（　　）となる。

42 複数コンデンサーによるスイッチ切り替え

解答目標時間：7 分

問 図に示すようなコンデンサー回路がある。はじめスイッチ S_1，S_2 は開いていて，各コンデンサーに電荷がたまっていないものとして，以下の問いに答えよ。ただし，コンデンサーの電気容量 C_1，C_2，C_3 は，それぞれ C，$2C$，$3C$ とする。また，電池 E の電圧は E であり，点 G の電位を 0 とする。

問 1 まず，S_1 を閉じた。十分時間が経過した後，コンデンサー C_1 に蓄えられる電荷を求めよ。

問 2 次に，S_1 を開き，S_2 を閉じて十分時間が経過した後，点 A の電位を求めよ。また，コンデンサー C_3 に蓄えられる電荷を求めよ。

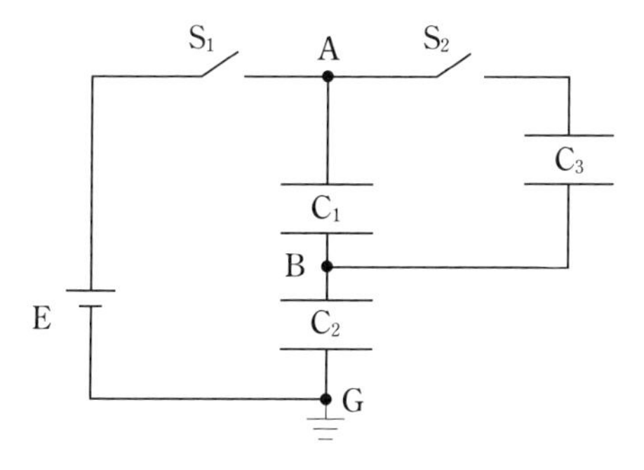

〈徳島大・改〉

★★★

合格へのゴールデンルート

GR 1 コンデンサー回路の問題では，電気量が（　　）している部分に注目する。

GOLDEN ROUTE 1 2 3 4 5 GOAL

43 オームの法則の証明

解答目標時間：10 分

問 図のように，長さ l〔m〕，断面積 S〔m^2〕の太さが一定で一様な金属棒の両端に，V〔V〕の電圧を加えた場合を考える。その結果，金属棒内を大きさ I〔A〕の電流が流れたとする。

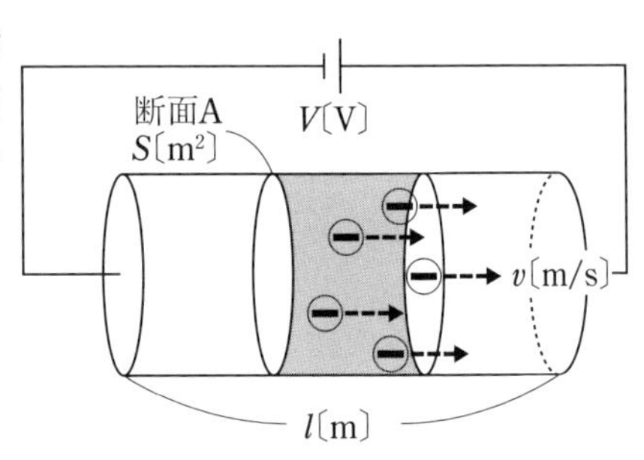

金属棒の抵抗を R〔Ω〕とすると，オームの法則から，電流 I は電圧 V と抵抗 R を用いて次のように表される。

$I =$ (a) ……①

①式で表されるオームの法則は，実験によって得られた法則である。以下の問いでは，金属棒内の自由電子の運動からオームの法則を導き，抵抗 R の持つ意味を考えよう。

自由電子の電気量 $-e$〔C〕とする。金属棒内では (b) 〔V/m〕の大きさの電界が生じているので，自由電子 1 個あたり (c) 〔N〕の大きさの力が電界と反対向きにはたらく。そのため，自由電子は全体として図の左側から右側に向かって移動し，その移動する向きは，電流が流れる向きに対して (d) 向きである。

金属棒内の自由電子は，電界によって加速されるが，熱振動する金属イオンと衝突して加速した効果を失い，平均的な運動としては等速度運動をする。この衝突の効果は，自由電子の平均の速さを v〔m/s〕としたとき，v に比例した抵抗力 kv〔N〕（k は比例定数）がはたらくのと同じであると考えられる。この抵抗力と電界から受ける力がつり合って自由電子は等速度運動すると考えると，平均の速さ v は電圧 V を用いて次のように表される。

$v =$ (e) ……②

次に，電流 I を自由電子の平均の速さ v を用いて表すことを考える。金属棒内を流れる電流 I は，金属棒のある断面を単位時間あたりに通過する電気量の大きさである。断面 A を 1 秒間あたりに通過する自由電子の数 N は，断面積が S〔m^2〕，長さが (f) 〔m〕の円柱に含まれる自由電子の数に等しい。この

円柱の体積は $\boxed{\text{(g)}}$〔$\mathrm{m^3}$〕であるので，金属棒内に含まれる単位体積あたりの自由電子の数を n〔$1/\mathrm{m^3}$〕とすると，N は n を用いて $\boxed{\text{(h)}}$ と表される。自由電子の電気量の大きさは e〔C〕であるから，時間 t の間に断面Aを通過する電気量の大きさは $\boxed{\text{(i)}}$〔C〕となる。したがって，電流 I は平均の速さ v を用いて次のように表される。

$I = \boxed{\text{(j)}}$ ……③

②式を③式に代入すると，金属棒内を流れる電流 I は，電圧 V を用いて次のように表される。

$I = \boxed{\text{(k)}}$ ……④

④式から，電流 I は電圧 V に比例することがわかる。すなわち，④式は，金属棒内の自由電子の運動から導かれたオームの法則に他ならない。

①式と④式を比較すると，金属棒の抵抗 R は，自由電子に関係した量 e，k，n と金属棒の大きさに関係した量 S，l を用いて，次のように表される。

$R = \boxed{\text{(l)}}$ ……⑤

⑤式から，抵抗 R は長さ l に $\boxed{\text{(m)}}$，断面積 S に $\boxed{\text{(n)}}$ することがわかる。

〈甲南大〉

★★★

合格へのゴールデンルート

GR 1 電流の定義はある断面を単位時間あたりに通過する（　　）で表される。

44 キルヒホッフの法則

解答目標時間：7 分

問。 起電力が 8 V，5 V の電池と抵抗値が 1 Ω，1 Ω，3 Ω の抵抗を用いて図のような回路を組んだ。

問 1 BE 間の 1 Ω の抵抗に流れる電流の向きと大きさを求めよ。

問 2 CD 間の 1 Ω，BE 間の 1 Ω，AF 間の 3 Ω の抵抗での消費電力をそれぞれ P_1，P_2，P_3 とする。P_1，P_2，P_3 をそれぞれ求めよ。

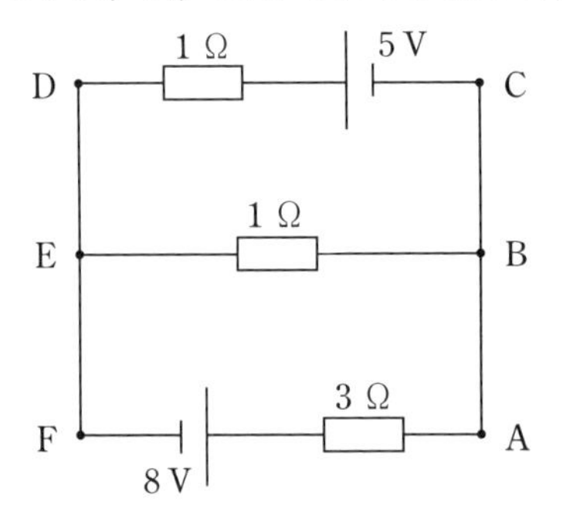

〈オリジナル〉

★★★

合格へのゴールデンルート

GR 1 抵抗のみの回路の問題では，（　　）第 1 法則と第 2 法則を立てる。

45 非線型抵抗

解答目標時間：7 分

問

問 1　電球の直流電圧 V〔V〕を変えて，電流 I〔A〕を測定したところ，図 1 のような電流–電圧特性曲線を得た。電圧 V を 0 から緩やかに増加していくと，電球のフィラメントは特性曲線上の点 A で暗く，点 B では明るく輝く。点 A での電気抵抗と消費電力は ［(a)］ Ω，［(b)］ W，点 B では ［(c)］ Ω，［(d)］ W となる。このように実際の電気抵抗はその動作状態で異なる。この電球の場合，電気抵抗の違いは点 A と点 B とではフィラメントである金属線の温度が異なるためと考えられる。

金属の電気抵抗が温度により異なる理由を説明せよ。［(e)］

問 2　次に，起電力 $E = 12$ V の電池にこの電球 1 個を接続した。図 2 に示すように，電池の内部には一定の抵抗値 $R = 60$ Ω の電気抵抗が起電力 E と直列に存在する。電球の特性曲線（図 1）と起電力 E，電気抵抗 R を用いると，作図によって，$V =$ ［(f)］ V，$I =$ ［(g)］ mA，並びに電球の消費電力は ［(h)］ W と求められる。

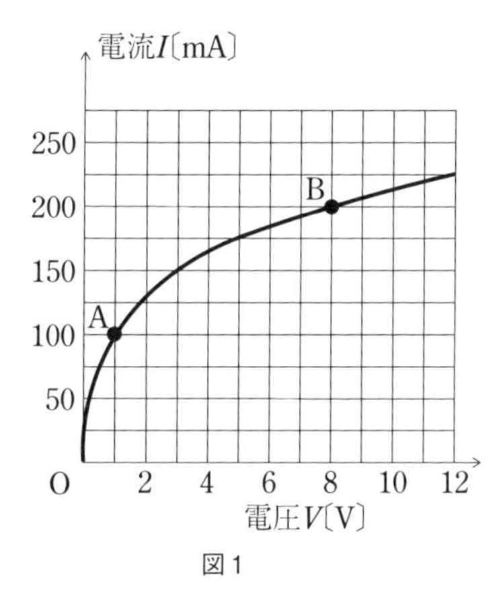

図 1

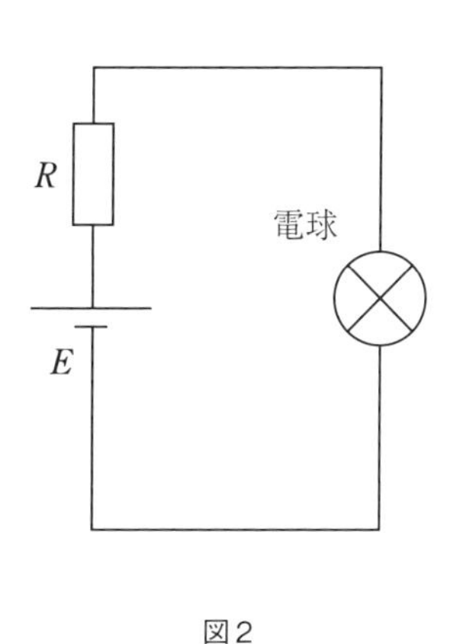

図 2

〈北大・改〉

★★★

合格へのゴールデンルート

GR 1　非線型抵抗の問題の解き方は，特性曲線と（　　）を連立させる。

GOLDEN ROUTE 1 2 3 4 5 GOAL

46 平行電流間に働く力

解答目標時間：10 分

問　図のように，２本の平行で十分に長い直線上の導線A，Bが並んでいる。導線AとBには紙面の裏から表に向かう向きに，大きさIの電流が流れている。AとBの中点が原点Oとなるように，導線A，Bと垂直な平面にx軸，y軸をとり，原点Oから導線A，Bまでの距離はともにrとする。これらの導線は真空中にあるものとし，真空の透磁率はμ_0とする。

問1　導線AとBが原点Oにつくる磁場の大きさを求めよ。

問2　点C$(0, \sqrt{3}r)$の位置における磁場の向きと大きさを求めよ。

問3　導線Aの長さlの部分が受ける力の向きと大きさを求めよ。

問4　点Cに導線A，Bと平行になるように導線Pを置き，紙面の表から裏に向かう向きに電流を流した場合，導線Pが導線AとBから受ける力の向きを答えよ。

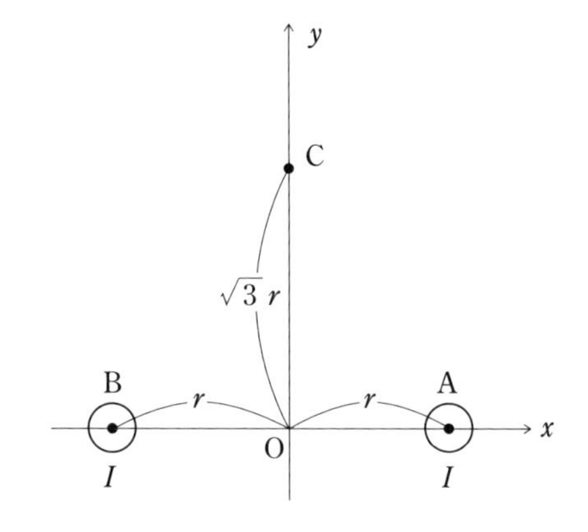

〈山形大〉

★★★

合格へのゴールデンルート

GR 1　２本の平行で無限に長い導線に同じ向きに電流が流れている場合に働く力は（　　）力，逆向きに流れている場合は（　　）力。

47 ローレンツ力による円運動

解答目標時間：5 分

問　図のように，x-y 平面上の $y \geqq 0$ の領域で，z 軸に平行で一様な磁場がかかっている。$-q$（$q > 0$）の電気量を持つ質量 m の荷電粒子が，y 軸上を，x-y 平面上の原点 O から y 軸の正方向に，速さ v で入射した。粒子は図のように時計回りに円運動し，x 軸上の点 P を通過した。磁束密度の大きさを B として，重力の影響は考えないものとする。z 軸の正方向は紙面の裏から表に向かう向きとする。

問 1　磁場の向きは z 軸の正方向あるいは負の方向のどちら向きか。

問 2　OP 間の距離を求めよ。

問 3　粒子が点 P に到達するまでにかかった時間を求めよ。

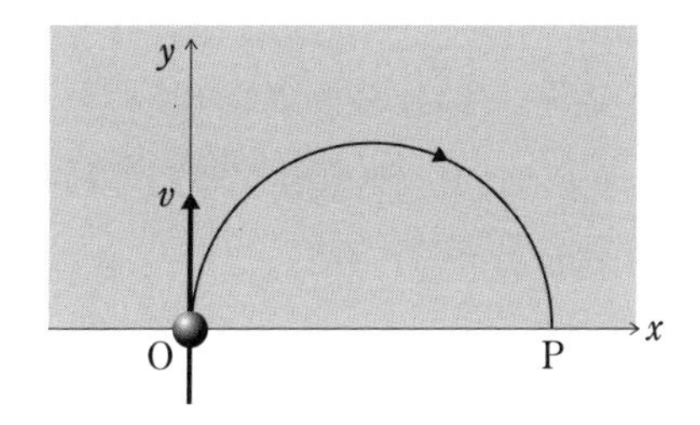

〈岡山大・改〉

★★★

合格へのゴールデンルート

GR 1　磁場に対して垂直に入射する荷電粒子はどんな運動をするか？

GOLDEN ROUTE 1 2 3 4 5 GOAL

48　磁場中を運動するコイル

解答目標時間：10 分

問　図のように，1 辺の長さ a の正方形のコイル ABCD があり，その全抵抗は R で，自己インダクタンスは無視できる。1 辺の長さが $2a$ の正方形 EFGH の領域には，紙面に垂直に表から裏へ向かう向きに，磁束密度 B の一様な磁場が加えられている。コイルの辺 BC が辺 EH に平行になるようにして，図に示すように，磁場に垂直な方向に一定の速度 v で動かす。BC が EF と一致した時刻を $t=0$ とする。電流およびコイルに生じる誘導起電力の正の向きは ABCDA を正とする。また，コイルに働く外力の正の向きは図の右向きを正とする。{　} 内はどちらか選択せよ。

問 1　$0 \leqq t \leqq \dfrac{a}{v}$ において，コイルに生じる誘導起電力 V は［(a)］であるから導線を流れる電流は［(b)］で，このときコイル全体には大きさ［(c)］の外力が［(d)］{正あるいは負} の向きに働く。

問 2　$\dfrac{a}{v} \leqq t \leqq \dfrac{2a}{v}$ において，コイルに生じる誘導起電力 V は［(e)］であるから導線を流れる電流は［(f)］で，このときコイル全体には大きさ［(g)］の外力が働く。

問 3　$\dfrac{2a}{v} \leqq t \leqq \dfrac{3a}{v}$ において，コイルに生じる誘導起電力 V は［(h)］であるから導線を流れる電流は［(i)］で，このときコイル全体には大きさ［(j)］の外力が［(k)］の向きに働く。

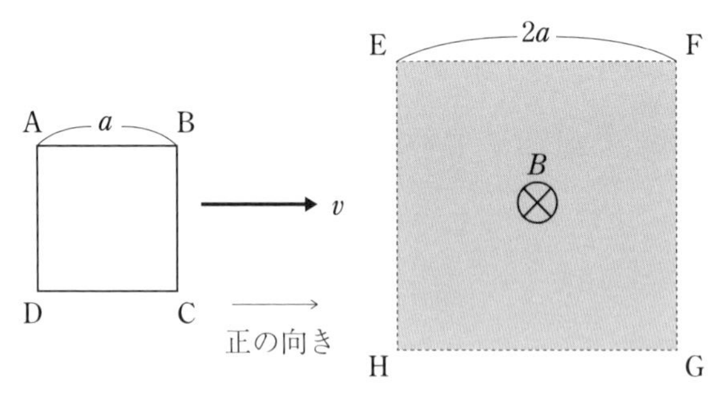

〈大分大・改〉

★★★

合格へのゴールデンルート

GR 1 磁場中を等速度運動しているコイルでは，外力と電流が磁場から受ける力が（　　）合う。

49 磁場中を運動する導体棒

解答目標時間：10 分

問

図に示すように，鉛直上向きに磁束密度の大きさが B の一様磁場がある。この磁場中で端部に抵抗値 R の抵抗を繋いだ 2 本の導線が，水平面上に間隔 l だけ隔てて平行に置かれている。その導線上に摩擦なく滑ることができる導体棒 PQ が渡されている。この導体棒 PQ には糸が結ばれ，他端には質量 m のおもりを結びつけられている。重力加速度の大きさを g とする。また，導体棒 PQ の質量は無視でき，導線の電気抵抗および空気抵抗は無視できるものとする。

糸を張った状態でおもりを静かに離した。おもりの落下速度が v になったとき，以下の問いに答えよ。

問 1　導体棒 PQ に生じる誘導起電力の大きさを求めよ。また，P と Q ではどちらの電位が高いか答えよ。

問 2　導体棒 PQ に流れる電流の大きさを求めよ。

問 3　導体棒 PQ の加速度を求めよ。

十分に時間が経過すると，おもりの落下速度は一定値 v_{f} に近づく。

問 4　v_{f} を求めよ。

問 5　抵抗での単位時間あたりに発生する熱エネルギーを求めよ。

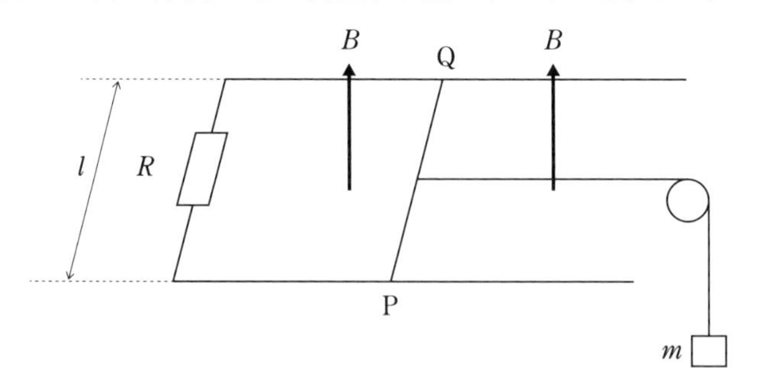

〈千葉大・改〉

★★★

合格へのゴールデンルート

GR 1 導体棒が終端速度に達したとき，加速度は（　　）となる。

GOLDEN ROUTE
1
2
3
4
5
GOAL

CHAPTER 5 原子

50 半減期

解答目標時間：10 分

問 次の文中の空欄に適切な語句，記号または数字を入れよ。

放射性同位体が崩壊するときに放出される放射線には3種類あることが知られている。それらは電場から受ける力により区別することができる。放射線の進む向きと垂直に電場をかけたとき，電場と同じ向きに曲げられる放射線を[(a)]，電場と逆向きに曲げられる放射線を[(b)]，方向が変わらない放射線を[(c)]という。放射線の持つ透過性は大きいものから順に[(d)]である。また，電離作用は大きいものから順に[(e)]である。[(a)]線は1個あたり[(f)]e（ただし，eは電気素量）の電荷をもち，その実体は[(g)]個の陽子と2個の[(h)]からなる[(i)]の原子核である。また，[(c)]線の実体は[(j)]である。

地球上には絶えず宇宙線と呼ばれる放射線が降り注いでいる。この宇宙線が大気中の窒素原子核と衝突すると，${}^{14}_{6}C$という放射性同位体がつくられる。この同位体はつくられる量とβ崩壊によって失われる量とがつり合って，大気中には常に一定の割合で存在している。生きている植物が光合成によって二酸化炭素を吸収するとき，この${}^{14}_{6}C$も一定の割合で体内に取り込まれる。さらに，この炭素は食物連鎖によって，動物の体内にも入る。生物体が死ぬと，${}^{14}_{6}C$の新たな取り込みが絶たれるので，その量は${}^{14}_{6}C$の半減期にしたがって減少する。

問1 ${}^{14}_{6}C$がβ崩壊する過程を核反応式を完成させよ。

$${}^{14}_{6}C \rightarrow \boxed{\quad} + \text{電子}$$

問2 ある生物の死体中${}^{14}_{6}C$の存在量を測定したところ，その割合は大気中の割合の$\frac{1}{4}$であった。この生物が命を失ったのは何年前か。ただし，${}^{14}_{6}C$の半減期は5730年とする。

〈岐阜大・改〉

★★★

合格へのゴールデンルート

GR 1 α線はヘリウム原子核，β線は（　　），γ線は波長の短い電磁波である。

GOLDEN ROUTE

大学入試問題集

ゴールデンルート

物理

物理基礎・物理

PHYSICS

佐々木 哲　河合塾講師

KADOKAWA

はじめに　INTRODUCTION

この本を手に取っていただきありがとうございます。
河合塾で物理の講師をしている佐々木哲といいます。

『ゴールデンルート　物理［物理基礎・物理］基礎編』は，厳選した入試頻出問題を50題掲載した問題集となっています。物理がもし苦手であれば，この本が物理を得意にしてくれると思います。

世の中には物理の参考書や問題集がたくさんありますが，**物理が苦手な人の気持ちを汲んで書かれている本はわずかです。物理が苦手な人は公式の使い方や物理現象の把握がうまくできていません。**

例えば，みなさんは公式を使うときに『なぜこの公式を使うの？』とか『この物理現象って一体どういうことなの？』『教科書の問題なら解けるのに，入試問題や実力テストになると解けなくなっちゃうんだよなぁ』などと思ったことはないですか？
その原因は，いつ，どんなときにどの公式を使えばよいか把握できていないことにあるのではないでしょうか。
物理が得意な人は，この問題でこの公式を使うのは当たり前だ！と思っています。なので，どの問題でどの公式を使うかは，本に書かれていないことが多いんです。

本書では，**公式の使い方や物理現象を把握するのに，図やグラフを使ってとにかく丁寧に書いています**。そして，普段，僕は予備校で多くの受験生を教えているので，受験生がつまずきやすいPointを知っています。**そのつまずきPointをくわしく解説しているので，スムーズに物理の学習ができるようになっています。**
ぜひ，この一冊で物理を苦手から得意にしていきましょう。

この問題集の使い方

① 問題を読み，自力で問題にチャレンジしてみる

問題の下に合格へのゴールデンルートⒼⓇが掲載されているので，問題を解くためのヒントとして使ってください。

② 解説を読み，解けなかったところをもう一度解き直す

解説には，問題を解く上で必要な知識，公式が掲載されています。その問題で必要な公式をしっかりと定着させてください。

③ 少し間をおき（1、2週間ほど）もう一度解き直してすべて正解できるようにする

成績 UP の秘訣は復習することです。同じ問題でも 2 回解くと違った視点が得られます。必ず解き直しをしましょう。

注意：この問題集には 50 題掲載されていますが，問題 1 から順番に進めて学習していくとスムーズに定着するように構成されています。なるべく問題 1 から学習を進めていくとよいです。

何度も繰り返しチャレンジして，公式の使い方や物理現象の把握を自分のものにしてください。

最後に，この本の執筆に携わってくれた㈱ KADOKAWA 山崎さん、その他僕を支えてくれたみなさんに本当に感謝しております。

河合塾物理科　**佐々木 哲**

GR

本書の特長と使い方

この本は、問題編（別冊）と解答編に分れています。

別冊

問題編

まずは、基礎力を高める問題を解こう

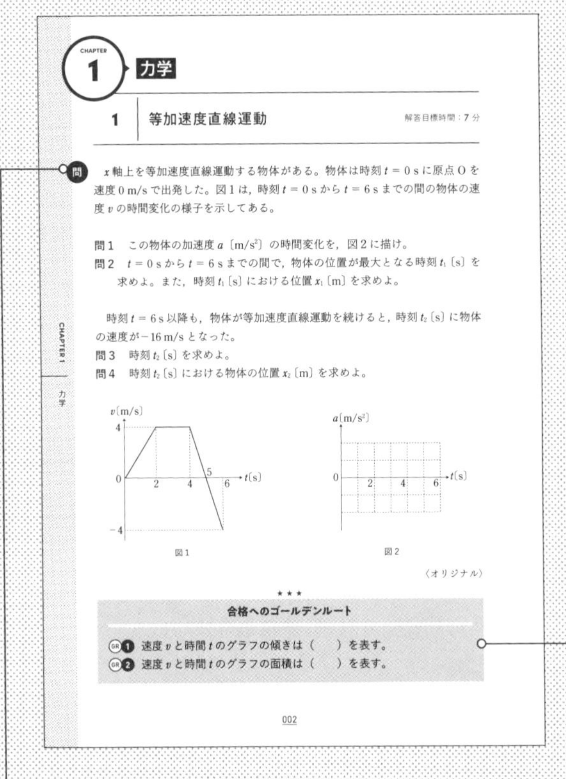

CHAPTER 1 力学

1 等加速度直線運動　解答目標時間：7分

問　x 軸上を等加速度直線運動する物体がある。物体は時刻 $t=0$ s に原点Oを速度 0 m/s で出発した。図1は，時刻 $t=0$ s から $t=6$ s までの間の物体の速度 v の時間変化の様子を示してある。

問1　この物体の加速度 a〔m/s^2〕の時間変化を，図2に描け。
問2　$t=0$ s から $t=6$ s までの間で，物体の位置が最大となる時刻 t_1〔s〕を求めよ。また，時刻 t_1〔s〕における位置 x_1〔m〕を求めよ。

時刻 $t=6$ s 以降も，物体が等加速度直線運動を続けると，時刻 t_2〔s〕に物体の速度が -16 m/s となった。
問3　時刻 t_2〔s〕を求めよ。
問4　時刻 t_2〔s〕における物体の位置 x_2〔m〕を求めよ。

図1　図2

（オリジナル）

合格へのゴールデンルート

GR1 速度 v と時間 t のグラフの傾きは（　　）を表す。
GR2 速度 v と時間 t のグラフの面積は（　　）を表す。

002

CHAPTER 1　力学

掲載問題

入試に最低限必要な基礎力を固めるための50題をセレクトしました。最後まで挫折せずに終えられることができるように，ヒントの形でポイントがつかめる工夫をしています。本書は，教科書の節末問題・章末問題や傍用問題集で，どう解いたからよいかが身についていない人に最適な問題集です。

合格へのゴールデンルート

問題を解くときにポイントになる文章が書かれています。解答や解き方が思い浮かばなかったら，この GR にある空欄を埋めてみましょう。この空欄を埋めることで，物理現象や公式・原理など，忘れていた事項をきちんと定着することができます。次に解くときにはこの GR を見ないで，解答目標時間内で解くように演習しましょう。

GR

「ゴールデンルート」とは

入試頻出テーマを最小限の問題数で効率よく理解することで、合格への道筋が開ける。

本冊

解答編

問題が解けたら、解答・解説を読んでよく理解しよう

ANSWER

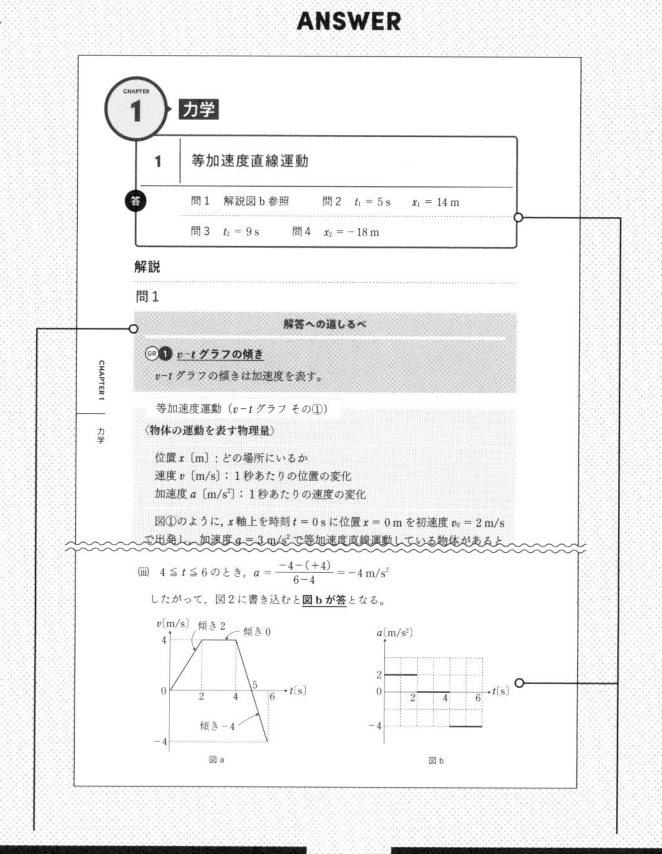

解答への道しるべ

GR で提示された内容について端的にまとめています。基礎レベルだからこそ，身につけておくべき重要事項ばかりなので，きちんと理解しておきましょう。このまとめは，類似問題を演習するときにも役に立つ情報です。

解答・解説

「解答への道しるべ」に書かれている内容を踏まえて，問題の着眼点，考え方・解き方をていねいに解説しています。また，単に答えがあっているかどうかをチェックするのではなく，正解に至るまでのプロセスが正しいかどうかも含めて，1つずつチェックしてください。解答はオーソドックスなものばかりなので，基礎をしっかり固めましょう。

GOLDEN ROUTE

物理

物理基礎・物理

基礎編

大学入試問題集
ゴールデンルート

解答編

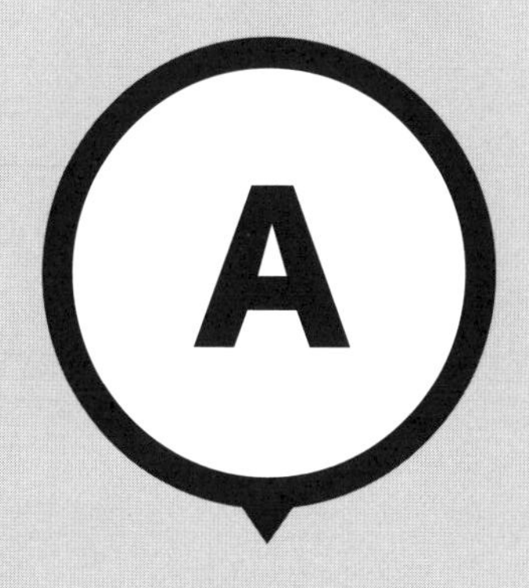

ANSWER

1 » 50

目次・チェックリスト

物理［物理基礎・物理］

基礎編

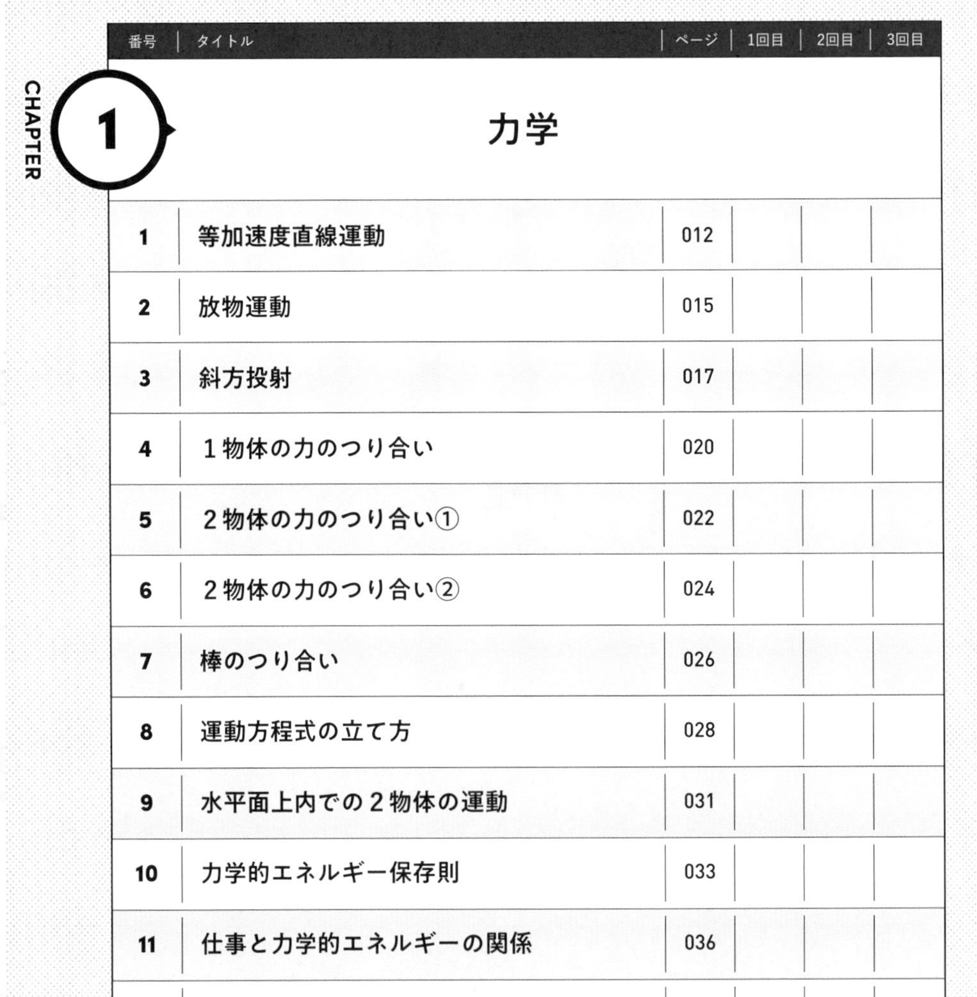

チェックリストの使い方

解けた問題には○，最後まで解けたけど，解答に間違えがあれば△，途中までしか解けなかったら×，完璧になったら✓など，自分で決めた記号で埋めていきましょう。

CHAPTER 2

CHAPTER 1

力学

1 等加速度直線運動

答

問1　解説図 b 参照　　問2　$t_1 = 5\,\mathrm{s}$　$x_1 = 14\,\mathrm{m}$

問3　$t_2 = 9\,\mathrm{s}$　　問4　$x_2 = -18\,\mathrm{m}$

解説

問1

解答への道しるべ

GR 1 v–t グラフの傾き

v–t グラフの傾きは加速度を表す。

等加速度運動（$v-t$ グラフ その①）

〈物体の運動を表す物理量〉

位置 x〔m〕：どの場所にいるか
速度 v〔m/s〕：1秒あたりの位置の変化
加速度 a〔m/s^2〕：1秒あたりの速度の変化

図①のように，x 軸上を時刻 $t = 0\,\mathrm{s}$ に位置 $x = 0\,\mathrm{m}$ を初速度 $v_0 = 2\,\mathrm{m/s}$ で出発し，加速度 $a = 3\,\mathrm{m/s^2}$ で等加速度直線運動している物体があるとする。**加速度が $3\,\mathrm{m/s^2}$ であれば，『1秒あたりに速度が $3\,\mathrm{m/s}$ ずつ増加している』**ことを表している。

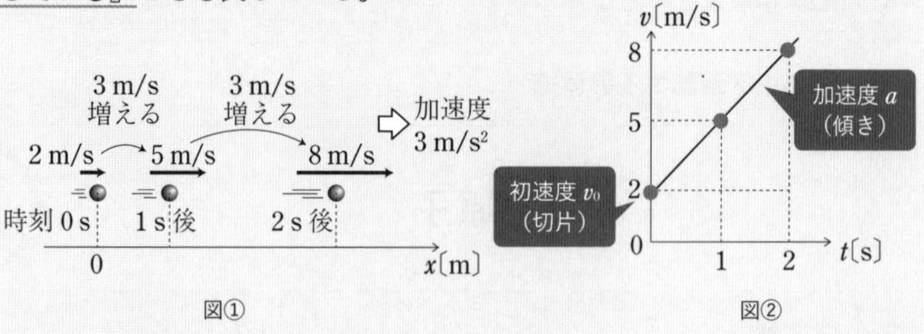

図①　図②

物体の運動を縦軸に速度，横軸に時刻をとったグラフを v–t グラフという。グラフに1秒ごとに速度をプロットすると図②のようになる。図②の傾きは3となっており，v-t グラフの傾きは加速度を表すことになる。

v-t グラフの傾き＝加速度

また，図②のグラフは切片2，傾き3の直線であるから，直線の式は $v = 2 + 3t$ と表せる。この式を v_0, a を用いて表すと，$v = v_0 + at$ と表せる。

公式： $v = v_0 + at$	等加速度運動の式(速度の式)

v-t グラフの傾きは加速度を表すので，(i)　$0 \leqq t \leqq 2$　(ii)　$2 \leqq t \leqq 4$　(iii)　$4 \leqq t \leqq 6$ のそれぞれの場合について，図aの**傾き(加速度)**を求めていけばよい。

(i)　$0 \leqq t \leqq 2$ のとき，$a = \dfrac{4-0}{2-0} = 2\ \mathrm{m/s^2}$

(ii)　$2 \leqq t \leqq 4$ のとき，$a = 0\ \mathrm{m/s^2}$

(iii)　$4 \leqq t \leqq 6$ のとき，$a = \dfrac{-4-(+4)}{6-4} = -4\ \mathrm{m/s^2}$

したがって，図2に書き込むと**図bが答**となる。

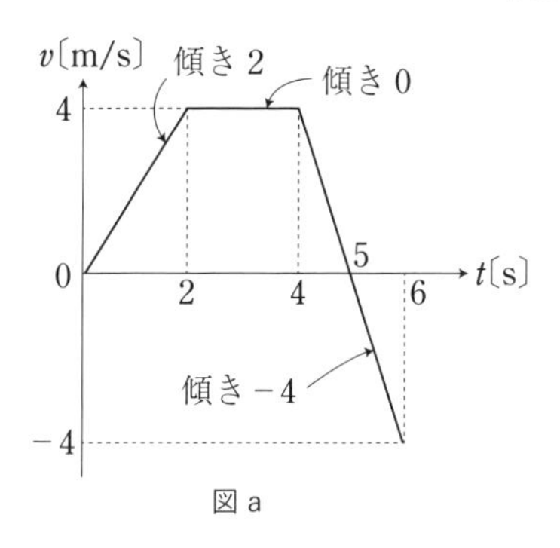

図a

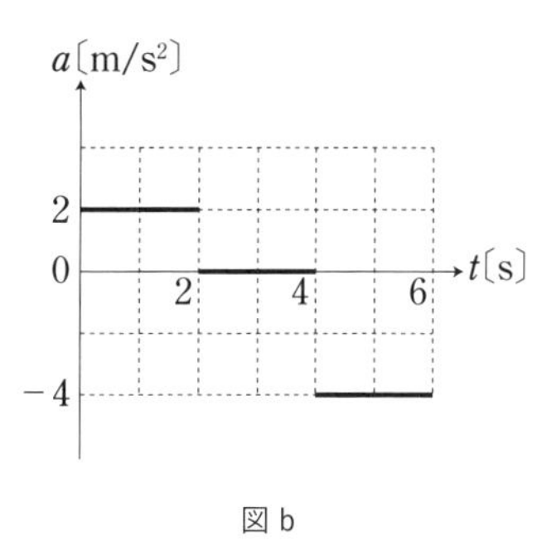

図b

問2

解答への道しるべ

GR 2　v-t グラフの面積

v-t グラフの面積は物体の移動距離を表す。

等加速度運動（$v-t$ グラフ その②）

物体の移動距離は v-t グラフを用いて表すことができる。図③は縦軸が速度 v〔m/s〕で，横軸が時刻 t〔s〕を表すので，このグラフの面積は物体の**移動距離**を表す。

v-t グラフの面積＝移動距離

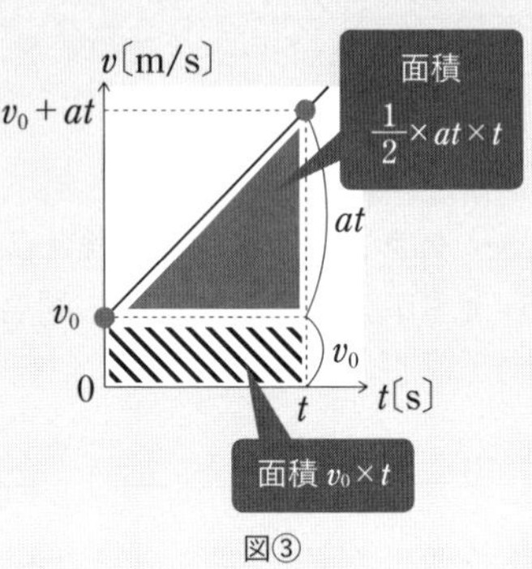

図③

図③のグラフの面積を長方形（斜線部）と三角形（塗りつぶし部）に分割して求めてみる。物体が移動した距離は，

$$v_0\times t+\frac{1}{2}\times at\times t$$

となる。一般に，時刻 0 で位置 x_0 を初速度 v_0，加速度 a で運動し始めた物体が時刻 t における物体の位置 x は，

公式： $$x=v_0t+\frac{1}{2}at^2+x_0$$ 等加速度運動の式(位置の式)

v-t グラフの面積は移動距離を表すので，図 c の面積をそれぞれ求めてみる。

- $0\leqq t\leqq 5$ のとき
  面積①＝(2＋5)×4÷2 ＝ 14 m
- $5\leqq t\leqq 6$ のとき
  面積②＝ 1×4÷2 ＝ 2 m

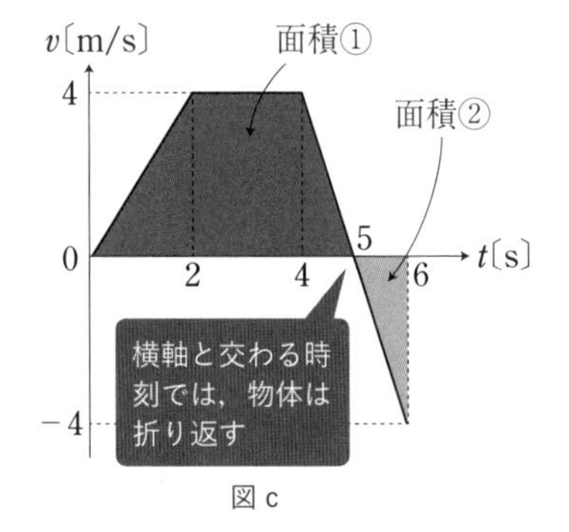

図 c

図 d のように，$0\leqq t\leqq 5$ の間で x 軸の正の向きへ距離 14 m だけ移動し，速度が 0 となる。速度が 0 となるところで折り返し，$5\leqq t\leqq 6$ の間で x 軸の負の向きへ距離 2 m だけ移動する。よって，物体の位置が最大になる時刻は t_1 ＝ **5 s** であり，位置は x_1 ＝ **14 m**

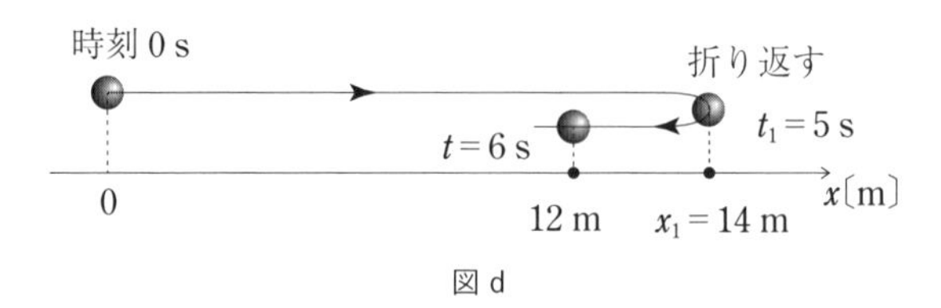

図 d

問3

時刻4 s以降の加速度は$-4\ \mathrm{m/s^2}$なので，**1 s経過すると左向きに速さ4 m/sだけ増加する**ことになる。速度が-16 m/sとなるには，折り返してから4 s経過すればよい。物体が折り返したのは時刻5 sであったので，速度が-16 m/sとなるには時刻$t_2 =$ **9 s**である。

問4

折り返してから，4秒間に物体が左向きに移動した距離は図eの面積③であり，面積③$= 4 \times 16 \times \frac{1}{2} = 32$ mとなる。時刻5 sのときの物体の位置は14 mであったから，$x_2 = 14\ \mathrm{m} - 32\ \mathrm{m} =$ **-18 m**となる。

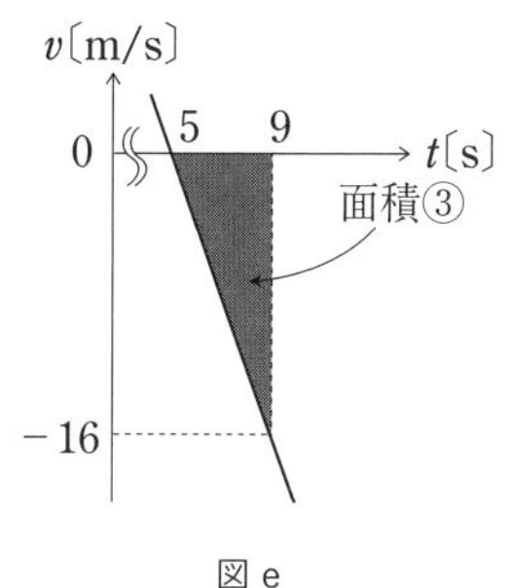

図e

2　放物運動

答　問1　4.0 s　　問2　$v_0 = 10$ m/s　　問3　3.92

解答への道しるべ

GR 1 水平投射

水平投射＝水平方向の等速度運動＋鉛直方向の自由落下

解説

水平投射

原点Oから水平方向に初速v_0で投げ出された小球は図①のような軌道となる。**軌道は水平方向の等速度運動**と**鉛直方向の等加速度運動（自由落下）**とみなせばよい。したがって，x方向の加速度$a_x = 0$であり，y方向の加速度$a_y = +g$である。時刻tにおける速度をvとし，速度のx成分をv_x，y成分をv_yとすると，等加速度直線運動の式（速度の式）

$$v = v_0 + at$$

より，以下の式①，③のように表せる。また，時刻 t における位置 x，y は等加速度直線運動の式（位置の式）

$$x = v_0 t + \frac{1}{2}at^2$$

より，以下の式②と④と表せる。

x方向 $\begin{cases} v_x = v_0 & \cdots\cdots① \\ x = v_0 t & \cdots\cdots② \end{cases}$

y方向 $\begin{cases} v_y = 0 + gt & \cdots\cdots③ \\ y = 0 \times t + \frac{1}{2}gt^2 & \cdots\cdots④ \end{cases}$

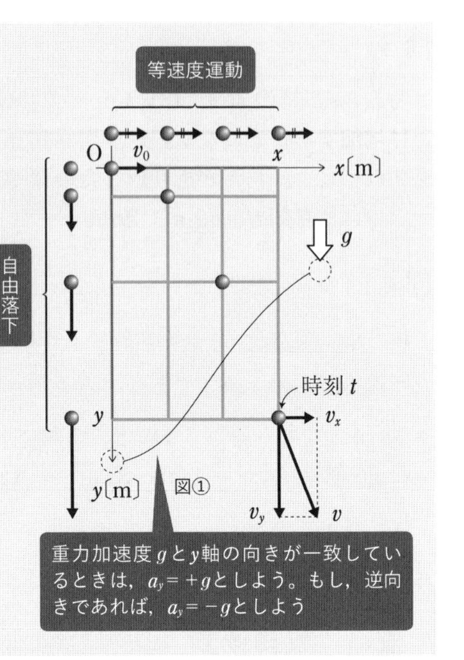

図①

放物運動の問題を解くときには以下のSTEPを踏めばよい。

STEP 1　座標軸をセットする

図 a のように，水平方向と鉛直方向に座標軸を定める。

STEP 2　等加速度直線運動の式を用いて，時刻 t における速度，位置の式をつくる

x方向 $\begin{cases} v_x = v_0 & \cdots\cdots① \\ x = v_0 t & \cdots\cdots② \end{cases}$

y方向 $\begin{cases} v_y = 0 + 9.8t & \cdots\cdots③ \\ y = 0 \times t + \frac{1}{2}(+9.8)t^2 & \cdots\cdots④ \end{cases}$

図 a

STEP 3　設問の条件を①～④式に代入する

問1

地面に落下するという条件があるので，④式の位置 y を $y = 78.4$ m とすればよい。地面に落下したときの時刻を t_0 とし，④式より，

$$78.4 = \frac{1}{2}(+9.8) \times t_0{}^2 \qquad \therefore \quad t_0 = \underline{\mathbf{4.0\ s}}$$

問2

小球は時刻 t_0 で $x = 40$ m となるので，②式より，

$$40 = v_0 \times 4.0 \qquad \therefore \quad v_0 = \underline{\mathbf{10\ m/s}}$$

問3

地面に落下したときの速度の水平成分は v_0 である。
また，速度の鉛直成分は③式より，

$$v_y = 0 + 9.8 \times t_0 = 9.8 \times 4 = 39.2 \text{ m/s}$$

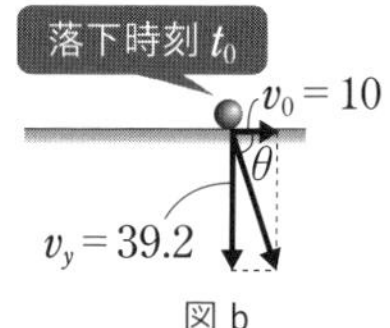

図 b

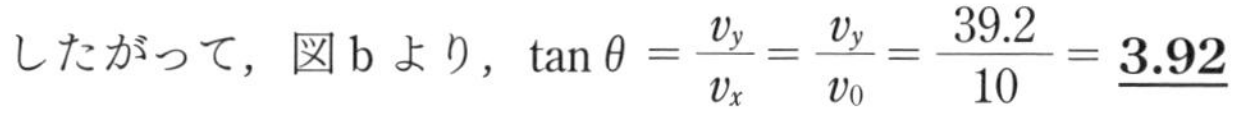
したがって，図 b より，$\tan\theta = \frac{v_y}{v_x} = \frac{v_y}{v_0} = \frac{39.2}{10} = \underline{\mathbf{3.92}}$

3　斜方投射

答

問 1　$t_1 = \frac{v_0 \sin\theta}{g}$，$H = \frac{(v_0 \sin\theta)^2}{2g}$

問 2　$t_2 = \frac{2v_0 \sin\theta}{g}$，$L = \frac{v_0{}^2 \sin 2\theta}{g}$　　問 3　45°，$\frac{v_0{}^2}{g}$

解答への道しるべ

GR 1 斜方投射

斜方投射＝水平方向の等速度運動＋鉛直投げ上げ

解説

斜方投射

原点 O から水平方向から角度 θ の方向へ初速 V_0 で投げ出された小球は図①のような運動をする。x 方向の加速度 $a_x = 0$ であり，y 方向の加速度 $a_y = ㊀g$ である。斜方投射は**水平方向は速さ $V_0 \cos\theta$ の等速度運動**と**鉛**

直方向は初速 $V_0 \sin\theta$ の鉛直投げ上げとみなせばよい。時刻 t における速度の x 成分を v_x, y 成分を v_y とすると，$v = v_0 + at$ より，以下の式①と③のように表せる。また，時刻 t における位置 x, y は $x = v_0 t + \frac{1}{2}at^2$ より，以下の式②と④と表せる。

x 方向
$$v_x = V_0 \cos\theta \quad \cdots\cdots ①$$
$$x = V_0 \cos\theta \cdot t \quad \cdots\cdots ②$$

y 方向
$$v_y = V_0 \sin\theta + (-g)t \quad \cdots\cdots ③$$
$$y = V_0 \sin\theta \cdot t + \frac{1}{2}(-g)t^2 \quad \cdots\cdots ④$$

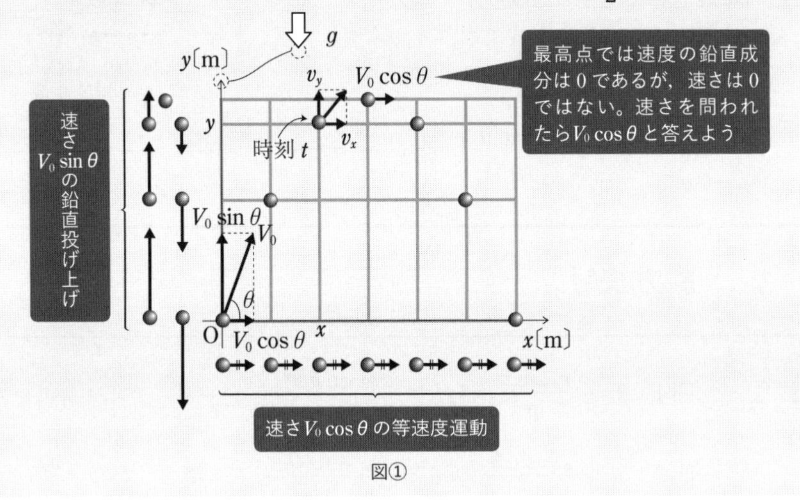

図①

問1

図aのように，水平方向と鉛直方向に座標軸を定め，等加速度直線運動の式を用いる。

x 方向
$$v_x = v_0 \cos\theta \quad \cdots\cdots ①$$
$$x = v_0 \cos\theta \cdot t \quad \cdots\cdots ②$$

y 方向
$$v_y = v_0 \sin\theta + (-g)t \quad \cdots\cdots ③$$
$$y = v_0 \sin\theta \cdot t + \frac{1}{2}(-g)t^2 \quad \cdots\cdots ④$$

最高点では速度の鉛直成分 $v_y = 0$ であるから，③式より，

$$0 = v_0 \sin\theta + (-g)t_1$$

$$\therefore \quad t_1 = \frac{v_0 \sin\theta}{g}$$

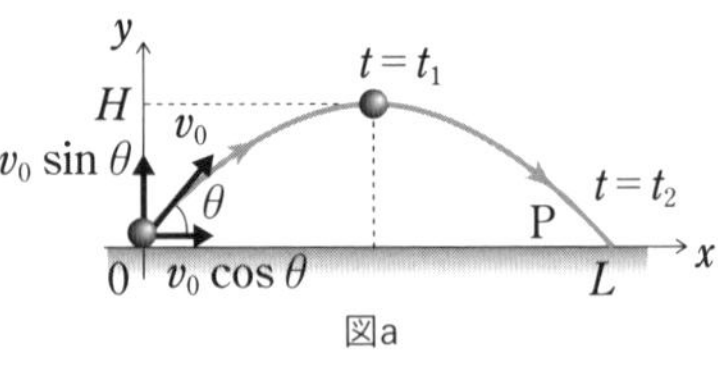

図a

また，$t = t_1$ で $y = H$ であるから，④式より，

$$H = v_0 \sin\theta \cdot t_1 + \frac{1}{2}(-g)t_1^2$$

$$= v_0 \sin\theta \cdot \frac{v_0 \sin\theta}{g} + \frac{1}{2}(-g)\left(\frac{v_0 \sin\theta}{g}\right)^2$$

$$\therefore \quad H = \underline{\boldsymbol{\frac{(v_0 \sin\theta)^2}{2g}}}$$

［**別解**］

公式： $v^2 - v_0^2 = 2as$ （s：変位） ｜ 等加速度運動の式（関係式）

上の式を用いてもよい。

鉛直方向は初速 $v_0 \sin\theta$ の鉛直投げ上げとみなせるので，

$$\underbrace{0^2}_{\text{最高点}} - \underbrace{(v_0 \sin\theta)^2}_{\text{はじめ}} = 2(-g)H \qquad \therefore \quad H = \underline{\boldsymbol{\frac{(v_0 \sin\theta)^2}{2g}}}$$

問 2

水平面に落下するとき，高さが 0 であるから，$y = 0$ とする。④式より，

$$0 = v_0 \sin\theta \cdot t_2 + \frac{1}{2}(-g) \cdot t_2^2 \quad \rightarrow \quad 0 = t_2 \cdot \left(v_0 \sin\theta - \frac{1}{2}gt_2\right)$$

$t_2 > 0$ より，$t_2 = \underline{\boldsymbol{\frac{2v_0 \sin\theta}{g}}}$ 　t_1の2倍だ!!

落下時間と最高到達点に達するまでの時間の関係

t_2 を t_1 で表すと，$t_2 = 2t_1$ である。最高点に達するまでの時間の 2 倍が落下時間であることは覚えておこう。

（最高点に達する時間）× 2 =（落下時間）

t_1　t_1

また，L は②式より

$$L = v_0 \cos\theta \cdot t_2 = \frac{2v_0^2 \sin\theta \cos\theta}{g} = \underline{\boldsymbol{\frac{v_0^2 \sin 2\theta}{g}}} \quad \cdots\cdots ⑤$$

$\sin 2\theta = 2\sin\theta\cos\theta$

問 3

L が最大になるときは，⑤式より，$\sin 2\theta$ が最大であればよい。つまり，$\sin 2\theta = 1$ より，$0° \leqq \theta \leqq 90°$ の範囲では，$2\theta = 90°$　∴　$\theta = \underline{\boldsymbol{45°}}$

また，このとき，⑤式より，$L = \frac{v_0^2 \sin 90°}{g} = \underline{\boldsymbol{\frac{v_0^2}{g}}}$

4　1物体の力のつり合い

答

[A]　問1　$T = \dfrac{mg}{\cos\theta}$,　$F = mg\tan\theta$　　問2　$x = \dfrac{mg\tan\theta}{k}$

[B]　問1　(a)　F,　mg　　(b)　μmg　　問2　$\dfrac{2\mu mg}{\sqrt{3}+\mu}$

解答への道しるべ

GR 1 力のつり合い

物体が静止しているときには力のつり合いを立てよう。

解説

[A]　問1

力のつり合いを立てるときは，以下に示すSTEPにしたがって立てると立式しやすい。

STEP 1　物体に働く力を図示する

小球に働く力を図示したものが図aである。

STEP 2　水平方向と鉛直方向に力のつり合いの式を立てる

張力を分解すると，張力の水平成分と鉛直成分の大きさはそれぞれ，$T\sin\theta$ と $T\cos\theta$ である。小球の力のつり合いの式は，

水平方向：$T\sin\theta = F$　……①

鉛直方向：$T\cos\theta = mg$　……②

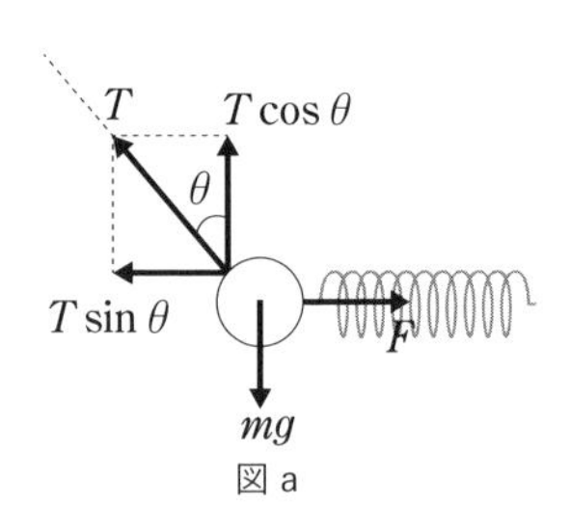

図a

STEP 3　未知数をチェックする

未知数とは設問で問われている物理量。今回であれば，張力の大きさ T と弾性力の大きさ F が未知数となる。

STEP 4　力のつり合いの式を未知数について解く

②式より，$T = \dfrac{mg}{\cos\theta}$

①式より，$F = T\sin\theta = \dfrac{mg}{\cos\theta}\cdot\sin\theta = \underline{\boldsymbol{mg\tan\theta}}$

問2

問1で求めた弾性力は $F = mg\tan\theta$ なので，弾性力の公式 $F = kx$ より，

$$kx = mg\tan\theta \qquad \therefore\ x = \underline{\dfrac{\boldsymbol{mg\tan\theta}}{\boldsymbol{k}}}$$

弾性力 $\boldsymbol{F}$〔N〕

公式：　$\boldsymbol{F = kx}$

ばね定数：$\boldsymbol{k}$〔N/m〕
自然長からの伸び縮み：$\boldsymbol{x}$〔m〕

［B］ 問1

(a) 物体が水平面から受ける垂直抗力の大きさと静止摩擦力の大きさをそれぞれ N_1，f として，物体に働くすべての力を図示すると，図bとなる。
力のつり合いより，
水平方向：$f = \underline{\boldsymbol{F}}$
鉛直方向：$N_1 = \underline{\boldsymbol{mg}}$

(b) 物体が滑り出す直前では，静止摩擦力は最大値 $\mu N_1 = \mu mg$ となる。このとき物体に加えている水平方向の力は F_0 であるから，水平方向の力のつり合いより，
$F_0 = \underline{\boldsymbol{\mu mg}}$

摩擦力 $\boldsymbol{f}$〔N〕

公式：　$\boldsymbol{f = \mu N}$

静止摩擦係数：μ
垂直抗力：N〔N〕

※静止摩擦力は滑り出す直前のみ最大値 μN となる。滑り出す直前ではないときは摩擦力を f と書くこと！

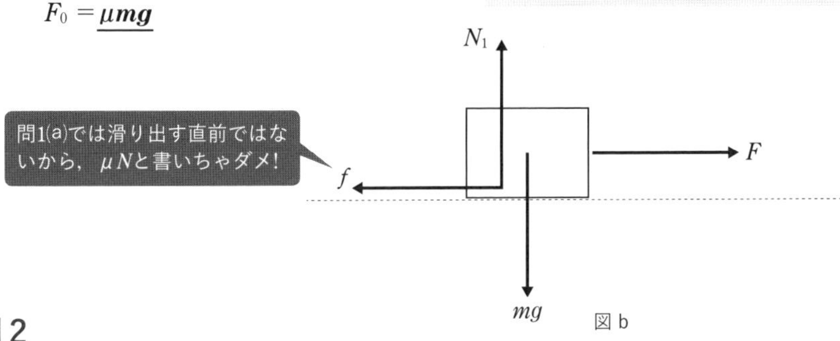

図b

問2

物体が水平面から受ける垂直抗力の大きさを N_2 とする。**物体が動き出す直前なので，静止摩擦力は最大値 $\boldsymbol{\mu N_2}$ となる**。物体に働くすべての力を図示すると，図cのようになる。

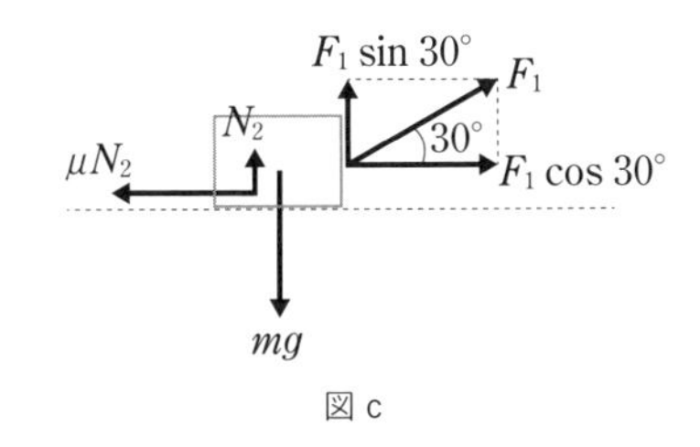

図c

力のつり合いより，

水平方向：$F_1\cos30° = \mu N_2$ ……①

鉛直方向：$N_2 + F_1\sin30° = mg$ ……②

②式より，$N_2 = mg - \dfrac{F_1}{2}$

この N_2 を①式に代入すると，$F_1\cos30° = \mu\left(mg - \dfrac{F_1}{2}\right)$

$$\frac{\sqrt{3}}{2}F_1 = \mu mg - \mu\frac{F_1}{2}$$

$$\frac{\sqrt{3}+\mu}{2}F_1 = \mu mg \qquad \therefore \quad F_1 = \underline{\boldsymbol{\frac{2\mu mg}{\sqrt{3}+\mu}}}$$

5　2物体の力のつり合い①

答

問１　$\dfrac{1}{2}mg$　　　問２　$M = \dfrac{m}{2}(\sqrt{3}\mu + 1)$

解答への道しるべ

GR 1　2物体の力のつり合い

複数の物体が静止しているときは，各物体に着目して力をかこう。

解説

問１

張力の大きさを T，静止摩擦力の大きさを f，垂直抗力の大きさを N とする。物体Ａに着目して力を図示したものが図ａである。また，容器Ｂに働く力を図示したものが図ｂである。図ａの物体Ａに働く重力は斜面に平行な方向と垂直な方向に分解しておこう。

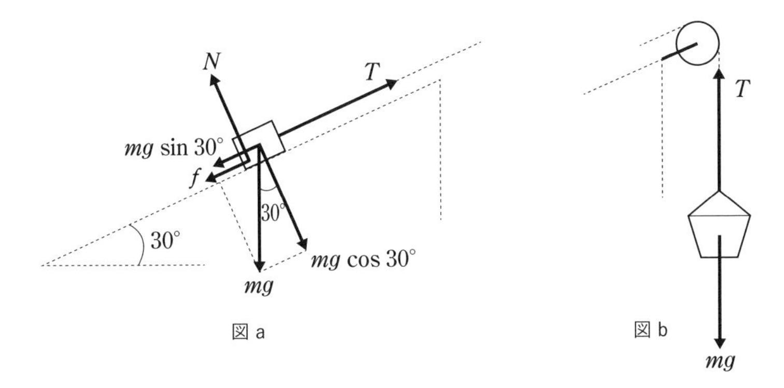

容器Bの鉛直方向の力のつり合いより，$T = mg$

摩擦力が斜面方向下向きであることに注意して（注意参照），Aの力のつり合いは，

$$\begin{cases} \text{斜面に対して平行な方向：} T = f + mg\sin 30° & \cdots\cdots ① \\ \text{斜面に対して垂直方向：} N = mg\cos 30° & \cdots\cdots ② \end{cases}$$

①式より，$f = T - mg\sin 30° = mg - \dfrac{1}{2}mg = \underline{\boldsymbol{\dfrac{1}{2}mg}}$

注意　物体Aに働く張力の大きさは mg であり，重力の斜面に対して平行な成分は $mg\sin 30° = \dfrac{1}{2}mg$ である。もし，斜面に摩擦が働かなければ，$T > mg\sin 30°$ なのでAは上昇してしまう。よって，摩擦力は斜面方向下向きとなる。

問2

注水して，容器Bと水を合わせた質量が M なので，容器Bの鉛直方向の力のつり合いより，$T = Mg$

このとき，物体Aは斜面上で滑り出す直前なので f は最大値 $\mu N = \mu mg\cos 30°$ であるから，物体Aの斜面に対して平行な方向の力のつり合いより，

$$Mg = \mu mg\cos 30° + mg\sin 30° \qquad \therefore \quad M = \underline{\boldsymbol{\frac{m}{2}(\sqrt{3}\,\mu + 1)}}$$

5

2物体の力のつり合い①

6　2物体の力のつり合い②

答

問1　図a，b参照

問2　$f_1 = F$　$f_2 = F$　$N_1 = 4mg$　$N_2 = 3mg$

問3　物体1が床に対して滑り出す。

解答への道しるべ

GR 1　2物体間に働く力

2物体間にはたらく力は作用・反作用の法則が成り立つ。

解説

問1

2物体が密着しているときは各物体に力を図示していくと力のかき忘れがなくなる。働く力を図示するときには，**作用・反作用の力（押したら押し返される）を意識しよう**。また，摩擦力の向きが分かりにくいときは下の考え方を確認しておこう。

摩擦力の向き

2物体のうちはじめにどちらの物体が動き出そうとするかチェックする➡物体2がはじめに動き出す➡摩擦面を拡大した図を描く➡物体2が物体1を右向きに押す（この力が物体1が受ける摩擦力となる）➡物体2は物体1から押し返される（この力が物体2が受ける摩擦力となる）。

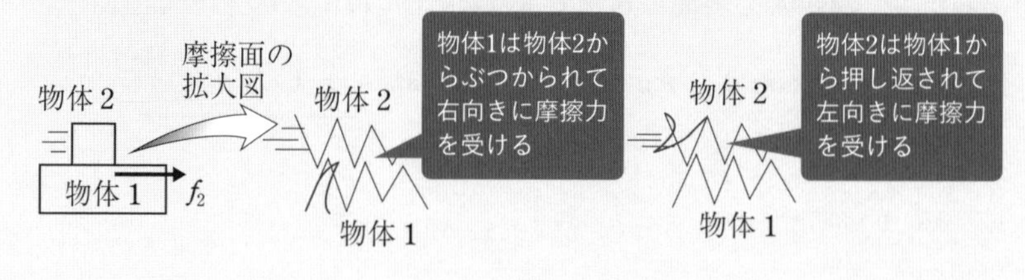

物体１と２に働く力を図示したものが図ａとｂである。図には力の大きさも示してあるが，矢印だけを書いたものが**答**である。

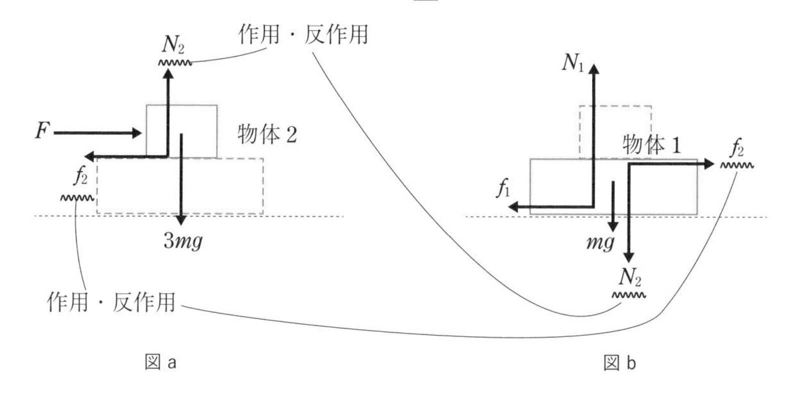

図ａ　　　　図ｂ

図ａとｂで作用・反作用の関係にあるものは，物体１と２の間に働く摩擦力 f_2 と垂直抗力 N_2 である。作用・反作用の力は物体間に働くことを意識しよう。

問２

物体１と２の力のつり合いをそれぞれ立てると，

物体２ $\begin{cases} \text{水平方向：} F = f_2 & \cdots\cdots① \\ \text{鉛直方向：} N_2 = 3mg & \cdots\cdots② \end{cases}$

物体１ $\begin{cases} \text{水平方向：} f_2 = f_1 & \cdots\cdots③ \\ \text{鉛直方向：} N_1 = mg + N_2 & \cdots\cdots④ \end{cases}$

②式と④式より，$N_2 = \boldsymbol{3mg}$　　$N_1 = \boldsymbol{4mg}$

①式と③式より，$f_2 = \boldsymbol{F}$　　$f_2 = f_1 = \boldsymbol{F}$

問３

物体１と物体２の間に働く最大摩擦力は $2\mu N_2 = 6\mu mg$ であり，物体１と床の間に働く最大摩擦力は $\mu N_1 = 4\mu mg$ である。したがって，加える力を大きくしていくと，最大摩擦力の大きさが小さな値である床と物体１の間で先に滑りが生じてしまう。したがって，**物体１が床に対して滑り出す**。

7 棒のつり合い

答

イ $\dfrac{mg}{2}$　ロ $\dfrac{3mg\cos\theta}{2\sin\theta}$　ハ $\dfrac{3mg}{2\sin\theta}$　ニ $mgx-\mu Rl$

ホ $\dfrac{2mg}{\mu\cos\theta+\sin\theta}$　ヘ $\dfrac{3\mu\cos\theta-\sin\theta}{2(\mu\cos\theta+\sin\theta)}l$

解答への道しるべ

GR 1 剛体のつり合い

剛体が静止するとき，①力のつり合い
②任意の点のまわりの力のモーメントのつり合い
を立てよう。

力のモーメント M〔N·m〕

公式： $\boldsymbol{M=F\times h}$

力：F〔N〕
うでの長さ：h〔m〕

※うでの長さとは回転軸から力の作用線まで下ろした垂線の長さのこと。

モーメントの大きさを求めるときは，①力の分解をする方法と②力の作用線を伸ばす方法がある。

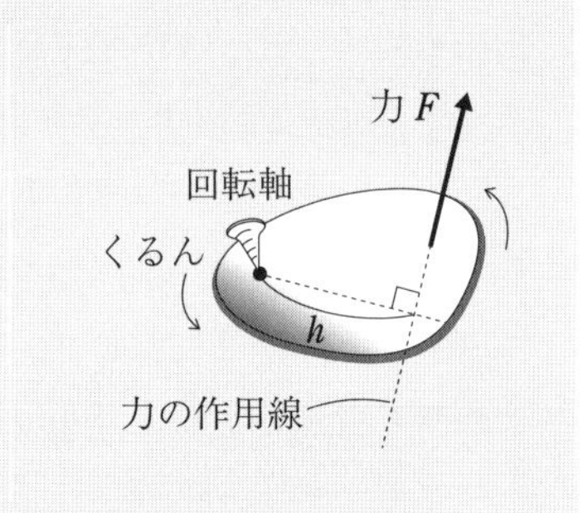

イ ～ ハ の解説

剛体のつりあいを考えるときは，まず力のつり合いを立てよう。棒に働く力のつり合いより，

水平方向：$N=S\cos\theta$　……①

鉛直方向：$f+S\sin\theta=mg+mg$　……②

力のモーメントのつり合いを考えるときは以下の Point を意識しよう。

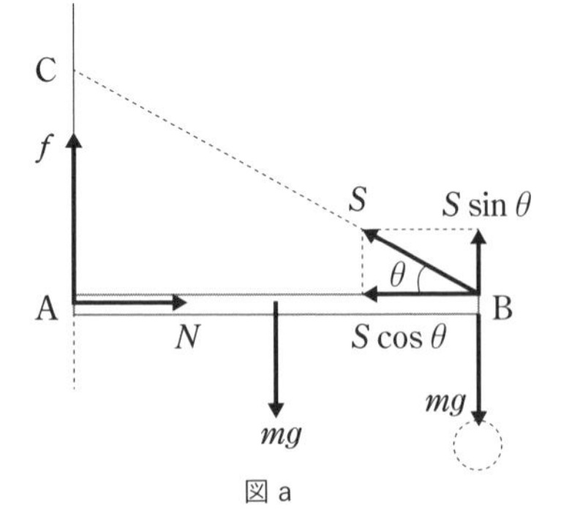

図 a

POINT

①力のモーメントを考えるときは，棒に対して垂直な力を考えよう。
②回転軸Aを時計の中心とみなし，棒に働くそれぞれの力が時計回りか反時計回りかに分類しよう。

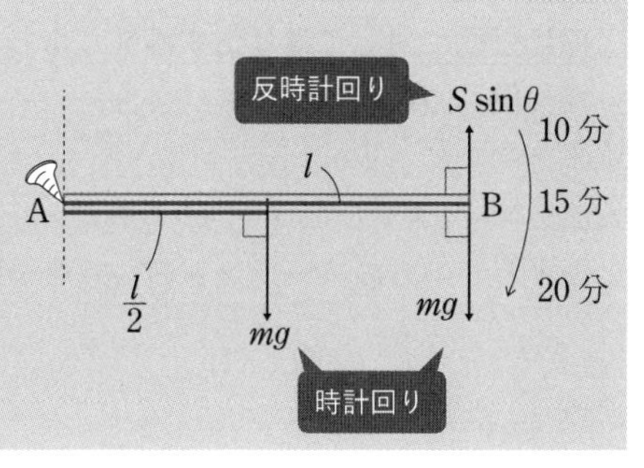

A点まわりの力のモーメントのつり合いより，

$$\underbrace{mg \times \frac{l}{2} + mg \times l}_{\text{時計回り}} = \underbrace{S\sin\theta \times l}_{\text{反時計回り}} \quad \cdots\cdots ③$$

③式より，$S = \underline{\boldsymbol{\frac{3mg}{2\sin\theta}}}$ (ハ)

①式より，$N = S\cos\theta = \underline{\boldsymbol{\frac{3mg\cos\theta}{2\sin\theta}}}$ (ロ)

②式より，$f = 2mg - S\sin\theta = 2mg - \frac{3mg}{2\sin\theta} \times \sin\theta = \underline{\boldsymbol{\frac{mg}{2}}}$ (イ)

注意　回転軸Aに働く力であるfやNはうでの長さが0なので，fやNの回転能力は0となる。

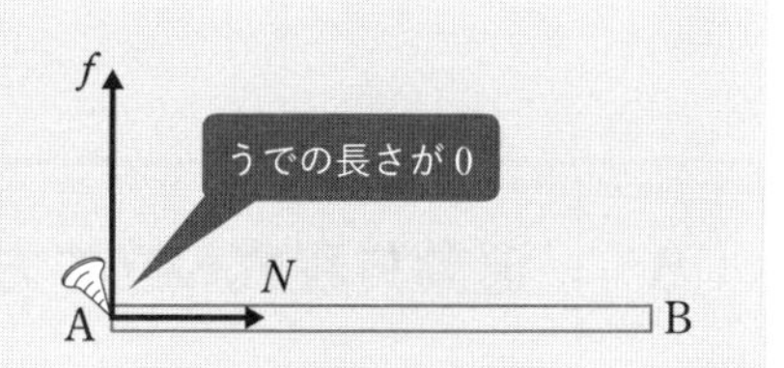

[(**イ**)**の別解**]

回転軸はどこにとってもよいので，回転軸の位置を変えることで，未知数を簡単に求めることもできる。例えば，B点に回転軸をとると，力のモーメントのつり合いより，fが簡単に求まる。

$$f \times l = mg \times \frac{l}{2} \quad \therefore \quad f = \underline{\boldsymbol{\frac{mg}{2}}}$$ (イ)

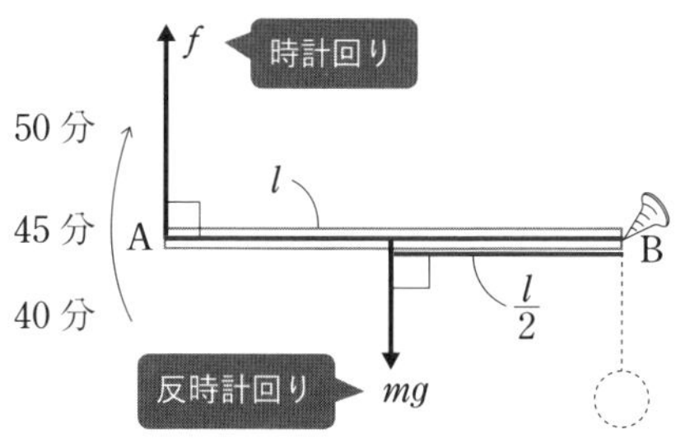

ニ ～ ヘ の解説

棒は壁面に対して滑り出す直前となっているので，f は最大値 μR となる。

棒に働く力のつり合いの式より，

水平方向：$R = T\cos\theta$ ……④

鉛直方向：$\mu R + T\sin\theta = mg + mg$ ……⑤

Bまわりの力のモーメントのつり合いより，

$$\underbrace{mg \times \frac{l}{2} + mg \times x}_{\text{反時計回り}} = \underbrace{\mu R \times l}_{\text{時計回り}} \quad \cdots\cdots⑥$$

図 b

⑥式より，$\dfrac{mgl}{2} + \underline{\boldsymbol{mgx - \mu Rl}}_{(ニ)} = 0$

④式を⑤式に代入して，R を消去すると，

⑤式より，$\mu T\cos\theta + T\sin\theta = 2mg$ $\quad\therefore\quad T = \underline{\boldsymbol{\dfrac{2mg}{\mu\cos\theta + \sin\theta}}}_{(ホ)}$

④式より，$R = T\cos\theta = \dfrac{2mg\cos\theta}{\mu\cos\theta + \sin\theta}$

⑥式より，$mg \times \dfrac{l}{2} + mg \times x = \mu \times \dfrac{2mg\cos\theta}{\mu\cos\theta + \sin\theta} \times l$

$$x = \frac{2\mu l\cos\theta}{\mu\cos\theta + \sin\theta} - \frac{l}{2} \quad\therefore\quad x = \underline{\boldsymbol{\frac{3\mu\cos\theta - \sin\theta}{2(\mu\cos\theta + \sin\theta)}l}}_{(ヘ)}$$

8 運動方程式の立て方

答

［A］ 問1 $\mu mg\cos\theta$ 問2 $g(\sin\theta - \mu\cos\theta)$

［B］ 問1 $\dfrac{2}{3}g$ 問2 $\dfrac{5}{3}mg$

解説

［A］

問1，2

解答への道しるべ

GR 1 運動方程式を用いるとき

加速度や物体に働く力を求めたいときに，運動方程式を立てよう。

運動方程式を立てるときは，以下に示すSTEPにしたがっていくと立式しやすい。

STEP 1　物体に働く力を図示する

小物体Aに働く垂直抗力の大きさをN_1として，Aに働く力を図示したものが図aである。

図 a

STEP 2　物体の運動方向に加速度を定める

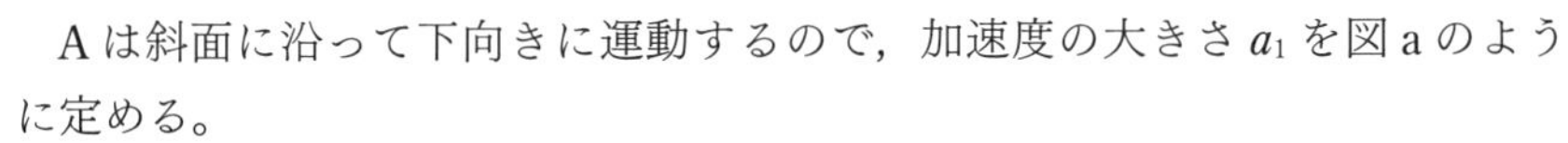

Aは斜面に沿って下向きに運動するので，加速度の大きさa_1を図aのように定める。

STEP 3　加速度方向と，加速度方向に対して垂直な方向に力を分解する

Aに働く重力を分解し，斜面に対して平行な成分は$mg\sin\theta$，それに垂直な成分は$mg\cos\theta$となる。

STEP 4　未知数をチェックする

設問で問われている物理量や問題文にかかれていない物理量を自分で置いたものが未知数となる。今回であれば，加速度a_1と垂直抗力N_1が未知数となる。

STEP 5　運動しない方向は力のつり合いの式を立てる

斜面に対して垂直な方向に力のつり合いの式を立てると，

$$N_1 = mg\cos\theta$$

Aに働く動摩擦力の大きさは，$\mu N_1 = \underline{\boldsymbol{\mu mg\cos\theta}}$ 問1の答

STEP 6　運動方程式を立てる

POINT

運動方程式を立てるときは，加速度と同じ向きの力であれば，運動方程式の右辺にプラス（＋）で力を記入し，加速度と逆向きの力であれば，マイナス（−）で力を記入していく。

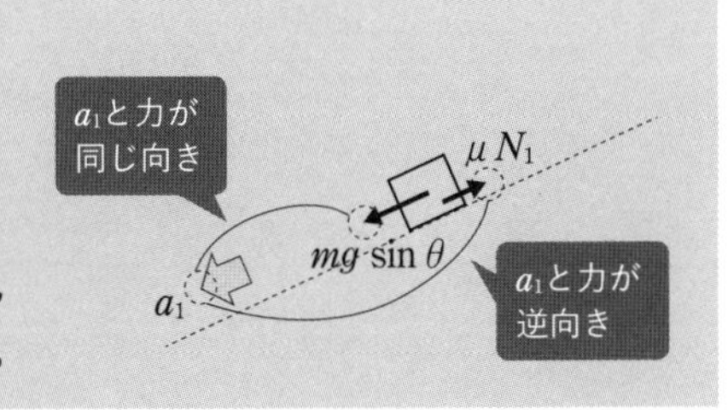

斜面に沿った方向に運動方程式を立てると，

$$ma_1 = +mg\sin\theta - \mu mg\cos\theta$$

$$\therefore \quad a_1 = \underline{\boldsymbol{g(\sin\theta - \mu\cos\theta)}}$$ 問２の答

運動方程式

公式：　$\boldsymbol{ma = F}$

合力：F〔N〕
加速度：a〔m/s²〕
質量：m〔kg〕

※右辺の力を書くときは，加速度方向の力を符号をつけて書いていくこと。

［B］ 問1，問2

PとQに働く糸の張力の大きさをTとし，Pに働く垂直抗力の大きさをN_2とする。PとQに働く力は図bとなる。

Pの斜面に対して垂直な方向の力のつり合いより，$N_2 = mg\cos30° = \dfrac{\sqrt{3}}{2}mg$

PとQのそれぞれの運動方程式を立てると，

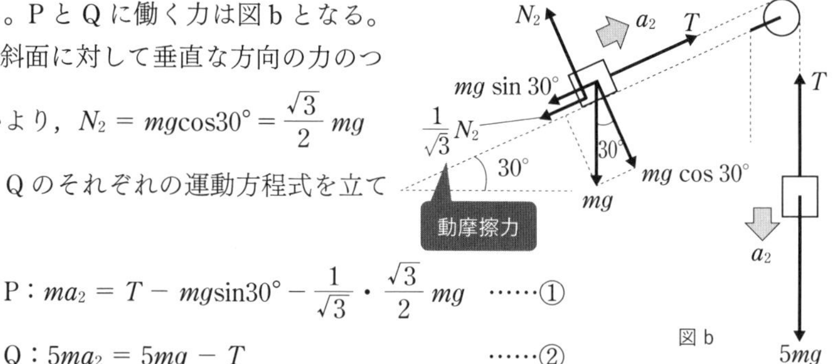

図 b

$$\text{P}：ma_2 = T - mg\sin30° - \frac{1}{\sqrt{3}}\cdot\frac{\sqrt{3}}{2}mg \quad \cdots\cdots①$$

$$\text{Q}：5ma_2 = 5mg - T \quad \cdots\cdots②$$

①式＋②式より，

$$ma_2 = T - \frac{1}{2}mg - \frac{1}{2}mg$$

２物体が同じ加速度の式は式どうしを足して計算する

$$+)\ 5ma_2 = 5mg - T$$

$$6ma_2 = 4mg$$

$$\therefore \quad a_2 = \underline{\boldsymbol{\frac{2}{3}g}}$$ 問１の答

また，張力の大きさは，②式より，

$$T = 5mg - 5ma_2 = 5mg - 5m\cdot\frac{2}{3}g = \underline{\boldsymbol{\frac{5}{3}mg}}$$ 問２の答

9　水平面内での２物体の運動

答

問１　右向き　　問２　加速度 $\dfrac{F}{M+m}$　　摩擦力 $\dfrac{m}{M+m}F$

問３　$(M+m)\mu g$

解答への道しるべ

GR 1 **静止摩擦力と動摩擦力の判定**

物体間で滑りが {生じているとき ➡ 動摩擦力 / 生じていないとき ➡ 静止摩擦力} が働く。

解説

問1

図 a－1 のように，はじめに動き出すのは板である➡２物体間で図 a－2 のような拡大図をかく➡図 a－3 のように，板が小物体に右向きに力を加える➡図 a－4 のように，板は小物体に加えた力の反作用の力を左向きにうける。

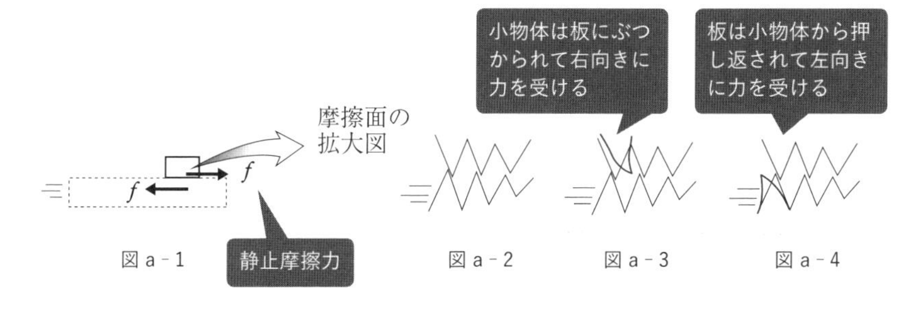

図 a－1　図 a－2　図 a－3　図 a－4

したがって，小物体に働く摩擦力の向きは**右向き**となる。

問2

小物体に働く垂直抗力と静止摩擦力の大きさをそれぞれ N_1, f とする。小物体に働く力は図 b となる。板が床から受ける垂直抗力の大きさを N_2 として，板に働く力は図 c となる。**N_1 と f は物体間に働く力となるので，作用・反作**

用が成り立つ力である。

POINT

密着している2物体は個別に着目して力を図示しよう。

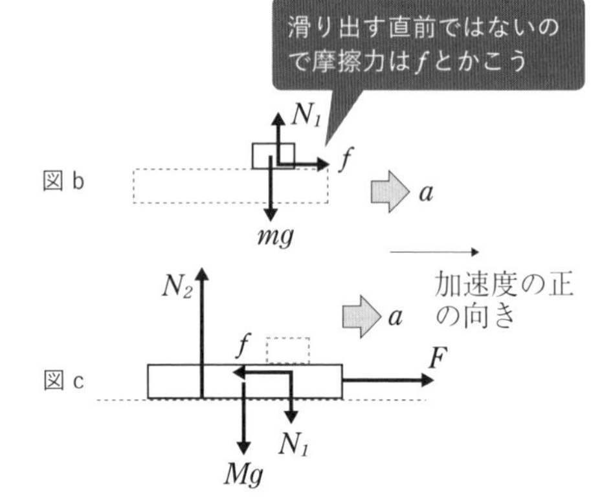

密着している2物体であれば，それぞれに着目して力をかくとわかりやすくなる。2物体は**一体**となって運動するので，**加速度の大きさは等しい**。図の右向きを加速度の正の向きとして，運動方程式を立てると，

小物体：$ma = f$ ……①

板：$Ma = F - f$ ……②

加速度を求めたいときは，運動方程式を立てよう

2物体が同じ加速度なので，①式＋②式より，

$$(M+m)a = F \qquad \therefore \quad a = \underline{\boldsymbol{\frac{F}{M+m}}}$$

また，小物体に働く摩擦力の大きさは，①式に $a = \dfrac{F}{M+m}$ を代入して，

$$①式：f = ma = \underline{\boldsymbol{\frac{m}{M+m}F}} \quad ……③$$

問3

小物体が板上を滑り出す直前に板に加える力の大きさを F_0 とする。**小物体が滑り出す直前は，静止摩擦力の大きさが最大値$\boldsymbol{\mu N_1}$**となる。問2で求めた③式の f を μN_1 とすればよいので，

$$\mu N_1 = \frac{m}{M+m}F_0 \quad ……④$$

小物体の鉛直方向の力のつり合いより，$N_1 = mg$ となるので，N_1 を④式に代入して，

$$\mu mg = \frac{m}{M+m}F_0 \qquad \therefore \quad F_0 = \underline{\boldsymbol{(M+m)\mu g}}$$

CHAPTER 1 力学

10　力学的エネルギー保存則

答

問1　$v=\sqrt{2gh}$　　問2　$x=\sqrt{\dfrac{2mgh}{k}}$　　問3　$v_0=d\sqrt{\dfrac{k}{m}}$

問4　$v_C=\sqrt{v_0{}^2-2gh_C}$　　問5　$H=\dfrac{v_0{}^2-(v_C\cos\theta)^2}{2g}$　　問6　v_0

解答への道しるべ

GR 1 力学的エネルギー保存則

熱エネルギーが発生しない場合は力学的エネルギーが保存する

解説

力学的エネルギー保存則

運動エネルギーと位置エネルギーの和を**力学的エネルギー**という。**摩擦などの熱が発生しない場合は力学的エネルギーは保存される**。物体が持つ運動エネルギーをK，位置エネルギーをUとしたとき，力学的エネルギー保存則は以下のように表せる。

$$\underbrace{K}_{\text{運動エネルギー}}+\underbrace{U}_{\text{位置エネルギー}}=一定$$

運動エネルギー K〔J〕

公式：　$K=\dfrac{1}{2}mv^2$

速さ：v〔m/s〕
質量：m〔kg〕

重力による位置エネルギー U〔J〕

公式：　$U=mgh$

高さ：h〔m〕
質量：m〔kg〕

※質量mの物体が高さhにあるとき位置エネルギーを蓄えている。

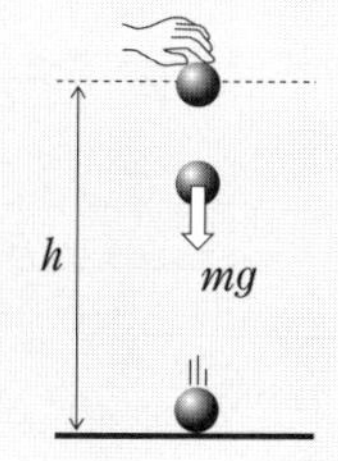

問1

斜面や床は滑らかで摩擦熱が発生することはない。はじめに物体が持ってい

た重力の位置エネルギーが運動エネルギーになったと考えればよい。力学的エネルギー保存則より，

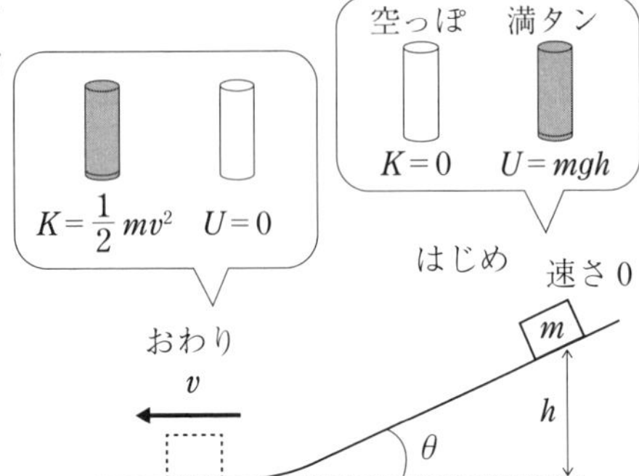

$$\underbrace{\frac{1}{2}m\cdot 0^2+mgh}_{\text{はじめの力学的エネルギー}}$$

$$=\underbrace{\frac{1}{2}mv^2+mg\cdot 0}_{\text{おわりの力学的エネルギー}}\quad\cdots\cdots①$$

$$\therefore\quad v=\underline{\sqrt{2gh}}$$

POINT

右図のように，エネルギーをコップに入っている水の量と考える。はじめはUのコップに満タンに入っていた水がKのコップに移されて，Uのコップの水がなくなった分，Kのコップが満タンになったと考えればよい。

問2

物体が持つ運動エネルギーがすべてばねの弾性エネルギーに蓄えられると考える。力学的エネルギー保存則より，

$$\underbrace{\frac{1}{2}mv^2+\frac{1}{2}k\cdot 0^2}_{\text{はじめの力学的エネルギー}}$$

$$=\underbrace{\frac{1}{2}m\cdot 0^2+\frac{1}{2}kx^2}_{\text{おわりの力学的エネルギー}}$$

左辺の$\frac{1}{2}mv^2$は①式より，

mghと書き直せるので，

$$mgh=\frac{1}{2}kx^2\qquad\therefore\quad x=\underline{\sqrt{\frac{2mgh}{k}}}$$

問3

ばねが d だけ縮んでいるところから自然長になるまでの間の力学的エネルギー保存則より，

$$\frac{1}{2}kd^2 = \frac{1}{2}mv_0{}^2 \qquad \therefore \quad v_0 = \underline{\boldsymbol{d\sqrt{\frac{k}{m}}}}$$

問4

物体が床上で速さ v_0 で運動しているところから点Cで飛び出すまでの間の力学的エネルギー保存則より，

$$\underbrace{\frac{1}{2}mv_0{}^2}_{\text{はじめ}} = \underbrace{\frac{1}{2}mv_\mathrm{C}{}^2 + mgh_\mathrm{C}}_{\text{点Cでの力学的エネルギー}}$$

$$\frac{1}{2}mv_\mathrm{C}{}^2 = \frac{1}{2}mv_0{}^2 - mgh_\mathrm{C} \qquad \therefore \quad v_\mathrm{C} = \underline{\boldsymbol{\sqrt{v_0{}^2 - 2gh_\mathrm{C}}}}$$

問5

点Cと最高点Dの間での力学的エネルギー保存則より，

$$\underbrace{\boxed{\frac{1}{2}mv_\mathrm{C}{}^2 + mgh_\mathrm{C}}}_{\text{点Cの力学的エネルギー}} = \underbrace{\frac{1}{2}m(v_\mathrm{C}\cos\theta)^2 + mgH}_{\text{最高点の力学的エネルギー}}$$

$$\left(\text{問4より，} \boxed{\frac{1}{2}mv_\mathrm{C}{}^2 + mgh_\mathrm{C}} = \frac{1}{2}mv_0{}^2\right)$$

$$\frac{1}{2}mv_0{}^2 = \frac{1}{2}m(v_\mathrm{C}\cos\theta)^2 + mgH$$

$$mgH = \frac{1}{2}mv_0{}^2 - \frac{1}{2}m(v_\mathrm{C}\cos\theta)^2$$

$$\therefore \quad H = \underline{\boldsymbol{\frac{v_0{}^2 - (v_\mathrm{C}\cos\theta)^2}{2g}}}$$

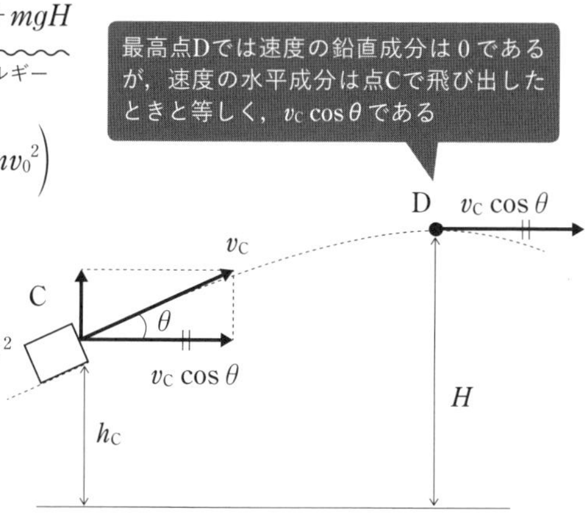

最高点Dでは速度の鉛直成分は0であるが，速度の水平成分は点Cで飛び出したときと等しく，$v_\mathrm{C}\cos\theta$ である

問6

物体が床上で運動しているときに持つ力学的エネルギーは $\frac{1}{2}mv_0{}^2$ であり，点Cや最高点Dを経て再び床に達したときには，重力の位置エネルギーは0

であり，物体が持つエネルギーは運動エネルギーのみとなる。点Eでの速さを v_E として，力学的エネルギー保存則より，

$$\frac{1}{2}mv_0^2 = \frac{1}{2}mv_E^2 \qquad \therefore \quad v_E = \underline{\boldsymbol{v_0}}$$

床上を運動しているとき　床Eに達したとき

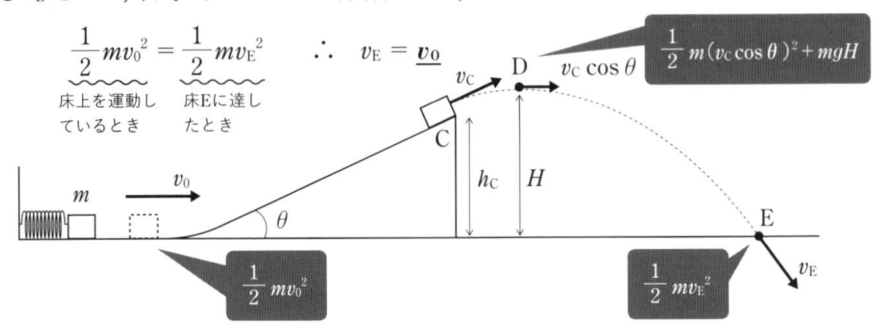

11　仕事と力学的エネルギーの関係

答

問1　(a)　Fl　(b)　$mgl\sin\theta$　(c)　0　(d)　$-\mu mgl\cos\theta$

問2　$v = \sqrt{2l\left(\dfrac{F}{m} + g\sin\theta - \mu g\cos\theta\right)}$

解答への道しるべ

GR 1　摩擦力が仕事をする場合のエネルギー関係

摩擦力が仕事をする場合は，力学的エネルギーは保存しない。

解説

問1

図aのように，物体に働く力は，大きさ mg の重力，大きさ N の垂直抗力，大きさ F の外力，大きさ $\mu N = \mu mg\cos\theta$ の動摩擦力である。

(a)　$W_F = (+)F \times l = \underline{\boldsymbol{Fl}}$

力Fの向きと運動方向が同じ向きだからプラス

仕事 W〔J〕

公式：　$\boldsymbol{W = F \cdot s}$

力：F〔N〕
変位：s〔m〕

※力の向きと運動する向きが同じ向きの場合は $W > 0$
※力の向きと運動する向きが逆向きの場合は $W < 0$

(b)　$W_g = +mg\sin\theta \times l = \underline{\boldsymbol{mgl\sin\theta}}$

(c)　$W_N = \underline{\mathbf{0}}$　運動方向と常に垂直な力は仕事をしない

(d)　$W_f = (-)\mu mg\cos\theta \times l = \underline{-\boldsymbol{\mu mgl\cos\theta}}$

摩擦力の向きと運動方向が逆向きだからマイナス

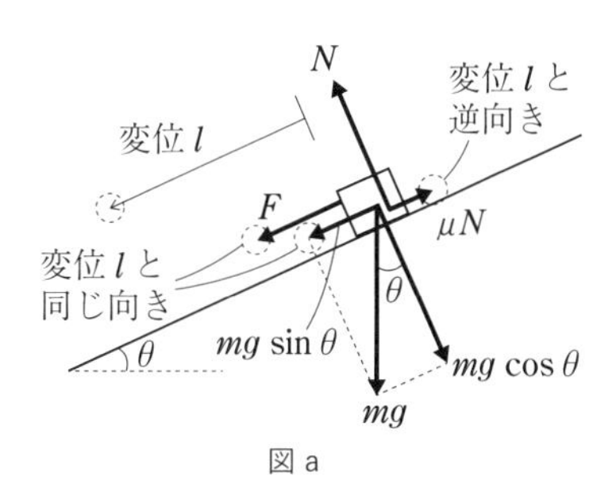

図 a

問 2

運動エネルギーと仕事の関係より，

$$\underbrace{\frac{1}{2}m\cdot 0^2}_{\text{はじめの運動エネルギー}} + \underbrace{W_F + W_g + W_N + W_f}_{\text{仕事の和}} = \underbrace{\frac{1}{2}m\cdot v^2}_{\text{おわりの運動エネルギー}} \quad \cdots\cdots①$$

この式は，**「はじめ静止していた物体が仕事をされることが原因で運動エネルギーが変化した」**と理解すればよい。W_F, W_g, W_N, W_f を①式に代入すると，

$$\frac{1}{2}m\cdot 0^2 + Fl + mgl\sin\theta + 0 + (-\mu mgl\cos\theta) = \frac{1}{2}m\cdot v^2$$

$$\therefore\quad v = \underline{\sqrt{2l\left(\frac{F}{m} + g\sin\theta - \mu g\cos\theta\right)}}$$

保存力と非保存力

保存力：位置エネルギーを定義できる力
入試で覚えておかなければいけない保存力は下の４つ

重力，弾性力，万有引力，クーロン力

非保存力：保存力（重力，弾性力，万有引力，クーロン力）以外の力
（例）摩擦力，張力，垂直抗力などなど

重力は保存力であるから，位置エネルギーを定義できる。重力の位置エネルギーの公式 $U = mgh$ を用いて，①式を力学的エネルギーと仕事の関係で解いてみよう。重力の位置エネルギーの基準を物体が速さ v になった位置とすると，物体が動き出した位置での重力の位置エネルギーは $U = mgl\sin\theta$ である。

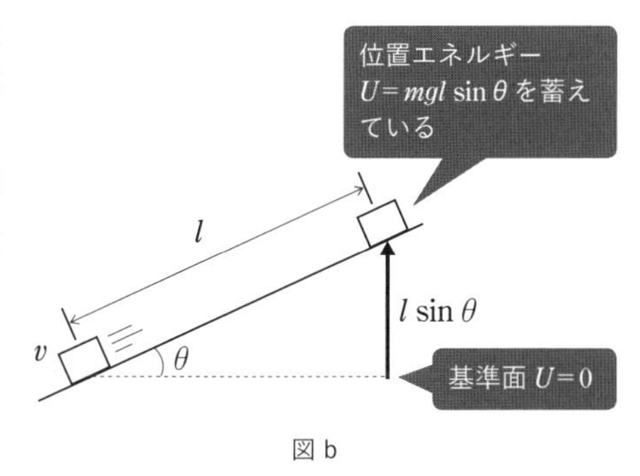

図 b

力学的エネルギーと仕事の関係を立ててみると，

$$\underbrace{\frac{1}{2}m\cdot 0^2}_{\text{運動エネルギー}}+\underbrace{mgl\sin\theta}_{\text{位置エネルギー}}+\underbrace{W_F+W_N+W_f}_{\text{非保存力の仕事の和}}=\underbrace{\frac{1}{2}mv^2}_{\text{運動エネルギー}}+\underbrace{mg\cdot 0}_{\text{位置エネルギー}}\quad\cdots\cdots②$$

（はじめの力学的エネルギー／おわりの力学的エネルギー）

②式は，**「はじめ静止していた物体が仕事をされることが原因で力学的エネルギーが変化した」**と解釈できる。

①式と②式を比べると，力学的エネルギーと仕事の関係では①式にあったW_gが消えて，その代わりに$U=mgl\sin\theta$の位置エネルギーが入っている。これは保存力である重力の仕事W_gの代わりに，重力の位置エネルギー$U=mgl\sin\theta$を用いているためである。つまり，**保存力の仕事は位置エネルギーに置き換えてよい**のである。

一般的に，運動前に，物体が$\frac{1}{2}mv_1{}^2$の運動エネルギーと位置エネルギーU_1を蓄えている状態から，Wの仕事がなされ，運動後に，運動エネルギーと位置エネルギーがそれぞれ$\frac{1}{2}mv_2{}^2$とU_2に変化した場合では，力学的エネルギーと仕事の関係は，以下のように表せる。

$$\underbrace{\frac{1}{2}mv_1{}^2}_{\text{運動エネルギー}}+\underbrace{U_1}_{\text{位置エネルギー}}+\underbrace{W}_{\text{非保存力の仕事}}=\underbrace{\frac{1}{2}mv_2{}^2}_{\text{運動エネルギー}}+\underbrace{U_2}_{\text{位置エネルギー}}$$

（はじめの力学的エネルギー／おわりの力学的エネルギー）

この式を**力学的エネルギーと仕事の関係**という。

ちなみに，②式において，**非保存力の仕事が0である場合，力学的エネルギー保存則が成立する。**仮に，斜面に摩擦力が働かず，外力が加わらない場合では，$W_F=0$，$W_f=0$となる。このとき②式は，

$$\underbrace{\frac{1}{2}m\cdot 0^2}_{\text{運動エネルギー}}+\underbrace{mgl\sin\theta}_{\text{位置エネルギー}}=\underbrace{\frac{1}{2}mv^2}_{\text{運動エネルギー}}+\underbrace{mg\cdot 0}_{\text{位置エネルギー}}\quad\cdots\cdots③$$

（はじめの力学的エネルギー／おわりの力学的エネルギー）

力学的エネルギー保存則になっているね

以上をまとめると，力学的エネルギーは次のような場合に成立することを覚えておこう。

CHAPTER 1 力学

POINT

力学的エネルギーが保存する場合
①摩擦などによる熱エネルギーが発生しない場合
②保存力のみが仕事をする場合

12　1物体の運動量と力積の関係

答

問1　$v_0 = \sqrt{gl}$　　問2　$I = 2m\sqrt{gl}$　　問3　$F = \dfrac{2m\sqrt{gl}}{t}$

問4　$\theta = 45°$，$m\sqrt{2gl}$

解答への道しるべ

GR 1 力積の求め方

物体に働く力が一定ではないとき，力積は運動量の変化を考える。

解説

問1

力学的エネルギー保存則より，

$$mg \cdot \frac{l}{2} = \frac{1}{2}mv_0{}^2$$

$$\therefore \quad v_0 = \boldsymbol{\sqrt{gl}}$$

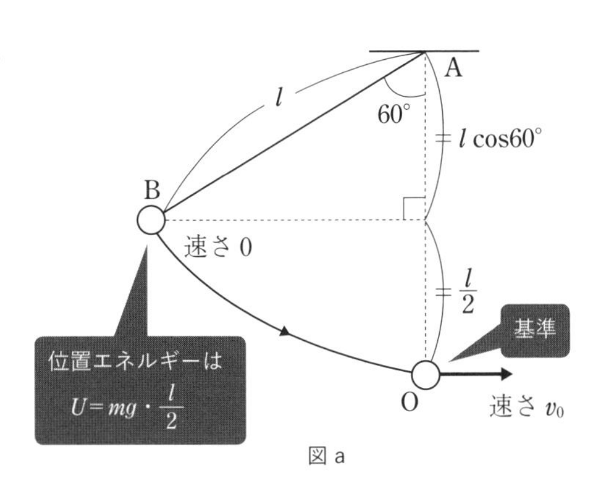

図 a

問2

運動量と力積

力積の求め方

①力が一定の場合 ➡ 力積＝力×時間

②力が一定ではない場合あるいは力が不明な場合

➡ 運動量の変化分から求める。

運動量 P〔kg・m/s〕	**力積 I〔N・s〕**
公式： $\boldsymbol{P = mv}$	公式： $\boldsymbol{I = F \cdot \Delta t}$
速度：v〔m/s〕 質量：m〔kg〕	力：F〔N〕 時間：Δt〔s〕
※運動量は向きと大きさをもつベクトル量であることに注意。	※力が一定の場合は力×時間をしよう。 ※力が一定ではない場合は運動量の変化から力積を求める。

図bはボールがバットに衝突する直前と直後の様子である。運動量はベクトル量であるから，まず正の向きを決めること。正の向きは任意に決めてよいので，今回は右向きを正の向きとする。**ボールがバットから受けた力は不明なので，運動量の変化を考えよう**。運動量と力積の関係より，

$$\underbrace{+mv_0}_{\text{はじめ}}\ \underbrace{-I}_{\text{力積}} = \underbrace{-mv_0}_{\text{おわり}} \quad \cdots\cdots①$$

$$\therefore\quad I = 2mv_0 = \boldsymbol{2m\sqrt{gl}}$$

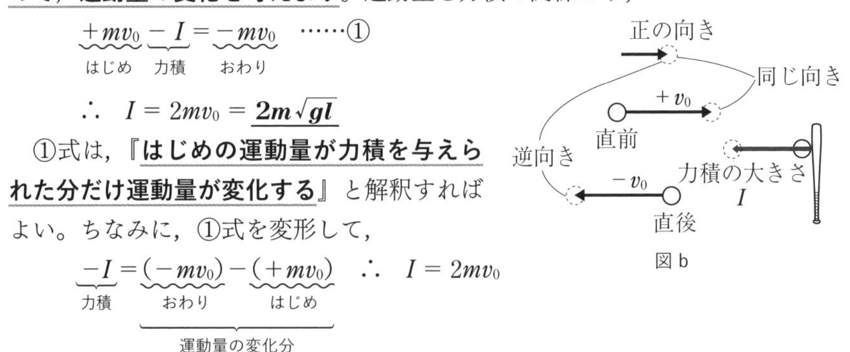

図b

①式は，『**はじめの運動量が力積を与えられた分だけ運動量が変化する**』と解釈すればよい。ちなみに，①式を変形して，

$$\underbrace{-I}_{\text{力積}} = \underbrace{\underbrace{(-mv_0)}_{\text{おわり}} - \underbrace{(+mv_0)}_{\text{はじめ}}}_{\text{運動量の変化分}} \quad \therefore\quad I = 2mv_0$$

力積を求めるときは運動量の変化分を考えよう。

問3

ボールがバットから受ける力は，図cのように，変化している。力積の大きさは（斜線）部分の面積となるが，時間tの間の平均の力を考えれば，（灰色）部分の面積となる。したがって，平均の力Fを用いれば，力積の大きさIは，$I = Ft$で表せるので，

$$\therefore \quad F = \frac{I}{t} = \frac{\boldsymbol{2m\sqrt{gl}}}{\boldsymbol{t}}$$

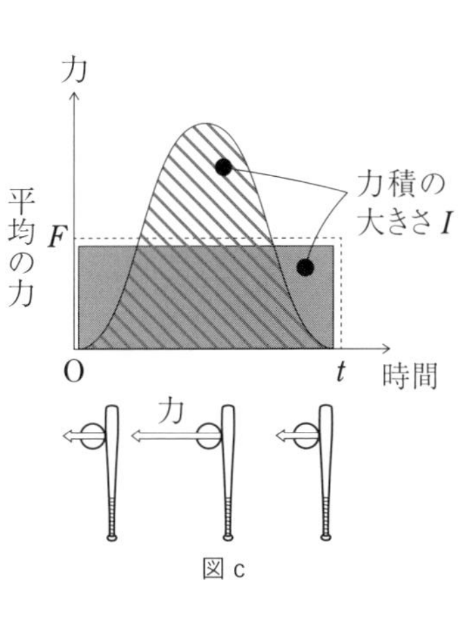

図c

問4

点Oでのボールの速さは問1と同じでv_0である。バットからボールが受けた力積の大きさをI_0とする。図dのようにx軸，y軸を定め，その向きを速度の正の向きとする。運動量と力積の関係より，

x方向：$mv_0 - I_0\cos\theta \ = m\cdot 0$ ……①

y方向：$m\cdot 0 + I_0\sin\theta \ = +mv_0$ ……②

①式より，$I_0\cos\theta = mv_0$ ……③

②式より，$I_0\sin\theta = mv_0$ ……④

③^2+④^2 より，

$$I_0^2\times(\sin^2\theta + \cos^2\theta) = 2(mv_0)^2$$

$$\therefore \quad I_0 = \sqrt{2}\,mv_0 = \boldsymbol{m\sqrt{2gl}}$$

また，④式÷③式より，

$$\frac{I_0\sin\theta}{I_0\cos\theta} = \frac{mv_0}{mv_0} \rightarrow \tan\theta = 1$$

$$\therefore \quad \theta = \boldsymbol{45^\circ}$$

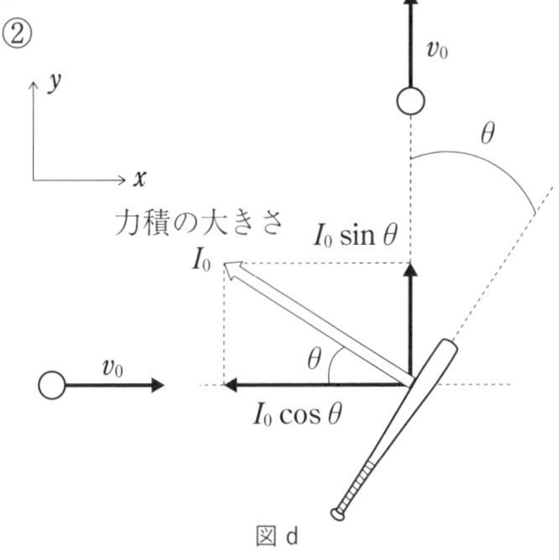

図d

13 滑らかな面での斜め衝突

答

問1　$t_0 = \sqrt{\dfrac{2h}{g}}$，$v_{y0} = \sqrt{2gh}$　　問2　$I = m(1+e)\sqrt{2gh}$

問3　$\dfrac{d}{(1+2e)}\sqrt{\dfrac{g}{2h}} < v_0 < d\sqrt{\dfrac{g}{2h}}$

解答への道しるべ

GR 1 滑らかな面での斜め衝突

滑らかな面での斜め衝突は

$\begin{cases} \text{面に対して平行な方向：速度不変} \\ \text{面に対して垂直な方向：衝突直前の速度の} -e \text{倍} \end{cases}$

解説

反発係数 e

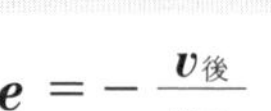
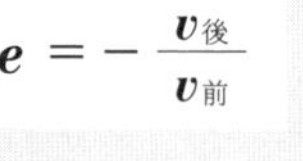

公式：$e = -\dfrac{v_{後}}{v_{前}}$

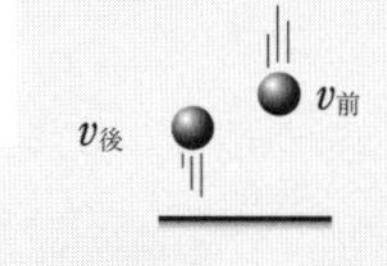

$v_{前}$〔m/s〕：衝突前の速度
$v_{後}$〔m/s〕：衝突後の速度

・$e=1$：弾性衝突（エネルギーが保存する）
・$e=0$：完全非弾性衝突（衝突後合体する）

問1

鉛直方向は自由落下とみなせるので，等加速度直線運動の公式より，鉛直下向きを正の向きとして，

$$h = 0 \cdot t_0 + \frac{1}{2}(+g)t_0^2 \qquad \therefore\ t_0 = \underline{\sqrt{\frac{2h}{g}}}$$

また，速度の鉛直成分は，等加速度直線運動の公式より，

$$v_{y0} = 0 + (+g) \cdot t_0 = \underline{\boldsymbol{\sqrt{2gh}}}$$

問2

小球が衝突する直前と直後の速度の様子を描いたものが図 a である。鉛直上向きを正の向きとして，運動量と力積の関係より，

$$\underbrace{-m\sqrt{2gh}}_{\text{直前の運動量}} \ \underbrace{+I}_{\text{力積}} = \underbrace{+m \cdot e\sqrt{2gh}}_{\text{直後の運動量}}$$

$$\therefore \quad I = \underline{\boldsymbol{m(1+e)\sqrt{2gh}}}$$

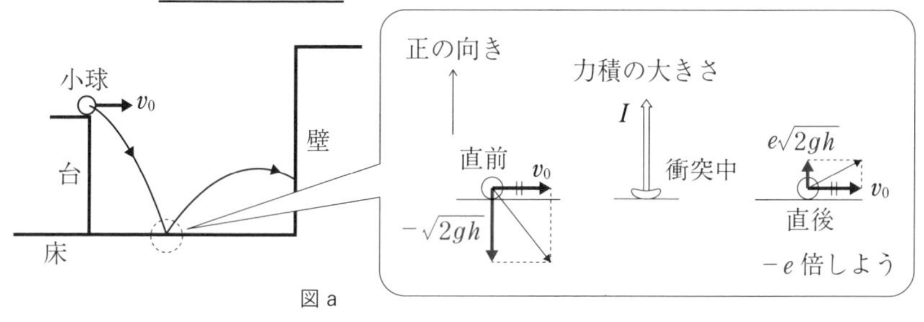

図 a

問3

図 b のように，床に一度も衝突せずに壁にギリギリ衝突する場合の初速を v_1 とする。また，図 c のように，床に一度衝突して壁にギリギリ衝突する場合の初速を v_2 とする。床に一度だけ落下し壁に衝突するには，初速 v_0 が $v_2 < v_0 < v_1$ の範囲にあればよい。

まず，図 b の場合では，時間 t_0 の間に小球が水平方向に距離 d だけ移動していればよいので，

$$d = v_1 t_0 \qquad \therefore \quad v_1 = \frac{d}{t_0} = d\sqrt{\frac{g}{2h}}$$

次に，図 c の場合を考える。床に一度衝突してから，最高点に到達するまでの時間 t_1 は，等加速度直線運動の式より，
鉛直上向きを正の向きとして，

$$0 = e\sqrt{2gh} + (-g) \cdot t_1 \qquad \therefore \quad t_1 = e\sqrt{\frac{2h}{g}} = et_0$$

最高点まで達する時間は落下時間の e 倍

床に落下してから，再び床に落下するまでの時間は et_0 の 2 倍の $2et_0$ である。したがって，水平方向に小球が移動する距離 d は，

$$d = v_2 t_0 + v_2 \cdot 2et_0 = (1+2e)v_2 t_0 = (1+2e)v_2\sqrt{\frac{2h}{g}}$$

$$\therefore \quad v_2 = \frac{d}{(1+2e)}\sqrt{\frac{g}{2h}}$$

以上より，v_0 が満足するべき条件は，$\boldsymbol{\dfrac{d}{(1+2e)}\sqrt{\dfrac{g}{2h}} < v_0 < d\sqrt{\dfrac{g}{2h}}}$

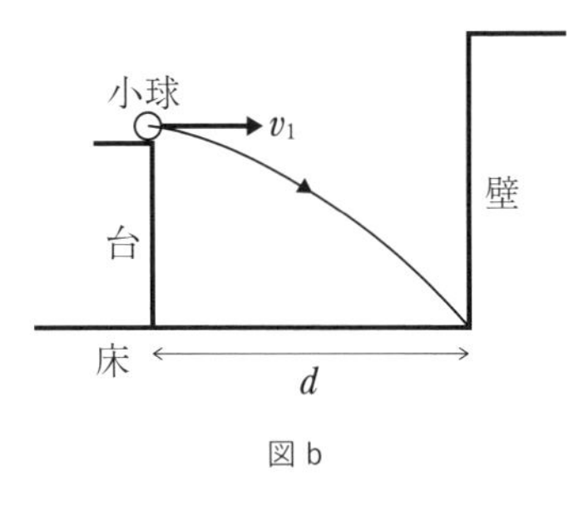

図 b

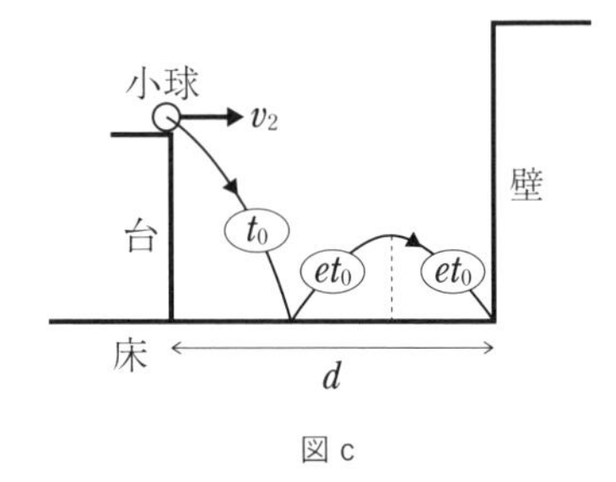

図 c

14　2物体の衝突

答

問1　$v_A = -5$ m/s，$v_B = 1$ m/s，0 J

問2　$v_A = v_B = -0.5$ m/s　　問3　$\dfrac{1}{3}$，$v_A = -2$ m/s

解答への道しるべ

GR 1　2物体の衝突

2物体の衝突では，運動量保存則と反発係数の式を立てよう。

解説

運動量保存則

図①のように，質量 m_1，速度 v_1 の球1が質量 m_2，速度 v_2 の球2に衝突し，衝突後，球1と2の速度がそれぞれ v_1'，v_2' になったとする。球1と2が衝突したときにはたらく物体間の平均の力の大きさを F とし，衝突している時間を t とする。球1と2の運動量と力積の関係はそれぞれ以

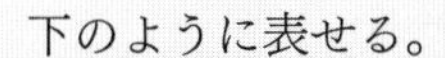

下のように表せる。

$$
\begin{aligned}
&\text{球}1:m_1v_1 - F\cdot t = m_1v_1' \\
+)\ &\text{球}2:m_2v_2 + F\cdot t = m_2v_2' \\
\hline
&\underbrace{m_1v_1 + m_2v_2}_{\text{衝突前の運動量の和}} = \underbrace{m_1v_1' + m_2v_2'}_{\text{衝突後の運動量の和}}
\end{aligned}
$$

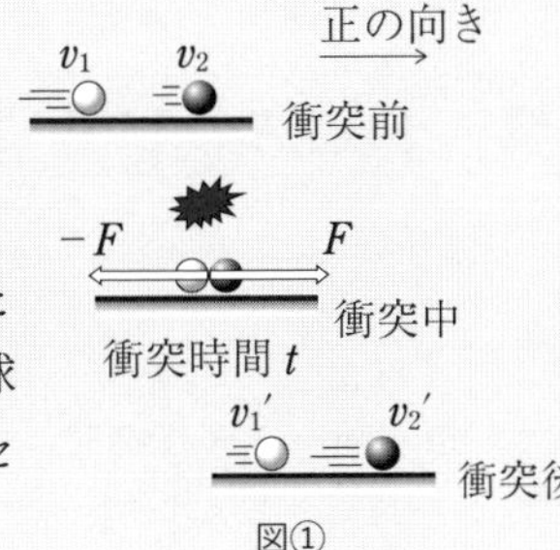

図①

球1と2は互いに逆向きに力積を与えることで，それぞれの運動量は変化するが，物体系（球1と2の両方）に注目すると，力積はキャンセルされ物体系の運動量の和が保存されている。

運動量保存則

物体系に注目したときに，力がはたらいていても，その力が内力であれば，物体系の運動量の和は変化しない。

$$\underbrace{m_1v_1 + m_2v_2}_{\text{衝突前の運動量の和}} = \underbrace{m_1v_1' + m_2v_2'}_{\text{衝突後の運動量の和}}$$

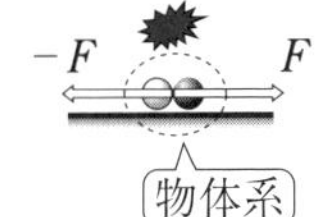

内力とは…物体系に注目したときに，お互いを押し合う力 F のこと

問1

水平方向の運動量保存則より，

$$\underbrace{1\times4+3\times(-2)}_{\text{衝突前の運動量の和}} = \underbrace{1\times v_A+3\times v_B}_{\text{衝突後の運動量の和}}$$

$$\therefore\quad -2 = v_A + 3v_B \quad \cdots\cdots①$$

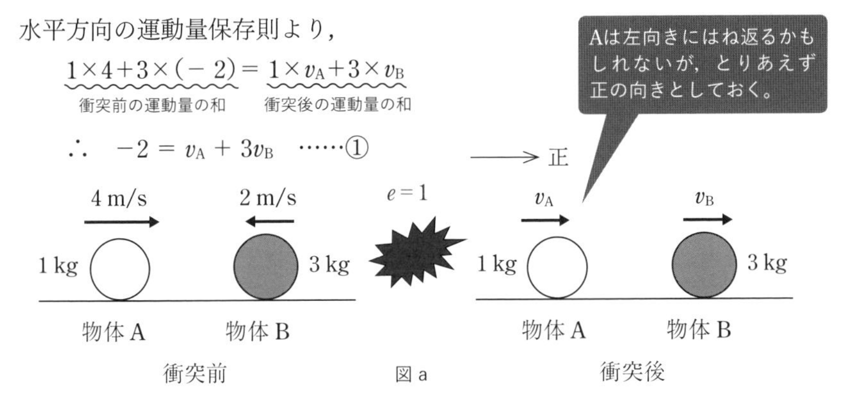

図 a

2物体の衝突において運動量保存則だけで解けない場合は，反発係数の式と連立しよう。

2物体衝突における反発係数 e

公式：$\underbrace{v_1' - v_2'}_{\text{衝突後の相対速度}} = -e \cdot \underbrace{(v_1 - v_2)}_{\text{衝突前の相対速度}}$

衝突前 球1の速度：v_1〔m/s〕 球2の速度：v_2〔m/s〕

衝突後 球1の速度：v_1'〔m/s〕 球2の速度：v_2'〔m/s〕

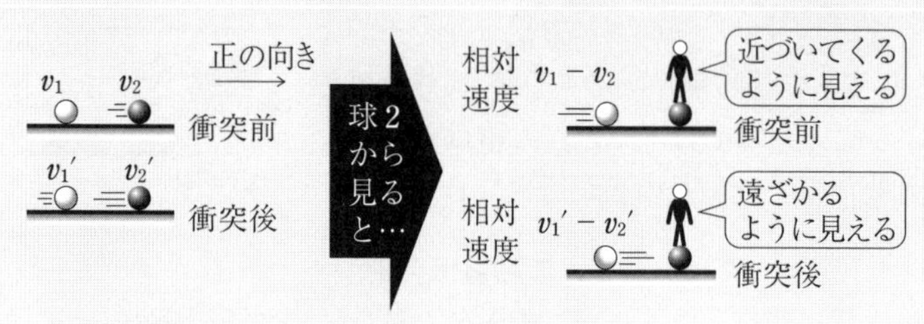

$e = 1$：弾性衝突（エネルギーが保存する）
$e = 0$：完全非弾性衝突（衝突後合体する）

物体Bから見た衝突前の相対速度は $4-(-2)=6$ m/s であり，衝突後の相対速度は $v_A - v_B$ である。反発係数の式は，

$$\underbrace{v_A - v_B}_{\text{衝突後の相対速度}} = -1 \cdot \{\underbrace{4-(-2)}_{\text{衝突前の相対速度}}\} \qquad \therefore \quad v_A - v_B = -6 \quad \cdots\cdots②$$

①式と②式を連立して，

$v_A =$ **-5 m/s**，$v_B =$ **1 m/s**

Aの速度が負となっているので，衝突後，Aは左向きに進んでいる

次に，衝突前後で力学的エネルギーの変化を確認してみよう。

衝突**前**のAとBの運動エネルギーは，

$$\left.\begin{aligned} &A: \frac{1}{2} \times 1 \times 4^2 = 8\,\text{J} \\ &B: \frac{1}{2} \times 3 \times 2^2 = 6\,\text{J} \end{aligned}\right\} \text{合計は } 8\,\text{J} + 6\,\text{J} = 14\,\text{J}$$

衝突**後**のAとBの運動エネルギーは，

$$\left.\begin{aligned} &A: \frac{1}{2} \times 1 \times (-5)^2 = 12.5\,\text{J} \\ &B: \frac{1}{2} \times 3 \times (+1)^2 = 1.5\,\text{J} \end{aligned}\right\} \text{合計は } 12.5\,\text{J} + 1.5\,\text{J} = 14\,\text{J}$$

衝突前後で，A と B の運動エネルギーの和は 14 J であり変化していない。よって，**$e = 1$ の弾性衝突ではエネルギー保存が成り立つ**。よって，失われた力学的エネルギーは **0 J** である。

問 2

水平方向の運動量保存則より，

$$1\times4+3\times(-2) = 1\times v_A+3\times v_B \qquad \therefore \quad -2 = v_A+3v_B \qquad \cdots\cdots③$$

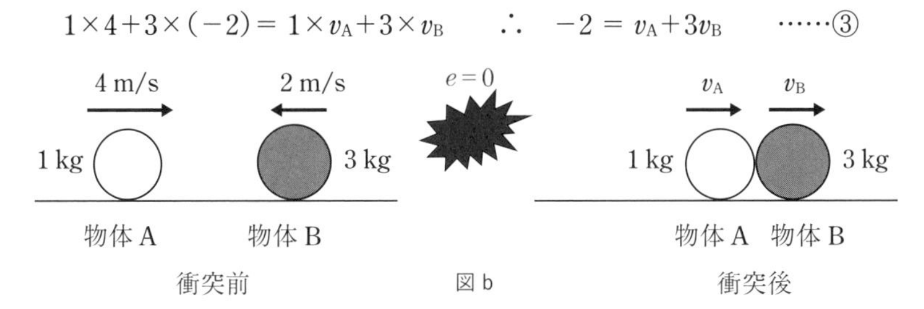

図 b

物体 B から見た衝突前の相対速度は $4-(-2) = 6$ m/s であり，衝突後の相対速度は $v_A - v_B$ である。反発係数の式は，

$$\underbrace{v_A - v_B}_{\text{衝突後の相対速度}} = -0\cdot\underbrace{\{4-(-2)\}}_{\text{衝突前の相対速度}} \qquad \therefore \quad v_A = v_B \qquad \cdots\cdots④$$

衝突後，A と B の速度は同じである。よって，**$e = 0$ の 2 物体の衝突では衝突後，合体することは覚えておこう**。③式と④式を連立して，

$v_A =$ **-0.5 m/s**，$v_B =$ **-0.5 m/s**

問 3

水平方向の運動量保存則より，

$$1\times4+3\times(-2) = 1\times v_A+3\times0 \qquad \therefore \quad v_A = -2\ \text{m/s}$$

4 m/s　2 m/s　e = ?　v_A　静止

1 kg　3 kg　1 kg　3 kg

物体 A　物体 B　物体 A　物体 B

衝突前　衝突後

図 c

物体 B から見た衝突前の相対速度は $4-(-2) = 6$ m/s であり，衝突後の相対速度は $v_A - 0$ である。反発係数の式は，

$$\underbrace{v_A - 0}_{\text{衝突後の相対速度}} = -e\cdot\{\underbrace{4-(-2)}_{\text{衝突前の相対速度}}\}$$

$$v_A = -6e \qquad \therefore\quad e = \frac{v_A}{-6} = \underline{\mathbf{\frac{1}{3}}}$$

15　2体問題

答

問1　$v_A + v_B = v_0$　　問2　$\frac{1}{2}v_0,\ v_0\sqrt{\frac{m}{2k}}$

問3　Aの速さ：v_0，Bの速さ：0

解答への道しるべ

GR 1 運動量保存則が成り立つとき

運動量保存則を考える方向において，物体系に外力が働かず，内力のみの物体系であれば，運動量は保存する

解説

問1

図bのように，ばねが縮んでいるとき，Aはばねから右向きに押され加速し，Bはばねに押し返され減速することになる。**弾性力はAとBの物体系に注目すれば内力となっているので，水平方向の運動量は保存される。**

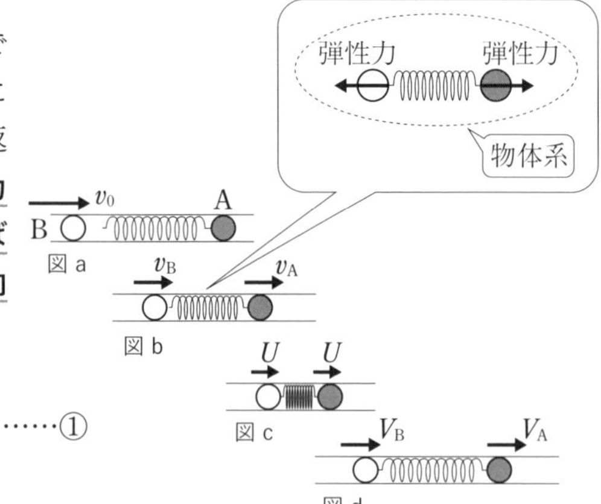

水平方向の運動量保存則より，

$$mv_0 + m\cdot 0 = mv_A + mv_B \quad \cdots\cdots①$$

$$\therefore\quad \underline{\boldsymbol{v_A + v_B = v_0}}$$

問2

Bが点Qに達したとき，AとBの速度は等しく，ばねは最も縮んでいる。 このときの速度をUとすると，$v_A = v_B = U$となる。これは，図eのようにAから見たBの相対速度を考えるとわかりやすい。Aから見れば，Bが近づいてくるときはばねは縮みきっていないが，Aから見て，Bが速さ0となった瞬間はばねが最も縮んでいることになる。このとき，**Aから見たBの相対速度は0となり，2物体は同じ速度で運動していることになる。**

水平方向の運動量保存則より，

$$mv_0 + m \cdot 0 = (m+m)U$$

$$\therefore \quad U = \frac{1}{2}v_0$$

図e

一連の運動で熱エネルギーを失うことはない（または，今回仕事をしているのは，保存力である弾性力のみである）ので，力学的エネルギーは保存する。ばねの縮みをdとして，力学的エネルギー保存則より，

$$\frac{1}{2}mv_0^2 = \frac{1}{2}(m+m)U^2 + \frac{1}{2}kd^2$$

$$\frac{1}{2}kd^2 = \frac{1}{2}mv_0^2 - \frac{1}{2}(m+m)\left(\frac{1}{2}v_0\right)^2 = \frac{1}{4}mv_0^2 \qquad \therefore \quad d = v_0\sqrt{\frac{m}{2k}}$$

問3

点Rに達したときは，ばねが自然長となっている。この一連の運動で運動量とエネルギーは保存されている。点Rに達したときの，AとBのそれぞれの速度をV_A，V_Bとする。

運動量保存則：$mv_0 = mV_A + mV_B$ ……②

力学的エネルギー保存則：$\frac{1}{2}mv_0^2 = \frac{1}{2}mV_A^2 + \frac{1}{2}mV_B^2$ ……③

②式より，$V_B = v_0 - V_A$ ……④

③式より，

$$v_0^2 = V_A^2 + V_B^2 = V_A^2 + (v_0 - V_A)^2 = V_A^2 + v_0^2 - 2v_0V_A + V_A^2$$

$$= v_0^2 - 2v_0V_A + 2V_A^2$$

$$\therefore \quad 0 = 2V_A(V_A - v_0)$$

A はばねに押され右向きに速さを持つので，$V_A > 0$ より，$V_A = \boldsymbol{v_0}$
また，④式より，$V_B = v_0 - V_A = \mathbf{0}$

16　エレベーター内の物体の運動

答

問１　P の立場：$T = mg$　　Q の立場：$T = mg$

問２　P：$T = m(g + a)$　　Q：$T = m(g + a)$

問３　$t_0 = \sqrt{\dfrac{2h}{g+a}}$

解答への道しるべ

GR 1　加速度運動しているエレベーター

加速度運動している観測者から物体を見た場合，慣性力を考えよう。

解説

慣性力

慣性力とは…**加速度運動する観測者**から物体を観測すると見えてしまう“みかけの力”のこと

慣性力の大きさ：$F = m \times a$
（m：着目する物体の質量，a：観測者の加速度の大きさ）

慣性力の向き：**観測者の加速度と逆向き**

〈具体例〉図のように，大きさ a の加速度で右向きに等加速度運動している電車がある。この電車の床と物体の間には摩擦が働かないとする。電車内には A さんが乗っていて，A さんは電車とともに右向きに運動する。

●**静止しているTさん**の立場（図①）

物体は全く動いていないように見える

➡**慣性力は働かない。**

静止あるいは等速度運動している

観測者から見ると慣性力は見えない。

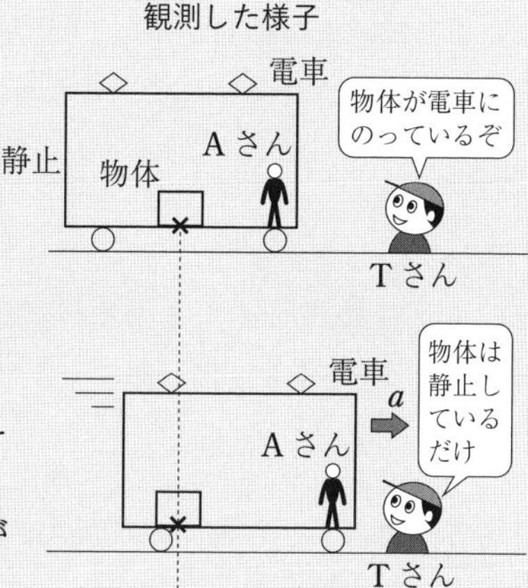

●電車とともに**加速度運動している**

Aさんの立場（図②）

物体は左向きに運動していくように見える

➡物体を動かす原因となっている力が左向きに働いているはず。

➡**慣性力が加速度 a と逆向きはたらく。**

図②：電車とともに運動する観測者Aさんから見た場合

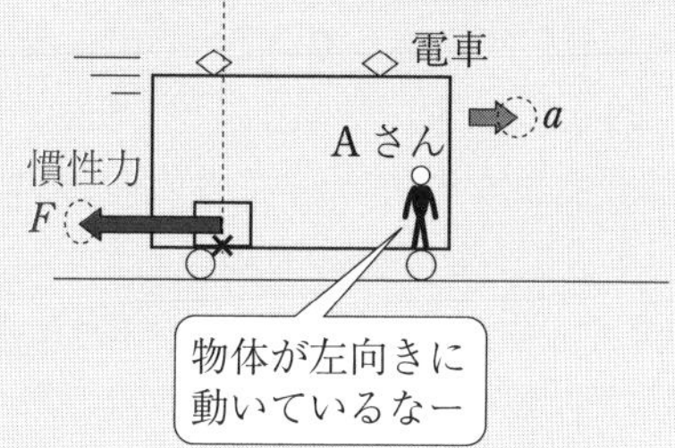

問1

Pから見た場合

➡おもりは**一定の速さで上向きに運動**しているように見える。

おもりに働く力は図aのように，重力と張力のみである。等速度運動しているので，**加速度は0**である。運動方程式より，

$$m\cdot 0 = +T - mg \qquad \therefore \quad T = \boldsymbol{mg}$$

Qから見た場合

➡おもりは**静止している**ように見える。

おもりに働く力は図aのように，重力と張力の

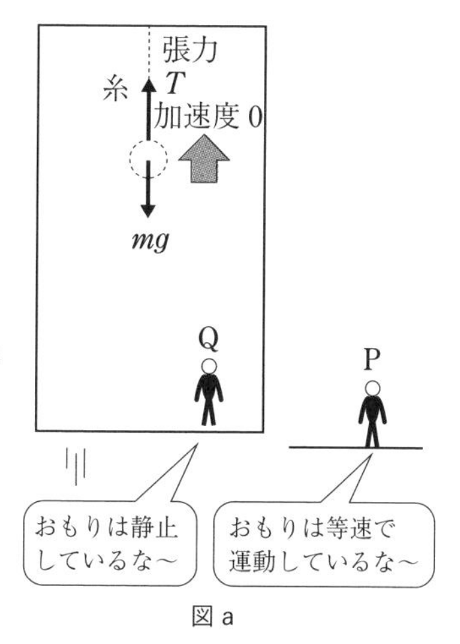

図a

みである。Q は等速度運動するエレベーター内で観測しているが，慣性力は働かない。**等速度運動しながら，物体を観測しても慣性力は見えないことに注意しよう**。力のつり合いより，$T = \boldsymbol{mg}$

問2

P から見た場合

➡おもりは**加速度 $\boldsymbol{a}$ で上向きに運動**しているように見える。

おもりに働く力は図 b のように，重力と張力のみである。**おもりは上向きに加速度運動しているので，重力よりも張力の方が大きいことを意識しよう**。運動方程式より，

$$m \cdot a = +T - mg \qquad \therefore \quad T = \boldsymbol{m(g+a)}$$

図 b

Q から見た場合

➡おもりは**静止している**ように見える。

おもりに働く力は図 b のように，重力と張力と慣性力が働く。慣性力の向きは観測者の加速度(⇧)と逆向きに慣性力(⬇)をかけよう。力のつり合いより，

$$T = mg + ma \qquad \therefore \quad T = \boldsymbol{m(g+a)}$$

〈補足〉Q から見ると，張力の方が大きくて重力の方が小さいのに，おもりが静止していることは不思議な感じがしますね。実は慣性力がつじつま合わせの力になっているんです。張力と重力の力の差額分を慣性力を加えることで小球を静止させているんですね。

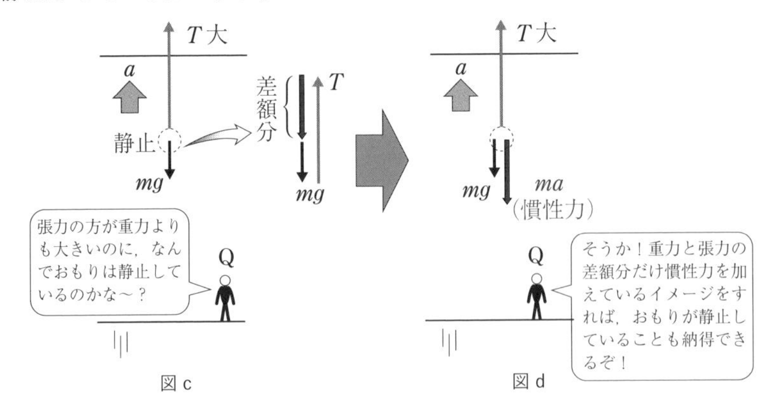

図 c　　図 d

問3

エレベーターが上昇中に糸を切ると，Qさんから見ると，**小球には見かけの重力 $m(g+a)$ が働いているように見える**。よって，小球は**鉛直下向きに大きさ $g+a$ の加速度で落下してくるように見える**。等加速度直線運動の公式より，

$$h = \frac{1}{2}(g+a)t_0{}^2$$

$$\therefore \quad t_0 = \sqrt{\frac{2h}{g+a}}$$

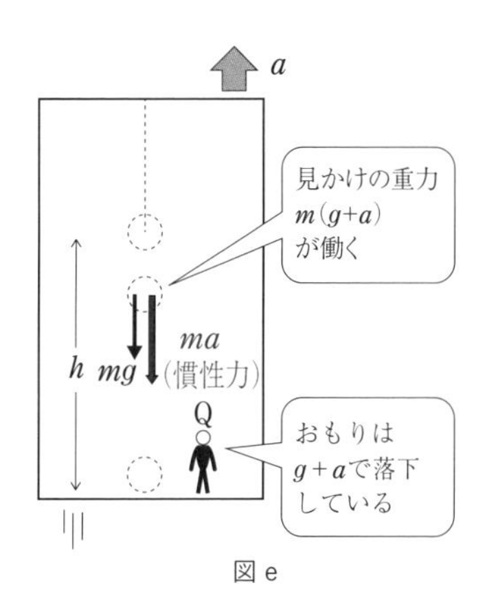

図 e

17	等速円運動（円すい振り子）

答

問1　$\dfrac{mg}{\cos\theta}$　　問2　$\sqrt{gL\sin\theta\tan\theta}$

問3　$\sqrt{\dfrac{g}{L\cos\theta}}$　　問4　$2\pi\sqrt{\dfrac{L\cos\theta}{g}}$

解答への道しるべ

GR 1 等速円運動の問題の解き方

等速円運動では鉛直方向の力のつり合いと中心方向の運動方程式を立てよう。

解説

等速円運動

半径 r の円周上を一定の速さ v，角速度 ω で円運動する物体がある。このときの速さ，向心加速度，周期の公式は以下となる。

公式：$v = r\omega$	速さ（向き：接線方向）
公式：$a = r\omega^2 = \dfrac{v^2}{r}$	向心加速度（向き：中心に向かう向き）
公式：$T = \dfrac{2\pi r}{v} = \dfrac{2\pi}{\omega}$	周期：1回転するのに要する時間（←円周の長さ $2\pi r$ を速さ v で割る）

ちなみに，角速度 ω〔rad/s〕とは1秒あたりの回転角のこと。

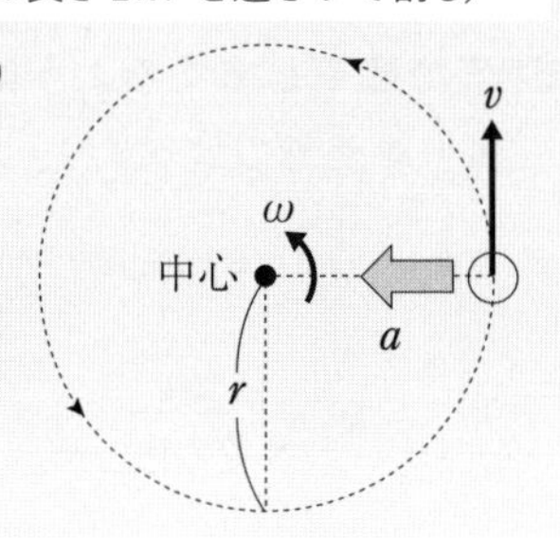

等速円運動の問題は以下のようなSTEPを踏んで解いていこう。

STEP 1　半径をチェックする

図aより，半径 r は，$r = L\sin\theta$ である。

STEP 2　物体に働く力をすべて図示し，中心に向かう向きに加速度を定める

物体に働く力は図bのように，張力と重力が働く。おもりの速さを v として，中心向きに加速度を $\dfrac{v^2}{L\sin\theta}$ と定める。

図 a

STEP 3　鉛直方向に力のつり合いを立てる

鉛直方向は上下運動しないので，力のつり合いより，

$$T\cos\theta = mg \qquad \therefore \quad T = \frac{mg}{\cos\theta}$$

問1の答

STEP 4　中心方向の運動方程式を立てる

中心方向の運動方程式より，

$$m \cdot \frac{v^2}{L\sin\theta} = T\sin\theta$$

$ma = F$

$$m \cdot \frac{v^2}{L\sin\theta} = \frac{mg}{\cos\theta} \cdot \sin\theta$$

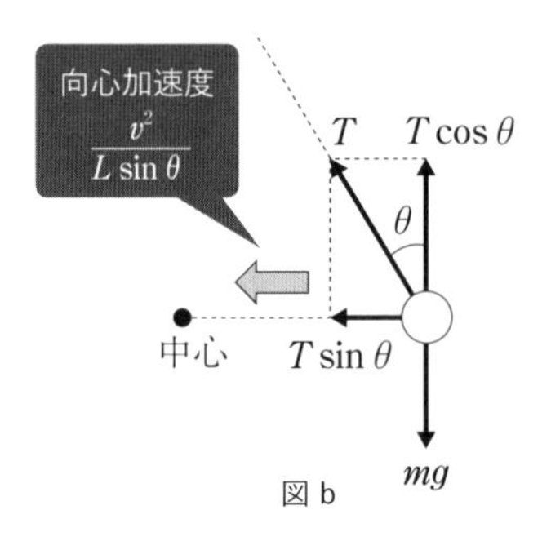

図 b

CHAPTER 1　力学

$\therefore \quad v = \underline{\sqrt{gL \sin\theta \tan\theta}}$ 問２の答

問３

速さの公式　$v = L\sin\theta \cdot \omega$ より，

$$\omega = \frac{v}{L\sin\theta} = \frac{\sqrt{gL\sin\theta\tan\theta}}{L\sin\theta} = \underline{\sqrt{\frac{g}{L\cos\theta}}}$$

問４

周期の公式より，$T = \dfrac{2\pi}{\omega} = \underline{2\pi\sqrt{\dfrac{L\cos\theta}{g}}}$

18　鉛直面内の円運動

答

問１　A：v_0　B：0　　問２　$N = mg + \dfrac{mv_0^2}{r}$

問３　$v = \sqrt{v_0^2 - 2gr(1 - \cos\theta)}$

問４　$N = \dfrac{mv_0^2}{r} + mg(3\cos\theta - 2)$　　問５　$v_0 \geqq \sqrt{5gr}$

解答への道しるべ

GR 1　鉛直面内の円運動の問題の解き方

中心方向の運動方程式と力学的エネルギー保存則を立てよう。

解説

問１

衝突後のAとBのそれぞれの速度を v_A，v_B とする。**衝突では運動量保存則が成り立つ**。水平方向の運動量保存より，

$$\underbrace{mv_0 + m\cdot 0}_{\text{衝突前の運動量の和}} = \underbrace{mv_A + mv_B}_{\text{衝突後の運動量の和}}$$

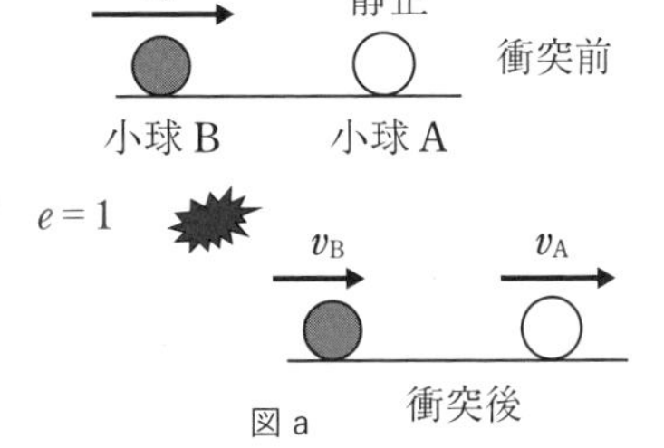

図a

$$\therefore \quad v_0 = v_A + v_B \quad \cdots\cdots①$$

小球Aから見た衝突前の相対速度は $v_0 - 0$ であり，衝突後の相対速度は $v_B - v_A$ である。反発係数の式は，

$$\underbrace{v_B - v_A}_{\text{衝突後の相対速度}} = -1 \cdot \underbrace{(v_0 - 0)}_{\text{衝突前の相対速度}} \qquad \therefore \quad v_B - v_A = -v_0 \quad \cdots\cdots②$$

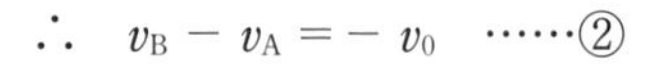

①式と②式を連立すると

$$\therefore \quad v_A = \underline{\boldsymbol{v_0}}, \ \ v_B = \underline{\mathbf{0}}$$

等質量かつ弾性衝突の場合は速度が交換されることは覚えておこう。

等質量かつ弾性衝突

等しい質量で2物体の反発係数が1の衝突では速度が交換される。

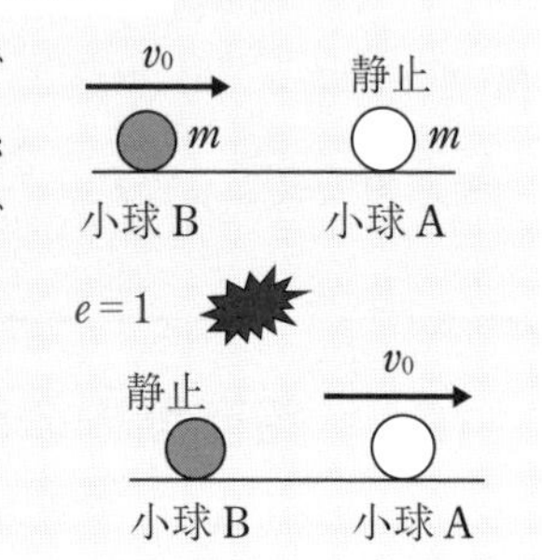

問2

衝突直後において，Aに働く力は図bとなる。**衝突直後は円運動しているので，中心に向かう向きに加速度が生じている。よって，力のつり合いは成立しないので，$N = mg$ と書かないようにしよう！**

中心方向の運動方程式より，

$$m \cdot \underbrace{\frac{v_0^2}{r}}_{\text{加速度}} = N - mg \qquad \therefore \quad N = \underline{\boldsymbol{mg + \frac{mv_0^2}{r}}}$$

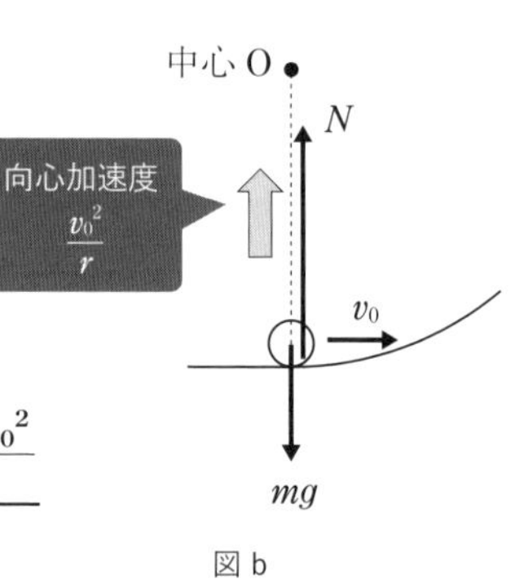

図b

問3

鉛直面内の円運動は以下のSTEPを踏んでいこう。

STEP 1　力学的エネルギー保存則を立てて，速さを求める

点Qにおける速さを v とする。力学的エネルギー保存則より，

$$\frac{1}{2}mv_0^2 = \frac{1}{2}mv^2 + mgr(1 - \cos\theta)$$

$$\therefore \quad v = \underline{\boldsymbol{\sqrt{v_0^2 - 2gr(1 - \cos\theta)}}}$$

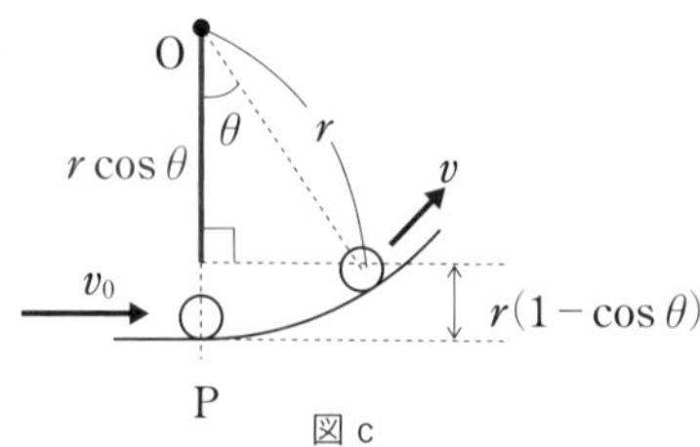

図c

問4

STEP 2　中心方向の運動方程式を立てて力を求める

中心方向の運動方程式より，

$$m \cdot \frac{v^2}{r} = N - mg\cos\theta$$

$$N = m\frac{v^2}{r} + mg\cos\theta$$

$$N = m\frac{{v_0}^2 - 2gr(1-\cos\theta)}{r} + mg\cos\theta$$

$$\therefore\quad N = \underline{\boldsymbol{\frac{m{v_0}^2}{r} + mg(3\cos\theta - 2)}}$$

図 d

問5

最高点Sを通過する条件を考える。**最高点（$\theta = 180°$）のときは垂直抗力の大きさが最も小さくなる。このとき，$N \geqq 0$ であれば，面から離れることなく最高点を通過することができる**。よって，問4で求めた N を用いて，

$$m\frac{{v_0}^2}{r} + mg(3\cos 180° - 2) \geqq 0 \qquad m\frac{{v_0}^2}{r} \geqq 5mg \quad \therefore\quad v_0 \geqq \underline{\boldsymbol{\sqrt{5gr}}}$$

19　単振動（水平ばね振り子）

答

問1　$ma = -kx$　問2　中心：0　振幅：d　周期：$2\pi\sqrt{\dfrac{m}{k}}$

問3　$v_{max} = d\sqrt{\dfrac{k}{m}}$　$t = \dfrac{\pi}{2}\sqrt{\dfrac{m}{k}}$　問4　$a_{max} = d\dfrac{k}{m}$

解説

単振動の変位

単振動とは……**等速円運動を正射影した運動**

図①のように，半径 A の円周上を一定の角速度 ω で運動している小球がある。左方向から光を当て，左方向から観測すると，小球の運動は上下に振動して見える。この運動を「単振動」という。まず，単振動の変位 x について考えてみよう。

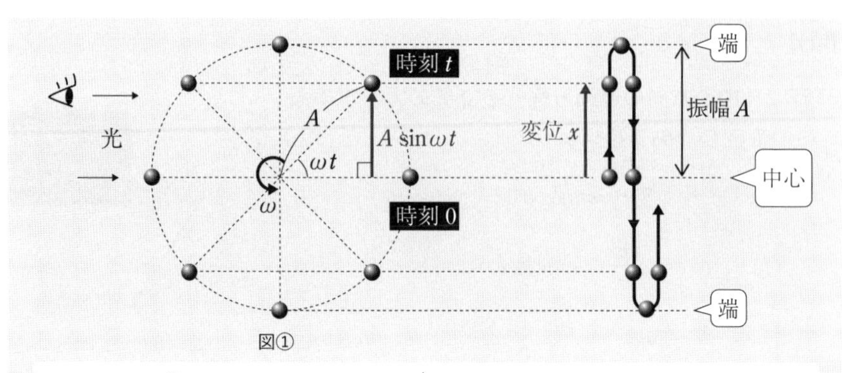

図①

公式： $T = \dfrac{2\pi}{\omega}$ | 単振動の周期

※単振動のときはω（オメガ）を角振動数という。

小球が1回転する時間と小球が上下に1往復する時間は一致するので，等速円運動の周期の公式はそのまま単振動の周期の式と一致する。

小球の時刻tにおける変位xは，$\boldsymbol{x = A\sin\omega t}$ ……①と表せる。

単振動の速度

小球が半径Aの円周上を一定の角速度ωで円運動しているとき，**円の接線方向に速さ$A\omega$を持つ**。単振動で考えると，**振動の中心では速さが最大**となり，その値は$\boldsymbol{A\omega}$となる。**振動の端では速さが0**となる。

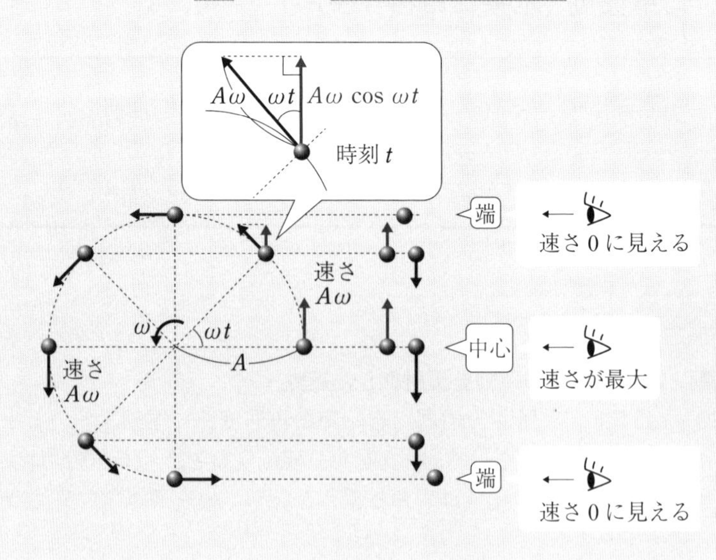

・**振動の中心** ➡ **速さ最大 $v_{\max} = A\omega$**
・**振動の端** ➡ **速さ 0**

時刻 t における速度 v は，$\boldsymbol{v = A\omega\cos\omega t}$ ……②と表せる。

単振動の加速度

小球が半径 A の円周上を一定の角速度 ω で円運動しているとき，**中心に向かう向きに大きさ $A\omega^2$ の加速度が生じている**。単振動で考えると，**振動の中心では加速度が 0** となり，**振動の端では加速度の大きさが最大**となり，その値は $\boldsymbol{A\omega^2}$ となる。

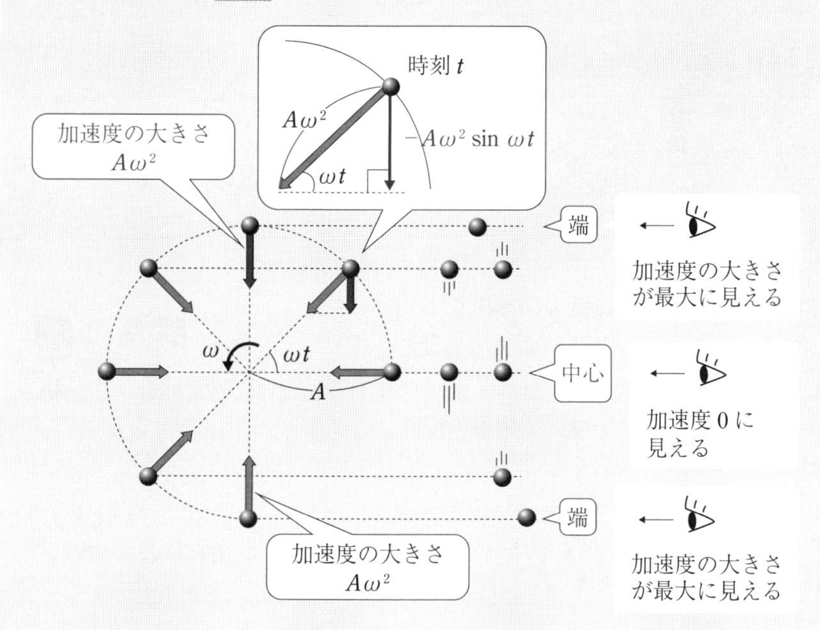

・**振動の中心** ➡ **加速度 0**
・**振動の端** ➡ **加速度の大きさが最大 $a_{\max} = A\omega^2$**

時刻 t における加速度 a は，$\boldsymbol{a = -A\omega^2\sin\omega t}$ ……③と表せる。

単振動の変位・速度・加速度の関係

単振動の加速度 a を変位 x を用いて表してみよう。①〜③式より，変位・速度・加速度は以下のように表せる。

$$\begin{cases} 変位：x = \underset{\sim\sim\sim}{A\sin\omega t} \\ 速度：v = A\omega\cos\omega t \\ 加速度：a = -A\omega^2 \sin\omega t = -\omega^2 \cdot x \end{cases}$$

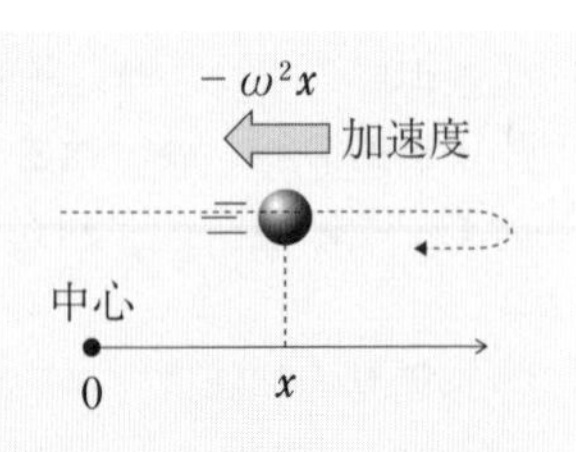

したがって，a と x の関係は，

公式：$\boldsymbol{a = -\omega^2 \cdot x}$　｜単振動の関係式

と表すことができ，運動方程式で求めた加速度がこの形になれば，物体は単振動する。

解答への道しるべ

GR 1 単振動の加速度

単振動している物体の位置 x の加速度 a は，

$$a = -\omega^2 (x - x_0)$$

（ω：角振動数，x_0：振動中心の位置）

単振動の問題では，以下のようなSTEPを踏んでいけばよい。

STEP 1　つり合いの位置の図を描く

図aのように，つり合いの位置の図を描く。その位置が振動の中心となる。

STEP 2　自然長あるいは振動中心の位置を原点として x 軸を引く

この問題では，図aのように，原点Oが自然長の位置にとってあり右向きに x 軸がとられている。軸がないときでも自分で軸を引っ張ろう。

図a

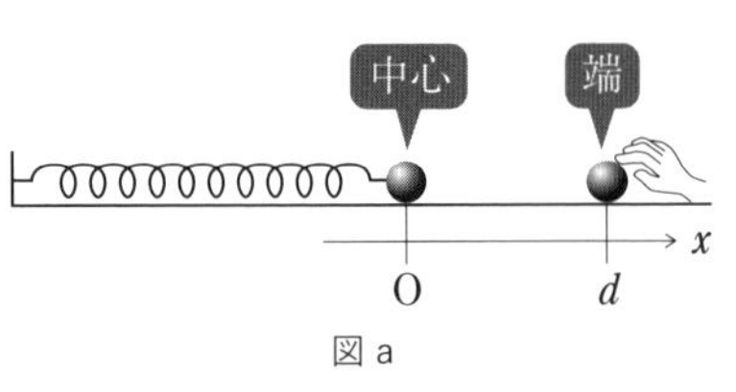

図b

STEP 3　ある位置 x における運動方程式を立てる

図bのように，物体に働く水平方向の力は大きさ kx の弾性力のみである。位置 x における運動方程式は，　$\underline{\boldsymbol{m \cdot a = -kx}}$ 問1の答

注意　加速度の向きと座標軸の向きは一致させておくこと

STEP 4　運動方程式から加速度を求め，$a = -\omega^2(x - x_0)$ の形に変形する

$$a = -\frac{k}{m}x$$

$$a = -\frac{k}{m}(x - 0)$$

振動中心

単振動のときは加速度を左のように変形すれば，角振動数と振動中心が求まるよ。この単振動の中心の位置は原点Oとわかる。

したがって，角振動数は$\omega = \sqrt{\frac{k}{m}}$と求まる。設問を解いてみよう。

問 2

振動中心の座標は，$x = \underline{\mathbf{0}}$
振幅Aは，図cのように，静かにはなした位置と振動中心の位置の差となるので，$A = \underline{\boldsymbol{d}}$

また，周期の公式より，

$$T = \frac{2\pi}{\omega} = \underline{\mathbf{2\pi}\sqrt{\frac{\boldsymbol{m}}{\boldsymbol{k}}}}$$

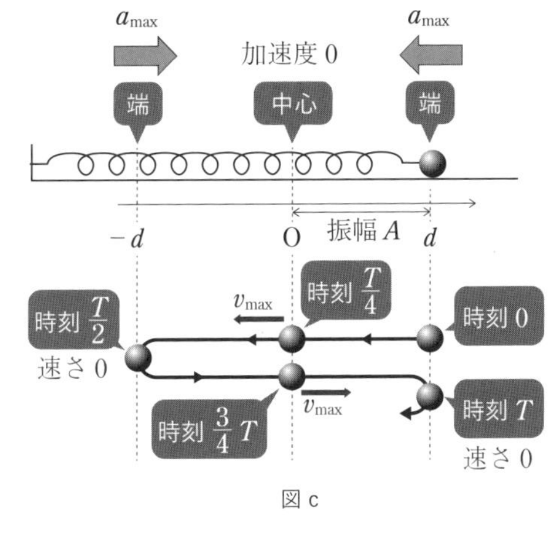

図 c

問 3

速さが最大となるのは振動中心の位置で，その大きさは，

$$v_{max} = A\omega = \underline{\boldsymbol{d}\sqrt{\frac{\boldsymbol{k}}{\boldsymbol{m}}}}$$

速さがはじめて最大となる時刻は，$t = \frac{T}{4} = \underline{\frac{\boldsymbol{\pi}}{\mathbf{2}}\sqrt{\frac{\boldsymbol{m}}{\boldsymbol{k}}}}$

問 4

加速度の大きさが最大となるのは振動の端で，$a_{max} = A\omega^2 = \underline{\boldsymbol{d}\frac{\boldsymbol{k}}{\boldsymbol{m}}}$

20　鉛直ばね振り子

答

問 1　$d = \frac{mg}{k}$　　問 2　$ma = -kx + mg$

問 3　中心座標：$\frac{mg}{k}$　周期：$2\pi\sqrt{\frac{m}{k}}$　振幅：$\frac{mg}{k}$

問 4　$v_{max} = g\sqrt{\frac{m}{k}}$　　問 5　時刻：$\frac{2\pi}{3}\sqrt{\frac{m}{k}}$　速さ：$\frac{g}{2}\sqrt{\frac{3m}{k}}$

解答への道しるべ

GR 1 ある位置 x を通過するときの時刻の求め方

ある位置 x を通過するときの時刻を求めるときは，等速円運動の射影で考える。

解説

問題**19**と同様のSTEPを踏む。まず，つり合いの状態が図a−1となる。図a−2は静かにはなした位置で**振動の端**となる。図a−3はある位置 x における振動中の状態である。図a−3において，運動方程式を立てると，

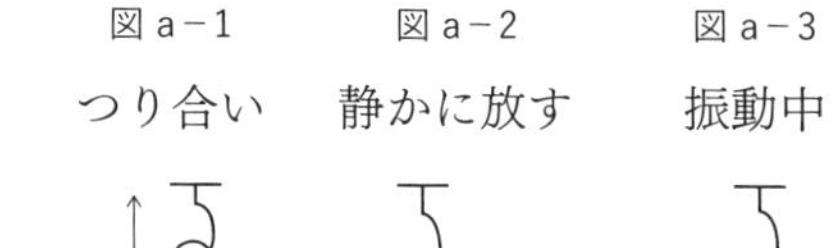

$$m \cdot a = -kx + mg$$

$$ma = \underset{くくる}{-k}\left(x - \frac{mg}{k}\right)$$

$$a = -\frac{k}{m}\left(x - \frac{mg}{k}\right)$$

振動中心

したがって，角振動数は

$\omega = \sqrt{\dfrac{k}{m}}$ と求まり，振動中心の位置は，$x = \dfrac{mg}{k}$ と求まる。

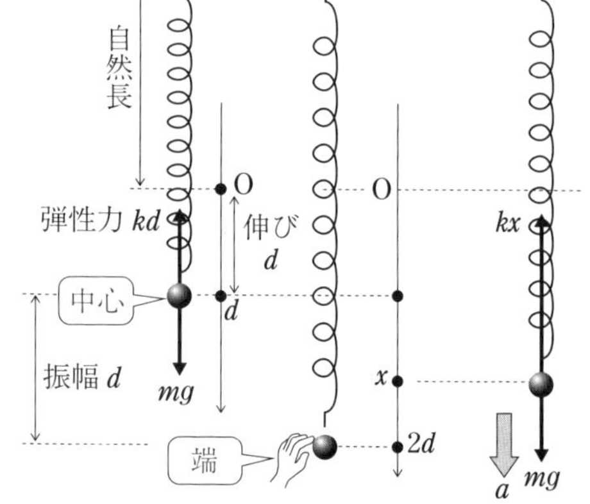

問1

図a−1を見て，力のつり合いより，$kd = mg$ $\quad \therefore \quad d = \underline{\dfrac{mg}{k}}$

問2

運動方程式は，$\underline{\boldsymbol{ma = -kx + mg}}$

問3

振動中心の位置は，$x = \underline{\dfrac{mg}{k}}$

CHAPTER 1 力学

静かに放した位置 $x = 2d$ が振動の端で，振動中心の座標は $x = d$ である。

振幅は中心と端の差となるので，$A = d = \underline{\boldsymbol{\dfrac{mg}{k}}}$

また，$\omega = \sqrt{\dfrac{k}{m}}$ より，周期は，$T = \dfrac{2\pi}{\omega} = \underline{\boldsymbol{2\pi\sqrt{\dfrac{m}{k}}}}$

問4

速さが最大となるのは，**振動の中心**であり，その大きさは，

$$v_{\max} = A\omega = d\sqrt{\frac{k}{m}} = \frac{mg}{k}\sqrt{\frac{k}{m}} = \underline{\boldsymbol{g\sqrt{\frac{m}{k}}}}$$

問5

GR 1 より，図bのように，単振動を等速円運動の射影として捉える。

小球が $x = \dfrac{d}{2}$ を通過する時刻は円運動では，120°回転していることになる。360°を1周期と考えて，120°回転する時間は，

$$t = \frac{120^\circ}{360^\circ}T = \frac{T}{3}$$

$$\therefore \quad t = \underline{\boldsymbol{\frac{2\pi}{3}\sqrt{\frac{m}{k}}}}$$

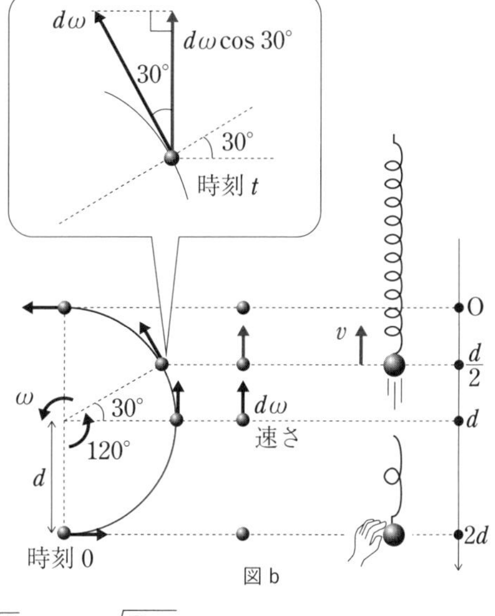

図 b

また，このときの速さ v は，

$$v = d\omega\cos 30^\circ = \frac{mg}{k}\sqrt{\frac{k}{m}} \times \frac{\sqrt{3}}{2} = \underline{\boldsymbol{\frac{g}{2}\sqrt{\frac{3m}{k}}}}$$

[問5の別解]　力学的エネルギー保存則を用いて速さ v を求めてみる。図cのように，最下点である $x = 2d$ を重力の位置エネルギーの基準として，力学的エネルギー保存則を立てると，

$$\underbrace{\frac{1}{2}m\cdot 0^2 + mg\cdot 0 + \frac{1}{2}k(2d)^2}_{\text{最下点}\ (x=2d)} = \underbrace{\frac{1}{2}mv^2 + mg\cdot\frac{3}{2}d + \frac{1}{2}k\left(\frac{d}{2}\right)^2}_{\text{求める位置}\left(x=\frac{d}{2}\right)}$$

$d=\dfrac{mg}{k}$ を代入して，$v=\dfrac{\boldsymbol{g}}{\boldsymbol{2}}\sqrt{\dfrac{\boldsymbol{3m}}{\boldsymbol{k}}}$

$$\frac{1}{2}mv^2+mg\cdot\frac{3}{2}d+\frac{1}{2}k\left(\frac{d}{2}\right)^2$$

$$\underbrace{\frac{1}{2}m\cdot 0^2}_{\text{運動エネルギー}}+\underbrace{mg\cdot 0}_{\text{重力の位置エネルギー}}+\underbrace{\frac{1}{2}k(2d)^2}_{\text{弾性エネルギー}}$$

図 c

21　万有引力

答

問 1　$\sqrt{\dfrac{GM}{r}}$　　問 2　$T_1=2\pi r\sqrt{\dfrac{r}{GM}}$

問 3　$E=-\dfrac{GMm}{2r}$　　問 4　$\dfrac{v_Q}{v_P}=\dfrac{r}{R}$

問 5　$v_P=\sqrt{\dfrac{2GMR}{r(R+r)}}$　　問 6　$\dfrac{T_2}{T_1}=\left(\dfrac{r+R}{2r}\right)^{\frac{3}{2}}$

解答への道しるべ

GR 1 楕円運動の問題の解き方

楕円運動の問題は，面積速度一定の法則（ケプラーの第 2 法則）と力学的エネルギー保存則を立てよう。

GR 2 楕円運動の周期の求め方

楕円運動の周期を問われたら，ケプラーの第 3 法則を用いる。

解説

万有引力の法則

質量のある2物体間では引力が働き，その引力の大きさFは2物体の質量m，Mの積に比例し，中心間距離rの2乗に反比例する。

公式： $\boldsymbol{F = G\dfrac{Mm}{r^2}}$

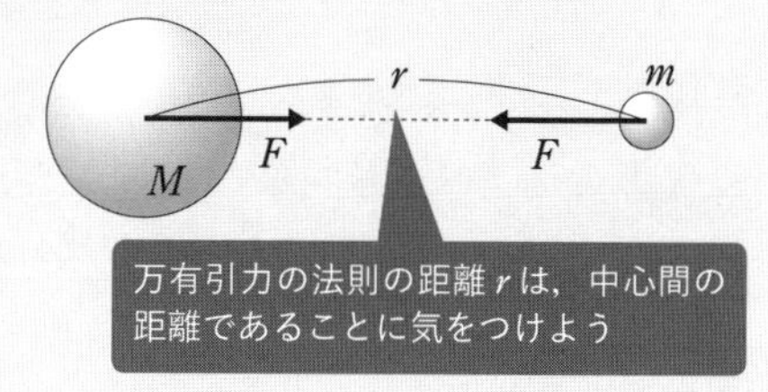

万有引力定数：$G = 6.67 \times 10^{-11}$
（ものすごく小さな値）

問1

図aのように，地球と人工衛星の間には，大きさ$G\dfrac{Mm}{r^2}$の万有引力が働く。この万有引力が向心力の役割をして，人工衛星は等速円運動をしている。**等速円運動の問題なので，中心方向の運動方程式を立てればよい**。人工衛星の速さをvとして，中心に向かう向きに大きさ$\dfrac{v^2}{r}$の加速度が生じているので，中心方向の運動方程式は，

$$m \cdot \frac{v^2}{r} = G\frac{Mm}{r^2}$$

$$\therefore \quad v = \underline{\boldsymbol{\sqrt{\frac{GM}{r}}}}$$

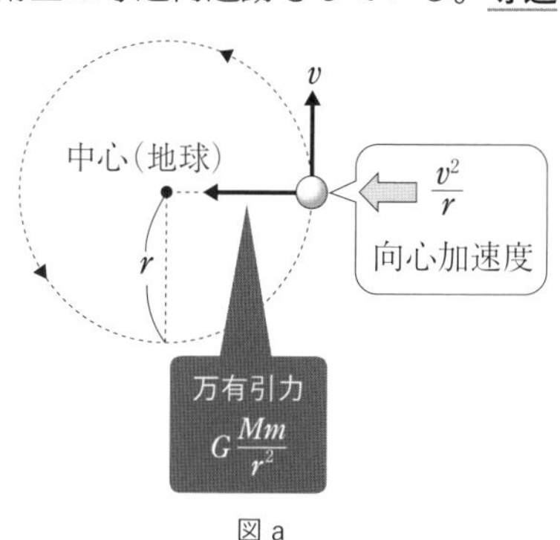

図a

問2

等速円運動の周期の公式より，

$$T_1 = \frac{2\pi r}{v} = \underline{\boldsymbol{2\pi r\sqrt{\frac{r}{GM}}}}$$

問3

万有引力による位置エネルギー

質量 M の地球の中心から距離 r だけ離れている質量 m の物体が持つ万有引力による位置エネルギー U は，次のように表せる。

公式： $U=-G\dfrac{Mm}{r}$ （**無限遠方を基準**とする）

図①のように，地球の中心を原点Oとして，x 軸をとり，$x=r$ の位置に質量 m の物体があるとする。x を大きくしていくと，位置エネルギーが大きくなっていく。**地球から最も離れた無限遠方（$x\to\infty$）になると，位置エネルギーは0**となる。このとき，**位置エネルギーは0であるが，最も大きいことに注意**しよう。

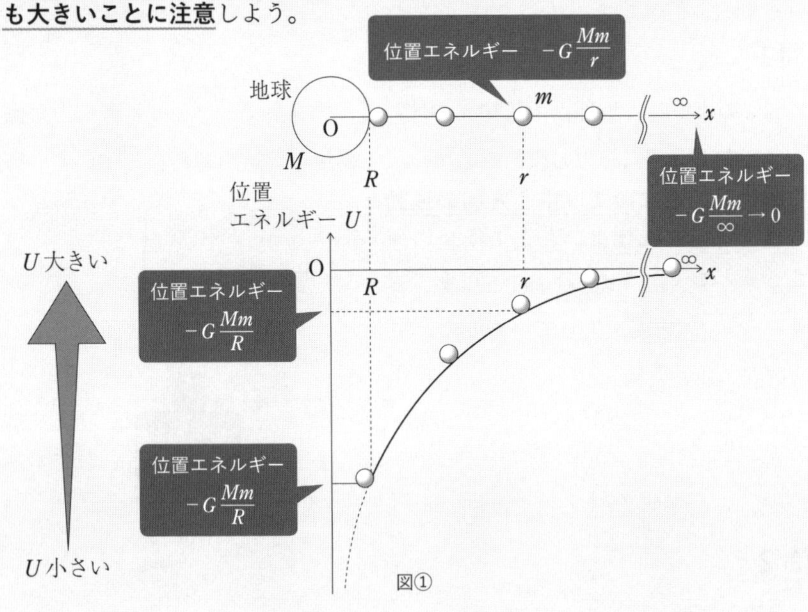

図①

位置エネルギーの値の考え方

$f(x)=-\dfrac{1}{x}$ の関数を考えて，x を1，2，3，4，…，∞まで代入していくと，

$$f(1)=-\frac{1}{1},\ f(2)=-\frac{1}{2},\ f(3)=-\frac{1}{3},\ f(4)=-\frac{1}{4},\ \cdots,\ f(\infty)=-\frac{1}{\infty}\to 0$$

$f(x)$ の値は分母が大きくなることで，どんどん大きくなっていき，最終的には0になる。よって，$f(x)$ の値は，0が最大となる。

図①には，縦軸にU，横軸にxをとったグラフを描いてある。このグラフで，物体が地球から離れていくほど，Uが大きくなっていることをイメージできるようにしよう。

力学的エネルギーは，

$$E=\frac{1}{2}mv^2+\left(-G\frac{Mm}{r}\right)=\frac{1}{2}m\left(\sqrt{\frac{GM}{r}}\right)^2+\left(-G\frac{Mm}{r}\right)=\underline{-\frac{\boldsymbol{GMm}}{\boldsymbol{2r}}}$$

問4

ケプラーの第2法則

惑星と太陽を結ぶ線分（動径）が一定時間に描く面積は一定である。（面積速度一定の法則）

図②のように，惑星がP_1からP_2へ移動する時間をΔtとする。惑星と太陽を結ぶ線分が単位時間あたりに描く面積を面積速度という。惑星がP_1からP_2へ移動するまでに描いた面積速度をs_Aとし，Q_1からQ_2へ移動するまでに同じ時間Δtで描いた面積速度をs_Bとする。惑星が太陽に近い場所では，惑星の速さは大きく，太陽から遠ざかると遅くなる。したがって，惑星がQ_1からQ_2へ移動する距離よりもP_1からP_2へ移動する距離は長いが，面積速度は等しい。

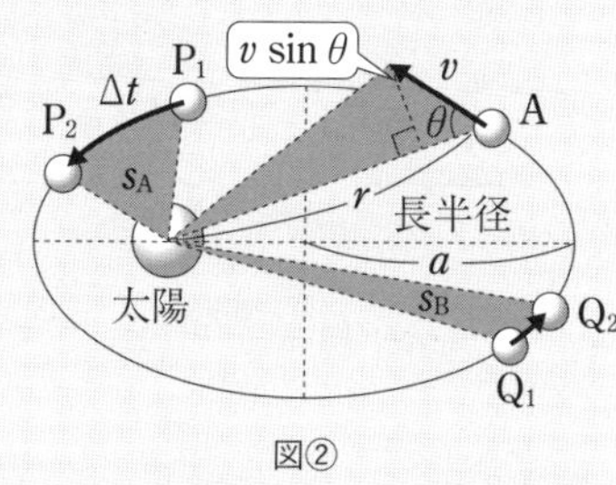

図②

公式： $\boldsymbol{s_A = s_B}$ ｜ 面積速度一定の法則

点Aにおける惑星の速度の大きさをv，太陽と惑星を結ぶ線分の長さをr，線分と速度がなす角をθとすると，面積速度sは，以下のように表せる。

公式： $\boldsymbol{s=\frac{1}{2}rv\sin\theta}$ ｜ 面積速度

21 万有引力

楕円運動では，面積速度一定の法則と力学的エネルギー保存則が成り立つ。

面積速度一定の法則より，

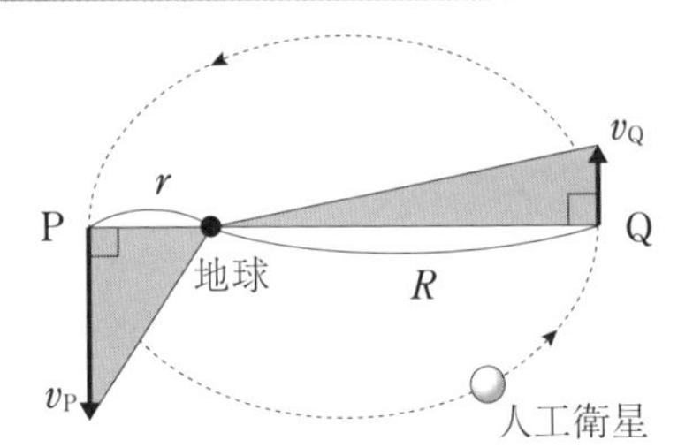

$$\underbrace{\frac{1}{2}rv_P\sin90^\circ}_{\text{P点の面積速度}} = \underbrace{\frac{1}{2}Rv_Q\sin90^\circ}_{\text{Q点の面積速度}}$$

$$\therefore\quad \frac{v_Q}{v_P} = \underline{\boldsymbol{\frac{r}{R}}}$$

問5

力学的エネルギー保存則を立てると，

$$\underbrace{\frac{1}{2}mv_P{}^2 + \left(-G\frac{Mm}{r}\right)}_{\text{P点の力学的エネルギー}} = \underbrace{\frac{1}{2}mv_Q{}^2 + \left(-G\frac{Mm}{R}\right)}_{\text{Q点の力学的エネルギー}}$$

$$\frac{1}{2}mv_P{}^2 - \frac{1}{2}mv_Q{}^2 = G\frac{Mm}{r} + \left(-G\frac{Mm}{R}\right)$$

計算は以下のようにすると簡単になる

$$\underbrace{\frac{1}{2}mv_P{}^2}_{\text{くくる}}\left\{\underbrace{1-\left(\frac{v_Q}{v_P}\right)^2}_{\text{因数分解ができる}}\right\} = \underbrace{G\frac{Mm}{r}}_{\text{くくる}}\left(1-\frac{r}{R}\right)$$

$$\frac{1}{2}mv_P{}^2\left(1+\frac{v_Q}{v_P}\right)\left(1-\frac{v_Q}{v_P}\right) = G\frac{Mm}{r}\left(1-\frac{r}{R}\right)$$

問4の答え，$\frac{v_Q}{v_P} = \frac{r}{R}$ より，上の式を変形すると，

$$\frac{1}{2}mv_P{}^2\left(1+\frac{r}{R}\right)\left(1-\frac{r}{R}\right) = G\frac{Mm}{r}\left(1-\frac{r}{R}\right)$$

$$\frac{1}{2}mv_P{}^2\left(1+\frac{r}{R}\right) = G\frac{Mm}{r}$$

$$\frac{1}{2}mv_P{}^2\frac{R+r}{R} = G\frac{Mm}{r} \qquad \therefore\quad v_P = \underline{\boldsymbol{\sqrt{\frac{2GMR}{r(R+r)}}}}$$

問6

ケプラーの第3法則

図③のように，いくつかの人工衛星が地球の周りを回っているとし，それぞれの周期と長半径は図に示す通りであるとする。**ケプラーの第3法則は，地球を一つの焦点とする衛星の周期 T の2乗と楕円の長半径 a の3乗の比は，円軌道でも楕円軌道でも同じ値を持つ**ので，ケプラーの第3法則は，以下のように表せる。

$$\frac{T_1^2}{r_1^3}=\frac{T_2^2}{r_2^3}=\frac{T_3^2}{r_3^3}\cdots$$

公式： $\displaystyle \frac{\boldsymbol{T}^2}{\boldsymbol{a}^3}=\boldsymbol{k}$ （k は定数）

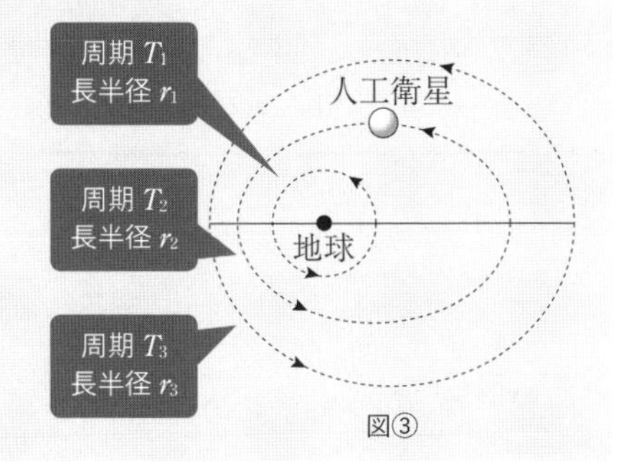

図③

楕円の周期を求めるときは，ケプラーの第3法則を用いればよいので，

$$\underbrace{\frac{T_1^2}{r^3}}_{\text{円軌道のとき}}=\underbrace{\frac{T_2^2}{\left(\frac{r+R}{2}\right)^3}}_{\text{楕円軌道のとき}}$$

$$\left(\frac{T_2}{T_1}\right)^2=\left(\frac{\frac{r+R}{2}}{r}\right)^3 \quad \therefore \quad \frac{T_2}{T_1}=\left(\frac{\frac{r+R}{2}}{r}\right)^{\frac{3}{2}}=\underline{\left(\frac{\boldsymbol{r}+\boldsymbol{R}}{\boldsymbol{2r}}\right)^{\frac{3}{2}}}$$

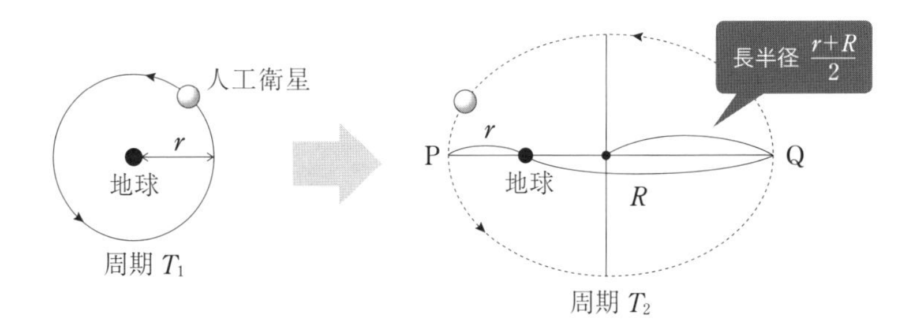

21
万有引力

CHAPTER 2 波

22 横波と縦波

答

問1 $A = 0.1\ \text{cm}$ $\lambda = 8\ \text{cm}$ 問2 $v = 2\ \text{cm/s}$

問3 $T = 4\ \text{s}$ $f = 0.25\ \text{Hz}$ 問4 $x = 2\ \text{cm},\ 6\ \text{cm},\ x = 4\ \text{cm}$

問5 解説参照 問6 $y = 0.1\ \text{cm}$

問7 (a) $x = 0\ \text{cm},\ 8\ \text{cm}$ (b) $x = 6\ \text{cm}$ (c) $x = 0\ \text{cm},\ 8\ \text{cm}$

解説

解答への道しるべ

GR 1 波を伝える媒質の運動

媒質の運動は単振動。

問1

図 a より，振幅 $A = \mathbf{0.1\ cm}$，波長 $\lambda = \mathbf{8\ cm}$

問2

図 a より，波は 3 s 間で x 軸の正の向きに 6 cm 進んでいるので，波の伝わる速さ v は，

$$v = \frac{6\ \text{cm}}{3\ \text{s}} = \mathbf{2\ cm/s}$$

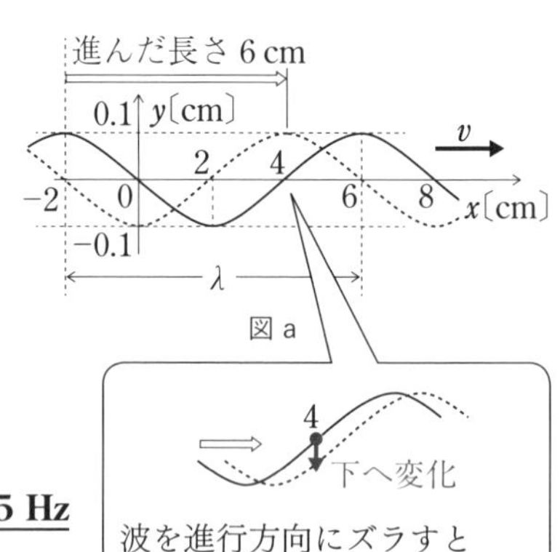

図 a

問3

$v = f\lambda$ より，$2 = f \times 8$ $\therefore\ f = \mathbf{0.25\ Hz}$

また，周期 T は，$T = \dfrac{1}{f} = \dfrac{1}{0.25} = \mathbf{4\ s}$

波の進み方

- 振幅 A〔m〕：山の高さや谷の深さ
- 波長 λ〔m〕：波 1 個分の長さ
- 波の速さ v〔m/s〕：山や谷の進む速さ

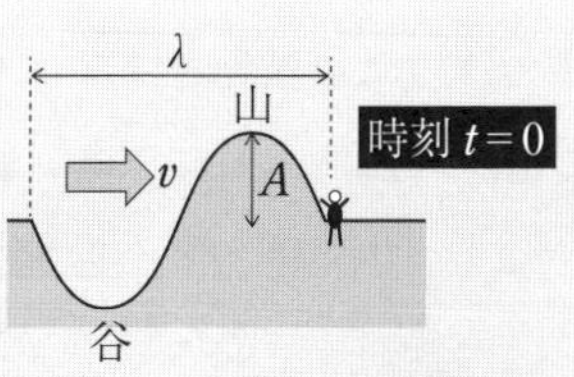

右図のように，波が右向きに速さ v で進んでいる。媒質（ 🚶 ）に注目してみると，波が 1 個通過すると，媒質は上下に 1 回振動している。**媒質が 1 回振動する時間を周期 T〔s〕**という。

また，**媒質の 1 秒あたりの振動回数を振動数 f〔Hz〕**という。例えば，周期が 2 秒であれば，1 秒あたりの振動回数は $\frac{1}{2}$ 回となる。

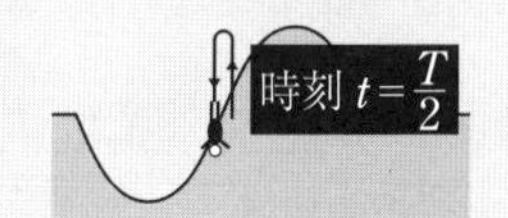

- 周期 T〔s〕：媒質が 1 回振動する時間
- 振動数 f〔Hz〕：1 秒あたりの振動回数

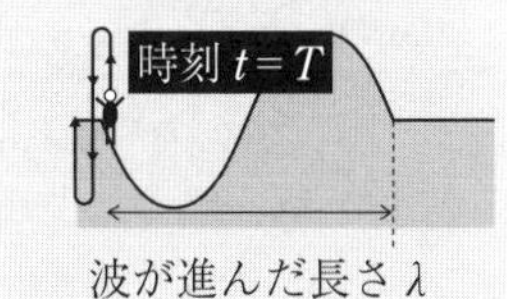

波が進んだ長さ λ

右図のように，媒質が 1 回振動する間に波が進んだ長さは λ なので，

$$\underbrace{\lambda}_{\text{波が進んだ長さ}} = \underbrace{v}_{\text{速さ}} \times \underbrace{T}_{\text{1 回振動する時間}} = v \times \frac{1}{f} \rightarrow \text{公式：} \ v = f\lambda$$

問4

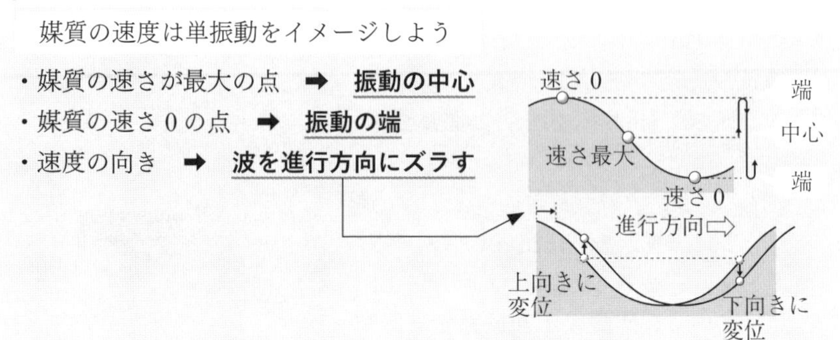

図 a より，**媒質の速度が 0 の座標は，山あるいは谷**になるので，x = **2 cm**，**6 cm** である。また，**媒質の速さが最大の座標は，振動の中心**となり，x = 0 cm，4 cm，8 cm の 3 つだが，波を進行方向にずらしたときに，変位が下向きとなるのは，x = **4 cm** である。

問5

POINT

y－t グラフの描き方は，
媒質の単振動を横に伸ばす。

y-t グラフを描くときは，右のような STEP で考えていけばよい。

STEP 1

x = 4 cm の媒質が上下に運動する向きをチェックし，媒質を上下に単振動させる。

STEP 2

その単振動を横に伸ばす。

STEP 3

グラフに入れる(完成)。

答え：**図 b**

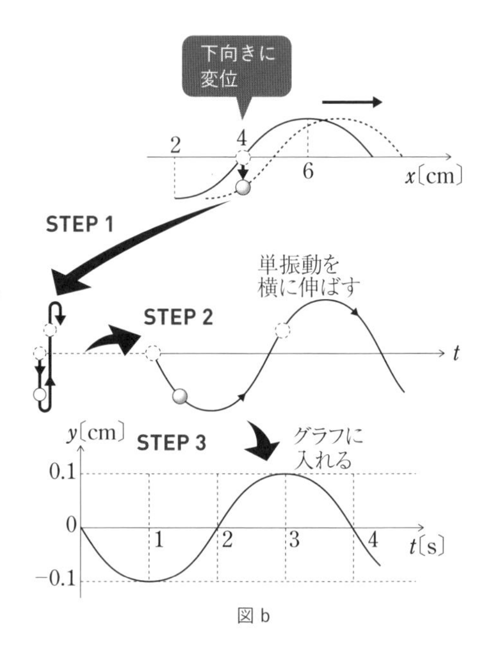

図 b

問6

ある時刻のある場所の媒質の変位を知りたいとき

波1個分の中で同じ振動をする媒質を探そう。

波は1周期分の中にすべての情報がつまっている。例えば，図①は波を4個ほど描いてあり，その中の媒質A，B，C，Dに注目する。どの媒質も少し時間が経過すると，下向きに変位し始める。つまり，A，B，C，Dは同じ振動をするんだね。このように，同じ振動をする媒質は1波長ごとに現れる。もし，Dの媒質の変位を知りたければ，Aの媒質の変位がわかれば良いのだ。

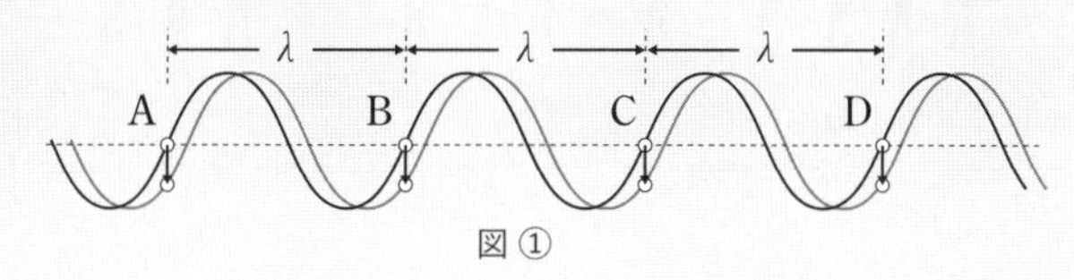

図①

図cのように，x = 36 cmの媒質は，x = 4 cmの媒質と同じ振動をすることになる。また，図dのように，x = 4 cmの媒質の時刻t = 7 sでの変位はt = 3 sの変位と等しいので，媒質の変位yはy = **0.1 cm**となる。

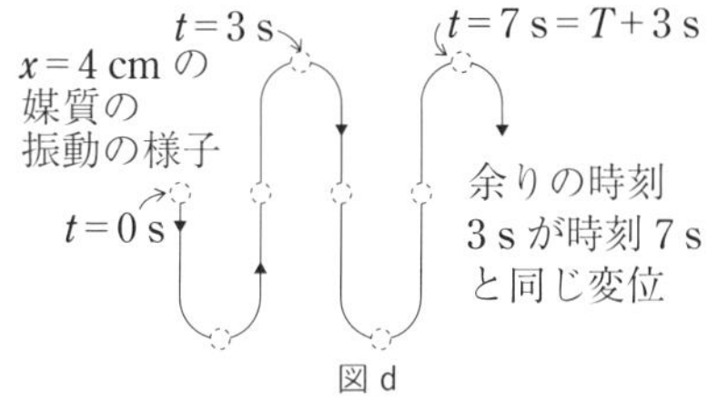

図c

x = 36 cmにおけるt = 7 sの媒質の変位

⬇ 言い換えると

x = 4 cmにおけるt = 3 sの媒質の変位

t=3 s

t=7 s=T+3 s

x=4 cmの媒質の振動の様子

t=0 s

余りの時刻3 sが時刻7 sと同じ変位

図d

問7

横波から縦波への変換

上矢印は右矢印にする
（y軸の正はx軸の正へ）

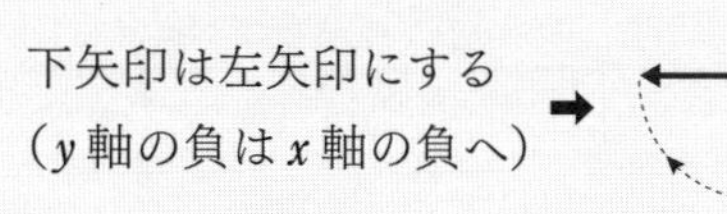

下矢印は左矢印にする
（y軸の負はx軸の負へ）

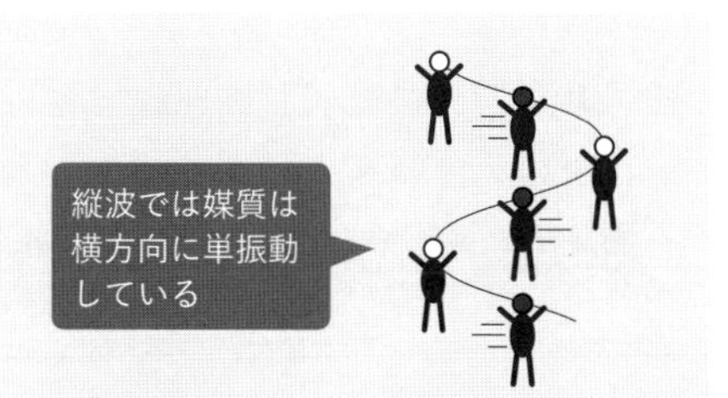

横波から縦波へ変換すると，図 e のようになる。

(a)　最も密：x = **0 cm**，**8 cm**

(b)　変位が x 軸の正の向きに最大の部分：x = **6 cm**

中心から最も右にズレている場所

(c)　媒質の速さが最大　かつ　次の瞬間に右向きに変位する部分：

x = **0 cm**，**8 cm**

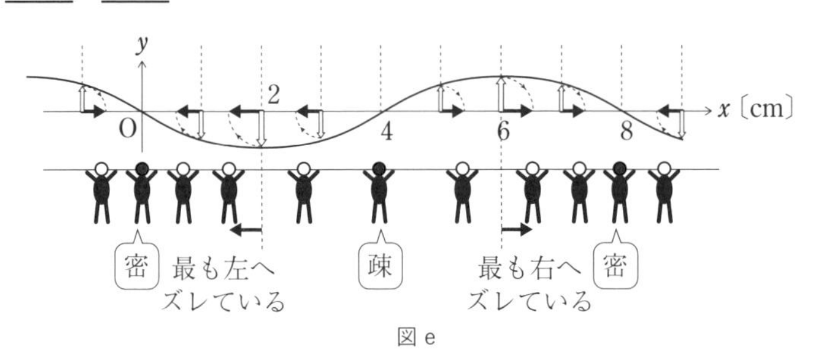

図 e

23　波の反射・定常波

答

[A]	問 1　解説参照	問 2　x = 0.5 cm，2.5 cm
	問 3　t = 0.25 s	問 4　t = 0.75 s
[B]	問 1　解説参照	問 2　解説参照

解答への道しるべ

GR 1　重ね合わせの原理

2 つの波が重なった場合，2 つの波の変位をたし算しよう

GR 2　波の反射

・**自由端**反射　➡　反射板の位置は**腹**

・**固定端**反射　➡　反射板の位置は**節**

解説

定常波

振幅A，波長λ，速さvの等しい2つの波が互いに逆向きに重なり合った合成波は左右どちらにも動いていないように見える。このような波を**『定常波』**という。定常波の特徴として，**時間が経過してもまったく振動しない点（節），大きく振動する点（腹）**がある。

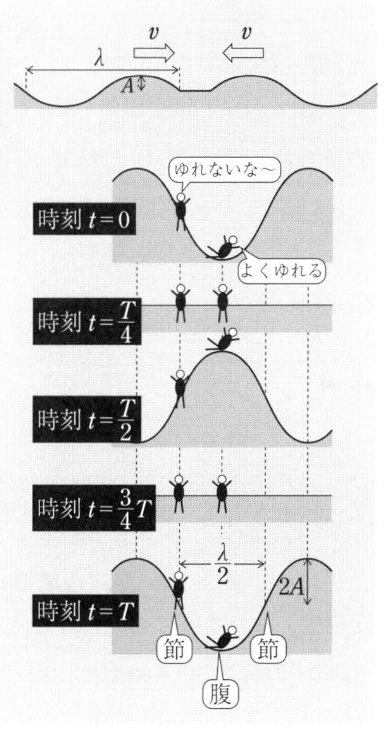

・$\left\{\begin{array}{l}\text{となりの合う腹}\\\text{となりの合う節}\end{array}\right\}$の間隔 ➡ $\frac{\lambda}{2}$

・腹の位置の振幅 ➡ $2A$

[A]　問1

重ね合わせの原理より，aとb波の変位（高さ）を足せばよい。合成波は**図a**。

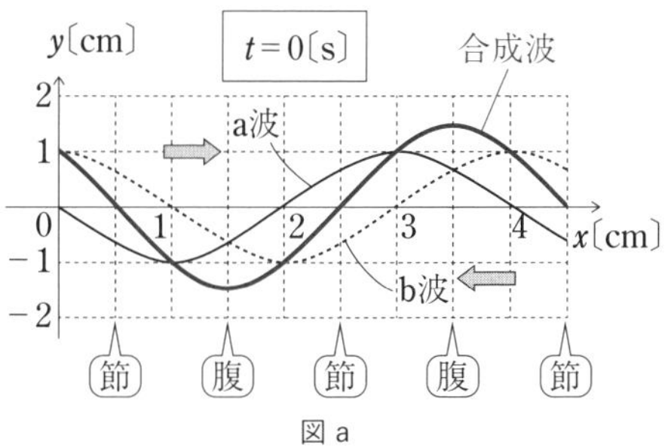

図a

問2

定常波は進行しないので，図aの合成波の波形から，節の位置は，

x = **0.5 cm**，**2.5 cm**

問3

a 波，b 波の波長は，$\lambda = 4$ cm，また，周期は $T = \dfrac{\lambda}{v} = \dfrac{4\text{ cm}}{2\text{ cm/s}} = 2$ s となる。

$t = 0$ s（図 a の状態）の後，a 波を右へ，b 波を左へそれぞれ $\dfrac{\lambda}{8} = 0.5$ cm ずつ進ませると，図 b のような波形ができる。はじめて腹の位置での変位の大きさが最大になるのは，図 b の状態である。よって，求める時刻は，$t = \dfrac{T}{8} = \dfrac{2}{8} =$ **0.25 s**

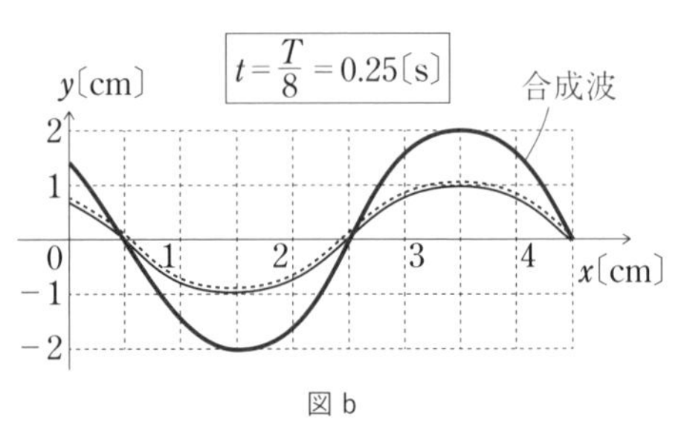

図 b

問4

$t = 0$ s（図 a の状態）の後，a 波を右へ，b 波を左へそれぞれ $\dfrac{3}{8}\lambda = 1.5$ cm ずつ進ませると，図 c のように山と谷が重なり，合成波の変位は x 軸のすべての点で 0 となる。よって，求める時刻は，$t = \dfrac{3}{8}T =$ **0.75 s**

$t = \dfrac{3}{8}T = 0.75$〔s〕

図 c

［B］ 問1

4 秒後は 1 周期後のグラフを描けばよいので，入射波は図 a の実線となる。反射波は y 軸に対称に折り返して破線となる。入射波と反射波を合成（赤色）する。

自由端反射

作図方法：入射波を y 軸に対称に回転させ破線を描く（反射波完成）。

特徴：反射板の位置は定常波の腹となる。

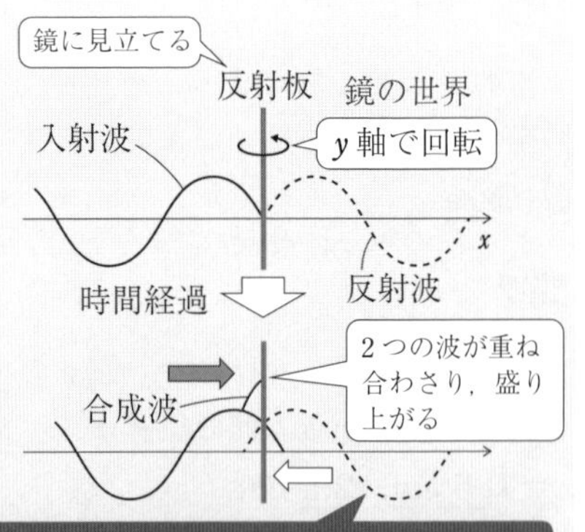

反射板より右側は鏡の世界だと考えればよい。反射波（破線）は，右向きに進む入射波（実線）と同じ姿をしていて，鏡の世界から左向きに進んでくるイメージ

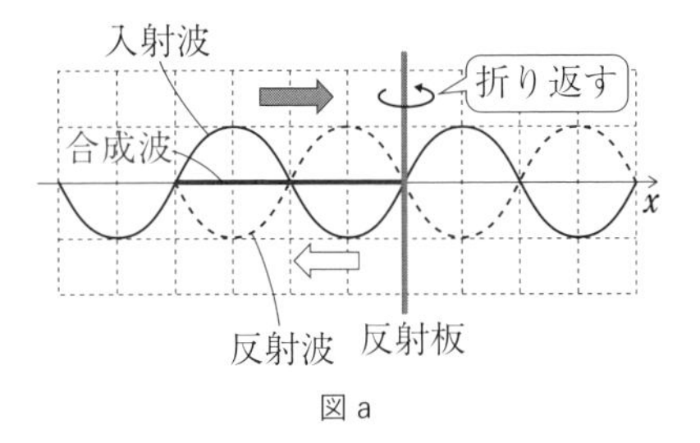

図 a

問2

4秒後は1周期後のグラフを描けばよいので，入射波は図bの実線となる。

Step ①で y 軸に対称に折り返す(黒色の破線)➡ Step ②で x 軸に対称に折り返す(赤色の破線)。

入射波と反射波を合成(赤色の実線)する。

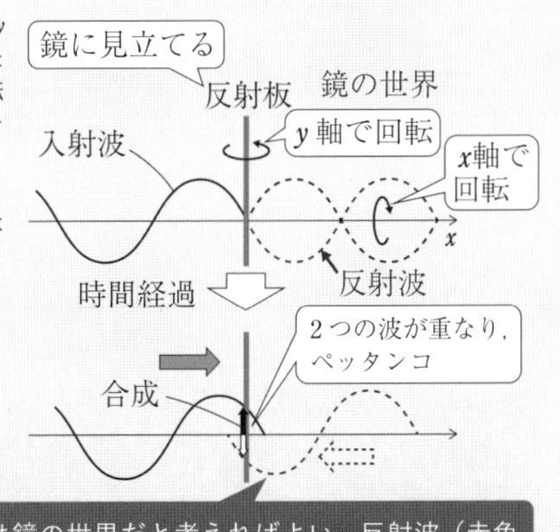

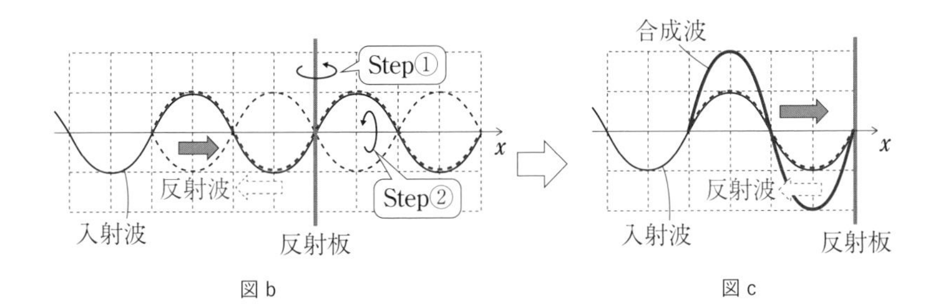

図 b　　図 c

24　弦の振動

答

問1　0.80 m　　問2　張力：40 N　速さ：2.0×10^2 m/s

問3　2.5×10^2 Hz　　問4　1.0 kg

解答への道しるべ

GR 1 弦の振動の問題

弦の長さが半波長の整数倍になるとき，弦に定常波ができる。

解説

弦の振動

図①のように，弦の一端をおんさに取り付け他端を棒に結ぶ。両端を固定した弦を振動させ，両端が節となるような定常波が入るとき，弦は大きく振れる。弦が大きく振れる条件を図を描いて考えてみよう。

振動数f_1のときは，弦に腹1個の定常波が生じた状態であり，基本振動という。lを波長λ_1で表すと，

$$基本振動：l = \frac{\lambda_1}{2} \times 1$$

同様にして振動数f_2，f_3，…，のときは，定常波の腹が2個，3個，…となる。弦の長さlは，それぞれ以下のように表される。

図①

$$2倍振動：l = \frac{\lambda_2}{2} \times 2$$

$$3倍振動：l = \frac{\lambda_3}{2} \times 3$$

弦の長さlが半波長(⌒)の整数倍となるときに，弦は大きく振れるんだ！

したがって，腹の数がm個のときの弦の長さlは，

$$l = \underbrace{\frac{\lambda_m}{2}}_{(半波長)} \times \underbrace{m}_{(腹の数)} \quad (m = 1,\ 2,\ 3,\ \cdots)$$

となり，**l は $\frac{1}{2}$ 波長の整数倍**となる。

問 1

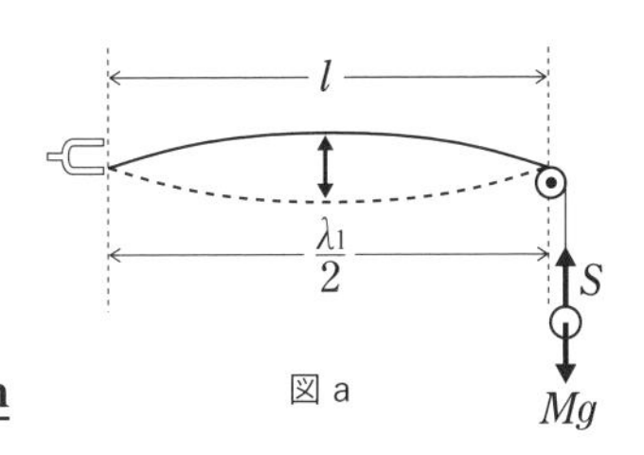

図 a

弦の長さを $l = 0.40$ m，おもりの質量を $M = 4.0$ kg，線密度を $\rho = 1.0\times10^{-3}$ kg/m，重力加速度を $g = 10$ m/s^2 と文字にしておく。

図 a より，波長 λ_1 は，

$$l = \frac{\lambda_1}{2} \times \underset{腹の数}{1} \qquad \therefore \quad \lambda_1 = 2l = \mathbf{0.80\ m}$$

問 2

張力の大きさを S とする。おもりに働く力のつり合いより，

$$S = Mg = 4.0\times10 = \mathbf{40\ N}$$

弦を伝わる横波の速さ v は，

$$v = \sqrt{\frac{S}{\rho}} \quad \cdots\cdots①$$

$$v = \sqrt{\frac{Mg}{\rho}} = \sqrt{\frac{40}{1.0\times10^{-3}}} = 200 = \mathbf{2.0\times10^2\ m/s}$$

問 3

波の進む速さ v〔m/s〕

公式： $v = f\lambda$

f〔Hz〕：振動数（1秒あたりの振動回数）
λ〔m〕：波長（波1個の長さ）

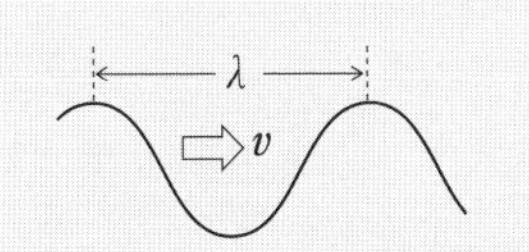

おんさの振動数を f として，波の速さの式より，

$$v = f\lambda_1 = f\times2l \quad \cdots\cdots②$$

①式＝②式から，v を消去すると，

$$\sqrt{\frac{Mg}{\rho}} = f\times2l$$

$$\therefore \quad f = \frac{1}{2l}\sqrt{\frac{Mg}{\rho}} = \frac{1}{2\times0.40}\times2.0\times10^2 = \mathbf{2.5\times10^2\ Hz}$$

24 弦の振動

問4

腹の数が変化するときの問題の解き方

弦の腹の数が変わるときは，おんさ・張力・線密度の3つのどれが変化しているかチェックしよう。

□振動源(おんさ)を変える ➡ 弦の振動数が変化する
□おもりの質量を変える ➡ 弦の張力(張り具合)が変わる
□異なる弦に取り替える ➡ 線密度(弦の太さ)が変わる

例① 線密度ρ，質量mを変えずに，振動数を増やす ➡ 波長が縮む
(異なる弦に変えず，糸の張力を変化させない)

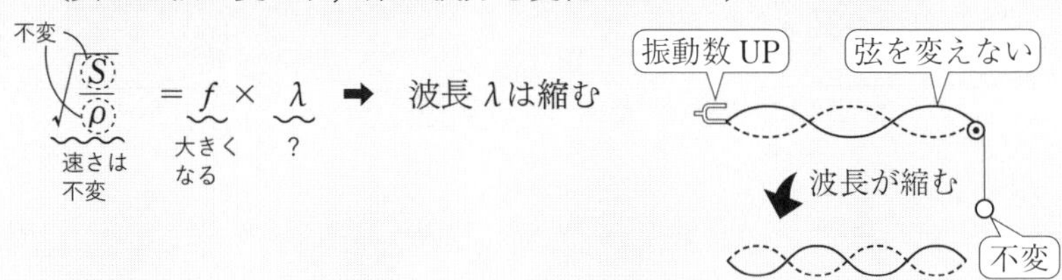

例② 線密度ρ，おんさを変えずに，おもりの質量mを増やす ➡ 波長が伸びる
(異なる弦に変えず，振動数は変化しない)

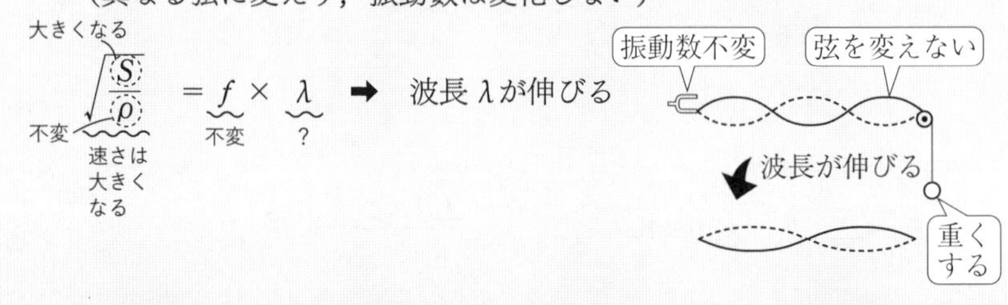

おんさ・張力・線密度のチェックをしよう。

☒ 振動源(おんさ)を変えた？ ➡ 振動数は**不変**
□ おもりの質量を変えた？ ➡ 弦の張力(張り具合)が**変わる**
☒ 異なる弦に取り替えた？ ➡ 線密度(弦の太さ)が**不変**

問4を読むと，おもりの質量を質量の小さいおもりに取り変えると書いてあるので，波長は縮むことがわかる。以下が考え方の流れである。

〈考え方〉

波長 λ が縮むのは？

$$\sqrt{\frac{S}{\rho}} = \underset{\text{不変}}{f} \times \underset{?}{\lambda}$$

（S：小さくなる，ρ：不変）

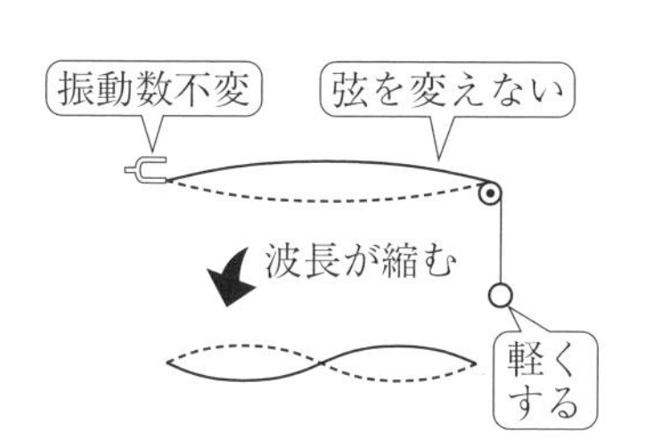

➡張力 S が小さくなると波長 λ が短くなるので，２倍振動（腹２個の定常波）と予測できる。

おもりの質量が変化する前後で弦の長さが不変なことに注目する。

〈おもりの質量を変化させる前〉

弦の長さ l と波長 λ_1 の関係は

$$l = \frac{\lambda_1}{2} \times 1$$

半波長×1個

〈おもりの質量を変化させた後〉

弦の長さ l と波長 λ_2 の関係は

$$l = \frac{\lambda_2}{2} \times 2$$

半波長×2個

l を消去して，変化前後の波長の関係は，

$$\frac{\lambda_1}{2} \times 1 = \frac{\lambda_2}{2} \times 2 \quad ➡ \quad \therefore \underset{\text{あと}}{\lambda_2} = \frac{1}{2} \underset{\text{まえ}}{\lambda_1}$$

$\frac{1}{2}$ 倍

振動数は変化せず，波長が $\frac{1}{2}$ 倍となるので，v は $\frac{1}{2}$ 倍となる。したがって，変化後のおもりの質量 M' ははじめの $\frac{1}{4}$ 倍となる。答えは $M' = \frac{1}{4}M =$ **1.0 kg**

注意　速さ v が $\frac{1}{2}$ 倍になればよいので，ルートに注意して，質量 M' は M の $\frac{1}{4}$ 倍であればよい。

$$\underset{\frac{1}{2}\text{倍}}{\sqrt{\frac{M'g}{\rho}}} = \underset{\text{不変}}{f} \times \underset{\frac{1}{2}\text{倍}}{\lambda}$$

（M'：?）

25　気柱の共鳴

答

［Ⅰ］問１　解説参照　　問２　1.15 m

問３　$\Delta x = 2.75$ cm　　問４　$V = 345$ m/s

問５　26.0 cm と 83.5 cm

［Ⅱ］問６　500 Hz

解答への道しるべ

GR 1 気柱の共鳴が起こるとき

閉管の気柱の共鳴は，管の長さが $\frac{1}{4}\lambda\times$奇数倍のときに起こる。

解説

閉管の共鳴

図①のように，長さ l の閉管(一端を閉じた管)の管口近くにスピーカーを置き，音を出す。**管口が腹，管の底が節**となるような定常波が生じたとき，共鳴して，大きな音が出る。管が共鳴する条件を図を描いて求めてみよう。

図①で振動数 f_1 のときは，管に**腹1個**の定常波が生じた状態であり，**基本振動**という。l を波長 λ_1 で表すと，

基本振動：$l=\dfrac{\lambda_1}{4}\times 1$

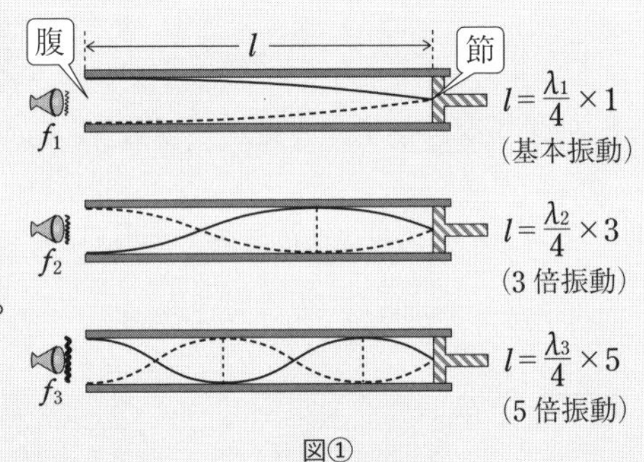

図①

同様にして振動数 f_2，f_3，…，のときは，定常波の腹が2個，3個，…となる。管の長さ l は，それぞれ以下のように表される。

3倍振動：$l=\dfrac{\lambda_2}{4}\times 3$

5倍振動：$l=\dfrac{\lambda_3}{4}\times 5$

したがって，腹(or 節)の数が m 個のときの管の長さ l は，

$$l=\underbrace{\frac{\lambda_m}{4}}_{\frac{1}{4}\text{波長}}\times\underbrace{(2m-1)}_{\text{奇数}}\quad(m=1,\ 2,\ 3,\ \cdots)$$

となり，**l は $\frac{1}{4}$ 波長の奇数倍**となる。

$\frac{1}{4}$ 波長(　　)の奇数倍が管の長さ l に一致するとき，管から大きな音が聞こえるんだね。

開口端補正

実際に実験をすると，腹の位置が管口の外に飛び出てしまう。**管口から飛び出た腹の位置までの距離Δxを開口端補正**という。

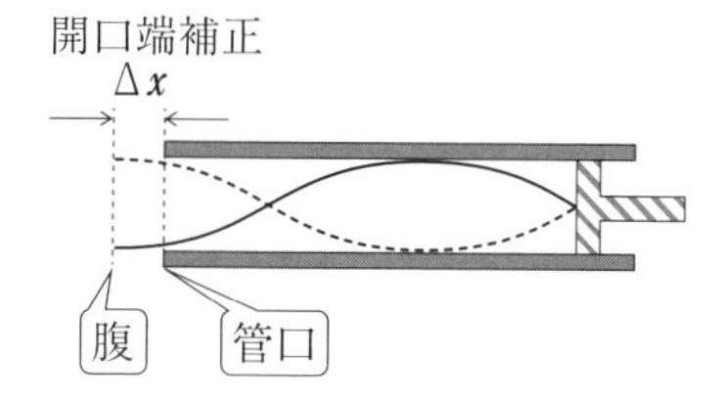

［Ⅰ］ **問1**

管口から水面を下げていき，1回目に共鳴した状態が**図a-1**であり，2回目に共鳴した状態が**図a-2**である。

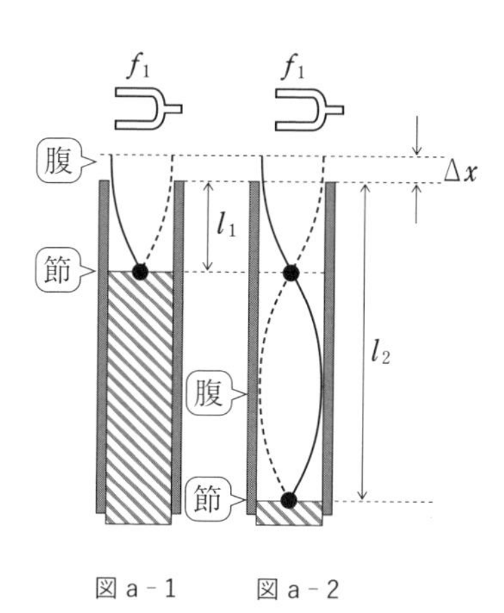

図a-1　図a-2

問2

l_2とl_1の差が半波長となる。音波の波長をλ_1として，$\frac{\lambda_1}{2}=l_2-l_1$より，

$$\lambda_1=2(l_2-l_1)=2(83.5-26.0)$$
$$=\mathbf{1.15\ m}\quad〔=115\ \mathrm{cm}〕$$

問3

図a-1より，$\Delta x+l_1=\frac{\lambda_1}{4}$

$$\Delta x=\frac{\lambda_1}{4}-l_1=\frac{115}{4}-26=\mathbf{2.75\ cm}$$

問4

$$V=f_1\lambda_1=300\times1.15=\mathbf{345\ m/s}$$

問5

空気の密度変化

空気の密度は隣り合う媒質の間隔を考える。

次図では，縦波の定常波の時間変化を表している。①と③は腹，②は節の位置を示している。節の位置に注目すると，図1では密だが，図3では疎になっており，密度の変化(媒質の間隔)が激しいことがわかる。

空気の密度の変化が最も大きい場所 ➡ 節の位置

よって，節の位置は管口から

$l_1 =$ **26.0 cm** と $l_2 =$ **83.5 cm**

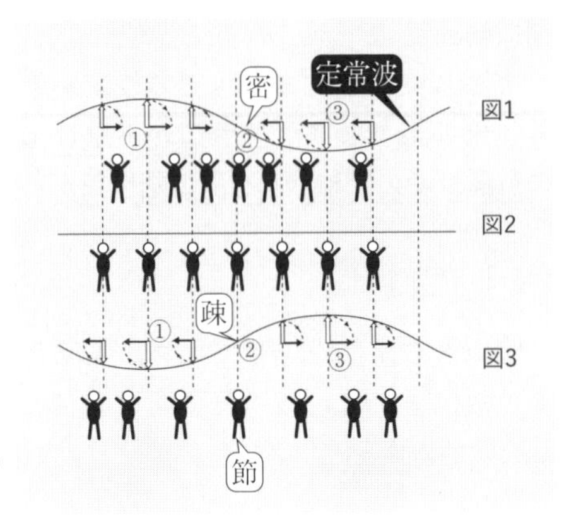

［II］ 問6

実験では，おんさの振動数がわからないので，このおんさの振動数を f_2 とする。［I］と同様の実験なので，波長 λ_2 は，

$$\lambda_2 = 2(l_2 - l_1) = 2(50.8 - 16.3) = 69\ \mathrm{cm}$$

$V = f_2\lambda_2$ より，$f_2 = \dfrac{V}{\lambda_2} = \dfrac{345}{0.69} =$ **500 Hz**

26 ドップラー効果（ドップラー効果の公式の使い方）

答

(a) $f_{R1} = \dfrac{V + u_R}{V} f_S$　　(b) $f_{R2} = \dfrac{V + u_R}{V - u_R} f_S$

(c) $u_R = \dfrac{nV}{2f_S + n}$

解答への道しるべ

GR 1 反射板があるときの振動数の求め方

STEP 1 反射板を観測者とみなして，振動数を求める。

STEP 2 反射板を音源とみなして，振動数を求める。

解説

ドップラー効果の公式

救急車がサイレンを鳴らしながら走っているとき，救急車が自分の方に**近づいてくると音が高く聞こえ，遠ざかると低く聞こえる**。この現象をドップラー効果という。図のように，振動数f_0の音源がO君に向かって速さvで近づき，O君が音源に速さuで向かっていくとき，O君が聞く振動数f_1は，以下のように表せる。

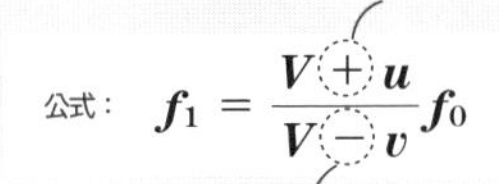

公式： $$f_1 = \frac{V + u}{V - v} f_0$$

分子は観測者の速度
分母は音源の速度

見つめる向きとvの向きが逆向きなので，符号はマイナス

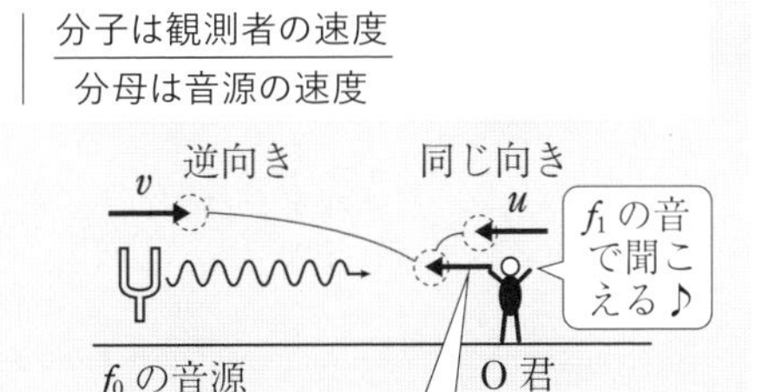

(a)　反射板があるときのドップラー効果の問題は，以下のようにSTEPを踏めばよい。

STEP 1　反射板を観測者とみなす

観測者が見つめる向きは図aの左向きとなる。ドップラー効果の公式より，観測者（ ）の聞く振動数f_{R1}は，

$$f_{R1} = \frac{V + u_R}{V} f_S$$

見つめる向きとu_Rが同じ向きなのでプラス（＋）

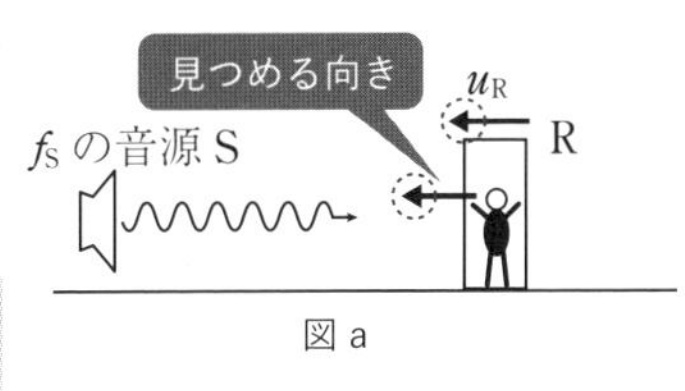

図a

(b)　STEP 2　反射板を振動数f_{R1}の音源とみなす

観測装置Dが観測者だと考えて，観測者が見つめる向きは，図bの右向きとなる。ドップラー効果の公式より，観測者（ ）の聞く振動数f_{R2}は，

$$f_{R2} = \frac{V}{V - u_R} f_{R1}$$

見つめる向きとu_Rが逆向きなのでマイナス（－）

$$= \frac{V}{V - u_R} \cdot \frac{V + u_R}{V} f_S = \frac{V + u_R}{V - u_R} f_S$$

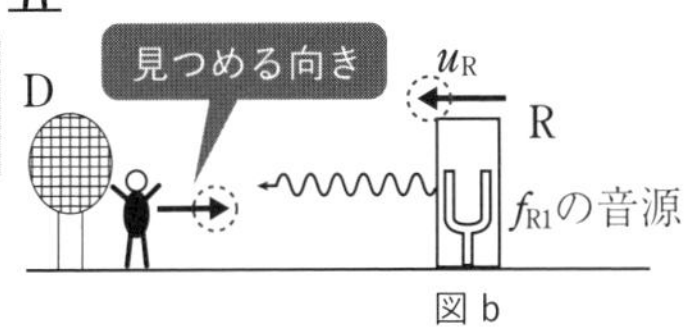

図b

26
ドップラー効果（ドップラー効果の公式の使い方）

(c)

うなり

振動数がわずかに異なる2つの音さ(振動数 f_1〔Hz〕，振動数 f_2)を同時に鳴らすと，音の大きさが周期的に変化するように聞こえる。これを**うなり**という。1秒あたりのうなりの回数を n とすると，以下の式で表される。

公式： $\boldsymbol{n = |f_1 - f_2|}$

図 c のように，音源 S と D は静止しているので，ドップラー効果は起こらない。よって，音源 S から D への直接音の振動数は f_S となる。D は f_S の直接音と f_{R2} の反射音を同時に観測するので，うなりが生じる。

うなりの公式より，

$$n = |f_{R2} - f_S| = \left| \frac{V + u_R}{V - u_R} f_S - f_S \right| = \left| \frac{V + u_R}{V - u_R} - 1 \right| f_S$$

$$= \left| \frac{V + u_R - (V - u_R)}{V - u_R} \right| f_S = \frac{2u_R}{V - u_R} f_S$$

u_R について解いていくと，

$$n = \frac{2u_R}{V - u_R} f_S$$

$$n(V - u_R) = 2u_R f_S$$

$$nV - nu_R = 2u_R f_S$$

$$nV = (2f_S + n)u_R \qquad \therefore \quad u_R = \boldsymbol{\frac{nV}{2f_S + n}}$$

振動数 f_S の音源 S　観測装置 D　f_S　f_{R2}　u_R　R

図 c

27 ドップラー効果の公式の証明

(a) V　(b) $\lambda_1 = \dfrac{V - v}{f_0}$　(c) $f_1 = \dfrac{V}{V - v} f_0$

(d) 等しい　(e) $\dfrac{u}{\lambda_1}$　(f) $f_2 = \dfrac{V + u}{V - v} f_0$

解答への道しるべ

GR 1 音速が変化するとき

音速 V は，風が吹くと変化する。

解説

(a) 図 a−1 では音源が静止している様子であり，まだ音を発していない。図 a−2 では音を発してから 1 秒後の様子である。音波は 1 秒間で距離 V〔m〕だけ進んでいることがわかる。図 a−3 では音源が速さ v〔m/s〕で運動している様子である。音源が速さ v〔m/s〕で運動しても，**音速は変化しない**ので，音波は 1 秒後に距離 V〔m〕だけ進む。したがって，風が吹かなければ，音速は変化しないので，答えは $\boldsymbol{V}$ (a)〔m/s〕

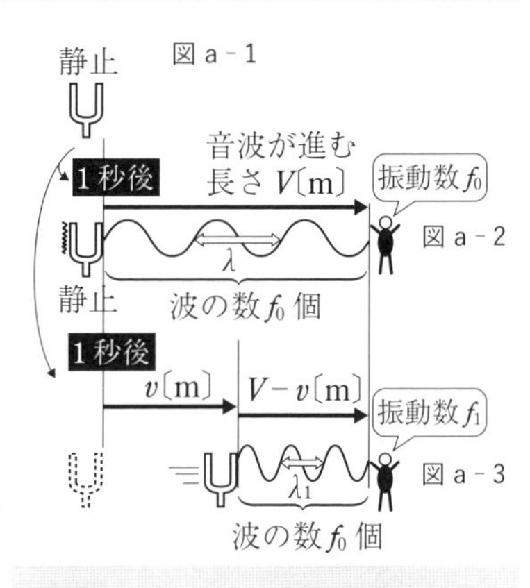

注意　音源が速さ v で動いても音の伝わる速さは $V+v$ にはならない!!!　風が吹かないかぎりは音速は変化しないと覚えておこう。

(b) 図 a−3 のように，音を出し始めてから，1 秒後には音波は距離 V〔m〕だけ進み，同じ時間で音源は観測者に向かって距離 v〔m〕だけ動いている。

$V-v$〔m〕の距離の中に波が f_0 個だけあるので，波長 λ_1(波 1 個分の長さ)は，

$$\underbrace{\lambda_1}_{\text{波1個分の長さ}} = \frac{V-v}{f_0} \quad \text{(b)}$$

←音波が入っている長さ
←1 秒あたりの波の数

注意　波長 λ_1 を考えるときは，具体的に数値で考えるとわかりやすいよ。例えば，$V=350$〔m/s〕，$v=50$〔m/s〕，$f_0=3$〔Hz〕としてみよう。右図のように，1 秒間では音波のある部分の長さ $V-v=300$〔m〕であり，この中に波が $f_0=3$ 個あるね。では，波 1 個分の長さ λ_1 はいくらになるかな？

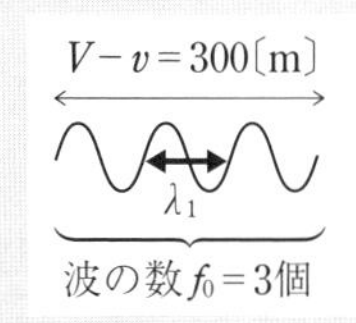

27

ドップラー効果の公式の証明

答えは $\lambda_1 = \dfrac{V-v}{f_0} = \dfrac{350-50}{3} = 100$〔m〕だね。

ドップラー効果が起こる原因（その①）

音源が動くと波長が変化する。

(c)　観測者に注目してみよう。図b-1では波長 λ_1 の音波が観測者に向かってきている様子である。図b-1から1秒後の様子が図b-2である。

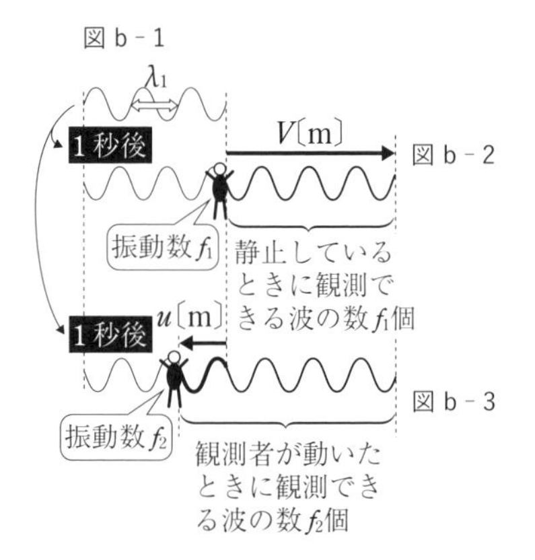

静止している観測者を1秒間で音波が V〔m〕だけ通り過ぎていることがわかる。観測者が聞く1秒あたりの波の数 f_1 は，

$$\underbrace{f_1}_{\text{波の数}} = \frac{V}{\lambda_1} \quad \begin{matrix}\leftarrow\text{観測者を通り過ぎる音波の長さ}\\ \leftarrow\text{波1個の長さ}\end{matrix}$$

$$= V \div \frac{V-v}{f_0} = \underline{\frac{V}{V-v}f_0}\ \text{(c)}$$

注意　波の数 f_1 を考えるときは，具体的に数値で考えるとわかりやすいよ。例えば，$V=350$〔m/s〕，$\lambda_1=100$〔m〕としてみよう。音波が観測者を通り過ぎる長さは $V=350$〔m〕であり，波1個分の長さ λ_1 は100〔m〕であるから，1秒間で観測者を通り過ぎた波の数 f_1 はいくらになるかな？
答えは $f_1 = \dfrac{V}{\lambda_1} = \dfrac{350}{100} = 3.5$ 個だね。

(d)(e)(f)の解説　(b)と同様に，振動数 f_0 の音源が速さ v で観測者に近づいているので，波長は(b)と**等しく**(d)，$\lambda_1 = \dfrac{V-v}{f_0}$ である。図b-3の観測者に注目してみよう。観測者は音波に速さ u で近づいているので，1秒間で音波は距離 $V+u$〔m〕だけ観測者を通りすぎる。よって，観測者が静止している場合に比べて，波の数は $\underline{\dfrac{u}{\lambda_1}}$ (e) だけ多く観測することになる。観測者は1秒間で距

離 $V+u$〔m〕だけ聞くことになるので，1秒間で観測者が聞く波の数 f_2 は，

$$f_2 = \frac{V+u}{\lambda_1} = (V+u) \div \frac{V-v}{f_0} = \frac{\boldsymbol{V+u}}{\boldsymbol{V-v}}\boldsymbol{f_0} \quad \text{(f)}$$

ドップラー効果の公式になっている

図 b−3 のように，観測者が音源に近づくと観測者を通り過ぎる波の数が多くなっていることがわかる。**ドップラー効果が起こる原因のもう一つは，観測者が動くことで波の数が変化するから**である。

ドップラー効果が起こる原因（その②）

観測者が動くことで観測する波の数が直接変化する。

28 見かけの深さと全反射

答

［A］ 問1 (a) $\frac{1}{n}$ 問2 (b) $h'\tan r$ (c) $h\tan i$ (d) $\frac{h'}{h}$

問3 (e) $\frac{h}{n}$

［B］ $R = \frac{1}{\sqrt{n^2-1}}h$

解答への道しるべ

GR 1 見かけの深さを求めるとき

見かけの深さを求めるときは，△OBC と△OAC の共通な一辺である OC に着目する。

GR 2 全反射するとき

屈折率のより小さな媒質に入射するときに全反射が起こる。

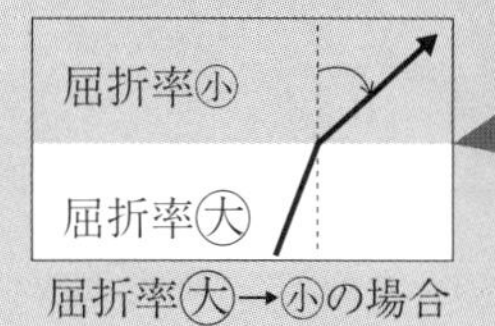

屈折率大→小の場合

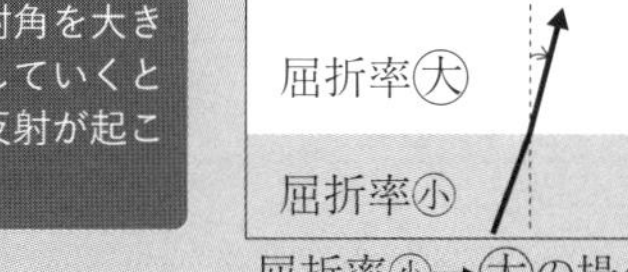

屈折率小→大の場合

解説

屈折の法則

媒質Ⅰから媒質Ⅱへ進むとき，境界面で反射する光と屈折する光がある。図①において，入射角を θ_1，屈折角を θ_2 とし，それぞれの媒質の中の光の速さをそれぞれ v_1，v_2，波長を λ_1，λ_2 とする。媒質Ⅰに対する媒質Ⅱの(相対)屈折率を n_{12} とすると，以下のような関係式が成立する。

公式：
$$\boldsymbol{n_{12}\left(=\frac{n_2}{n_1}\right)=\frac{v_1}{v_2}=\frac{\lambda_1}{\lambda_2}=\frac{\sin\theta_1}{\sin\theta_2}}$$
屈折の法則

（n_{12}：媒質Ⅰに対する媒質Ⅱの(相対)屈折率）

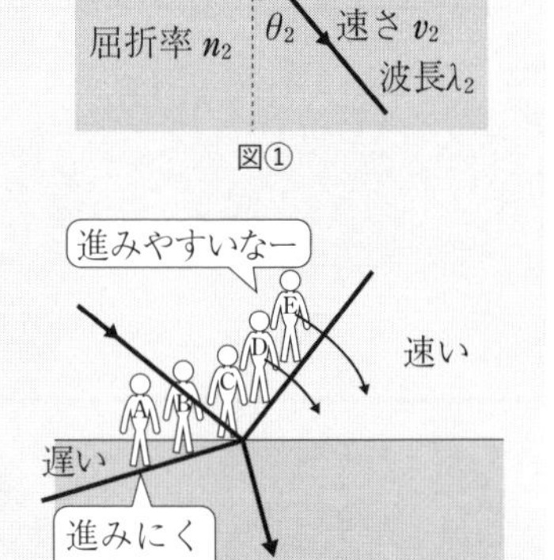

図①

・屈折のイメージは……

一列に並んで手をつないだ集団が泥の中に斜めに行進していくイメージをすればわかりやすい。A君は先に泥で足を取られて動きが遅くなるが，E君はまだ泥の中に入っていないから動きが速い。よって，図②のように曲がっていく。

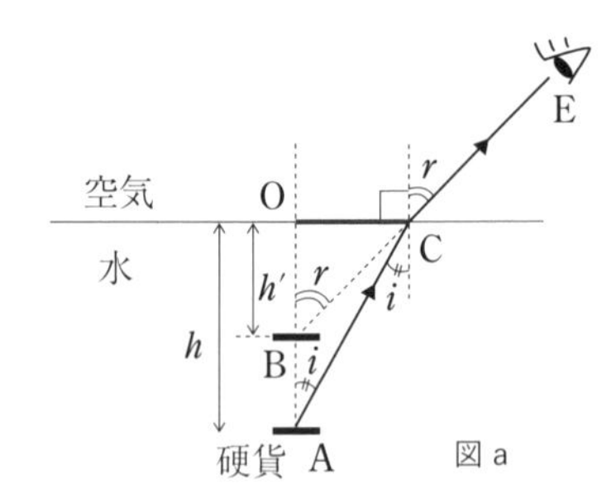

図②

[A]　問1

空気と水の境界面において，屈折の法則より，

$$\frac{\sin i}{\sin r}=\frac{1}{\underline{n}}\text{(a)}\quad\cdots\cdots①$$

空気　水　O　C　E　r　h'　h　B　i　硬貨 A

図 a

問2

GR 1 より，辺OCに注目する。

図aより，三角形OBCに注目して，$\tan r = \dfrac{OC}{h'}$　∴　OC＝**$h'\tan r$**(b)……②

同様に，三角形OACに注目して，$\tan i = \dfrac{OC}{h}$　∴　OC＝**$h\tan i$**(c)……③

②式＝③式より，

$$h'\tan r = h\tan i \rightarrow \frac{\tan i}{\tan r} = \frac{h'}{h} \rightarrow \frac{\sin i}{\sin r} \fallingdotseq \frac{h'}{h}\text{(d)} \cdots\cdots ④$$

近似式を用いる

問3

④式＝①式より，$\dfrac{h'}{h} = \dfrac{1}{n}$　∴　$h' = \dfrac{h}{n}$(e)

[B]

全反射

図のように，屈折率nの水中にある光源から空気(屈折率を1とする)へ光が進むときを考えてみる。屈折率の大きな媒質Ⅱから屈折率の小さな媒質Ⅰへ入射するとき，入射角よりも屈折角の方が大きくなる。入射角を大きくしていくと，屈折角も大きくなり，やがて屈折角が90°になるときがある。このときの入射角を臨界角θ_cといい，屈折した光は境界面を進み，媒質Ⅰへは光が進まなくなる。屈折の法則より，

$$\frac{1}{n} = \frac{\sin\theta_c}{\sin 90^\circ} \rightarrow \therefore \sin\theta_c = \frac{1}{n}$$

が成り立つ。入射角がθ_cより大きければ，光は全反射することになる。

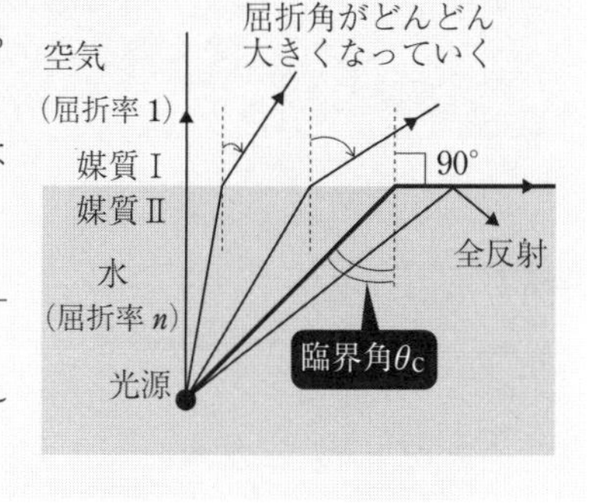

図bのように，水から空気へ光が進むとき，**屈折率の小さな媒質に進むので全反射が起こる**。池の中から光が見えなくなるには，**点Pから内側の光が円板によって遮られればよい**。臨界角をθ_cとして，屈折の法則より，

$$\frac{1}{n} = \frac{\sin\theta_c}{\sin 90^\circ} \quad \therefore \quad \sin\theta_c = \frac{1}{n} \cdots\cdots ①$$

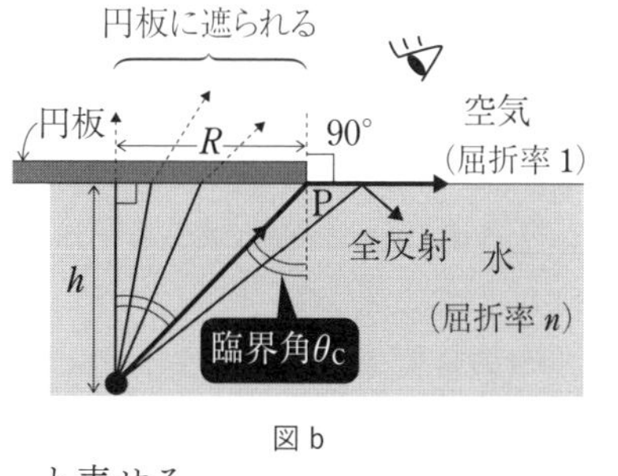

図b

図bより，円板の半径Rは，$R = h\tan\theta_c$　と表せる。

28
見かけの深さと全反射

$$R = h\tan\theta_c = \frac{\sin\theta_c}{\cos\theta_c}h = \frac{\sin\theta_c}{\sqrt{1-\sin^2\theta_c}}h = \frac{\frac{1}{n}}{\sqrt{1-\left(\frac{1}{n}\right)^2}}h = \boldsymbol{\frac{1}{\sqrt{n^2-1}}h}$$

①式より　$\times\frac{n}{n}$

29　ヤングの干渉

答

問1　(a)　$m\lambda$　(b)　$\left(m+\frac{1}{2}\right)\lambda$　問2　$\frac{dx}{L}$

問3　$\Delta x = \frac{L\lambda}{d}$　問4　(a)　問5　5.8×10^{-7} m

解答への道しるべ

GR 1 光の干渉条件

同位相の波源から出た波長の等しい2つの波が干渉するとき，

$$経路差 = \begin{cases} m\lambda & \cdots強め合い \\ \left(m+\frac{1}{2}\right)\lambda & \cdots弱め合い \end{cases} \quad (m=0,\ \pm1,\ \pm2,\ \cdots)$$

解説

ヤングの干渉

右図のように，2本のスリットを用いた光の干渉実験をヤングの実験という。光源からの単色光を単スリットに当てて回折させ，その回折光を2本のスリット S_1，S_2 を通してスクリーンに当てると，スクリーン上に明暗の縞模様ができる。これは S_1，S_2 を通って回折した光がスクリーン上で干渉するためである。

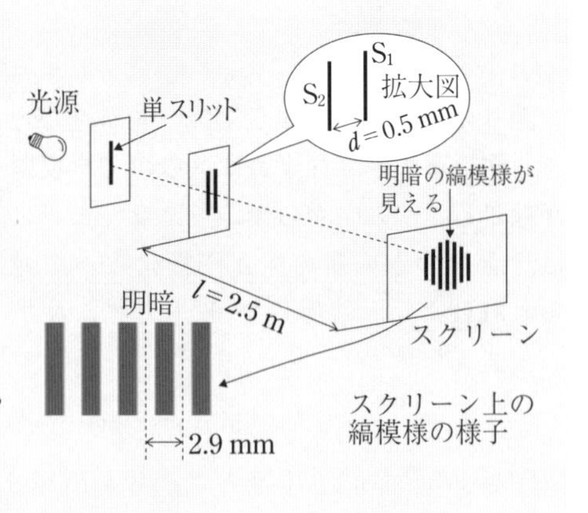

CHAPTER 2　波

光の干渉の問題では，以下のSTEPを踏んでいけばよい。

STEP 1　経路差を求める

S_1P の経路は，図aの三角形（◢）に着目し，三平方の定理より，

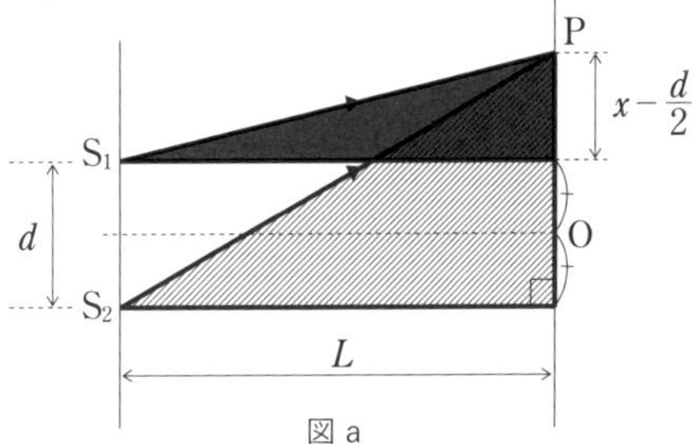

図a

$$S_1P=\sqrt{L^2+\left(x-\frac{d}{2}\right)^2}$$

と表せる。

d や x は L に比べて，非常に小さいので，この式は近似をすることができる。

この式を近似するためには以下のような式変形をしていけばよい。まず，L でくくると，

近似をするときは大きな値 L でくくろう

非常に小さい

$$S_1P=\underset{くくる}{L}\sqrt{1+\left(\frac{x-\frac{d}{2}}{L}\right)^2}=L\left\{1+\left(\frac{x-\frac{d}{2}}{L}\right)^2\right\}^{\frac{1}{2}}$$

$$\fallingdotseq L\left\{1+\frac{1}{2}\left(\frac{x-\frac{d}{2}}{L}\right)^2\right\}$$

$(1+z)^n\fallingdotseq 1+nz$ の近似式を用いる

$$=L+\frac{1}{2L}\left(x-\frac{d}{2}\right)^2$$

同様にして，S_2P を求めると，三角形（◢）に着目して，

$$S_2P=\sqrt{L^2+\left(x+\frac{d}{2}\right)^2}\fallingdotseq L+\frac{1}{2L}\left(x+\frac{d}{2}\right)^2$$

最後に，S_2P-S_1P の差（経路差）を頑張って計算してみると，

$$S_2P-S_1P=L+\frac{1}{2L}\left(x+\frac{d}{2}\right)^2-\left\{L+\frac{1}{2L}\left(x-\frac{d}{2}\right)^2\right\}$$

$$=\frac{1}{2L}\left\{\left(x+\frac{d}{2}\right)^2-\left(x-\frac{d}{2}\right)^2\right\}$$

$$=\frac{1}{2L}\left\{x^2+dx+\frac{d^2}{4}-\left(x^2-dx+\frac{d^2}{4}\right)\right\}=\underline{\boldsymbol{\frac{dx}{L}}}$$

STEP 2　STEP 1で求めた経路差を干渉条件の式に代入する

経路差 $S_2P-S_1P=\dfrac{dx}{L}$ なので，

$$\underbrace{\frac{dx}{L}}_{\text{経路差}}=\begin{cases} m\lambda & \cdots\text{強め合い} \\ \left(m+\dfrac{1}{2}\right)\lambda & \cdots\text{弱め合い} \end{cases} \quad (m=0,\ \pm1,\ \pm2,\ \cdots) \cdots\cdots①$$

と表せる。このように，STEPを踏めば後は設問に答えるだけでよい。

問1

強め合う条件は，$l_2-l_1=\underline{\boldsymbol{m\lambda}}$，弱め合う条件は，$l_2-l_1=\underline{\left(\boldsymbol{m+\dfrac{1}{2}}\right)\boldsymbol{\lambda}}$

問2

経路差$=\underline{\dfrac{\boldsymbol{dx}}{\boldsymbol{L}}}$

問3

①式の強め合いの式より，xについて解くと，

$\dfrac{dx}{L}=m\lambda$ より，　$\therefore\ x_m=\dfrac{L\lambda}{d}m$　←強め合う位置

したがって，強め合う位置は図bのように表すことができる。また，となり合う明線(あるいは暗線)の間隔Δxは，$\Delta x=\underline{\dfrac{\boldsymbol{L\lambda}}{\boldsymbol{d}}}$　←干渉縞の間隔

問4

青色の波長をλ_B，赤色の波長をλ_Rとし，青色と赤色のそれぞれの隣り合う明線の間隔は $\Delta x_B=\dfrac{L\lambda_B}{d}$，$\Delta x_R=\dfrac{L\lambda_R}{d}$ となる。したがって，$\lambda_B<\lambda_R$より，$\Delta x_B<\Delta x_R$となり，答は<u>(a)</u>。

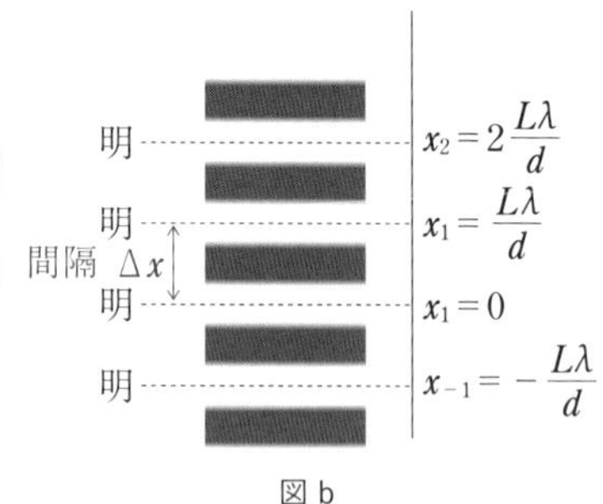

図b

光の知識

・光の速さ：$c = 3.0 \times 10^8$〔m/s〕
・可視光領域：およそ 380〔nm〕～ 780〔nm〕
・白色光：いろいろな波長が混じっていて，人間には白色に見える。
・単色光：一つの波長からなる光

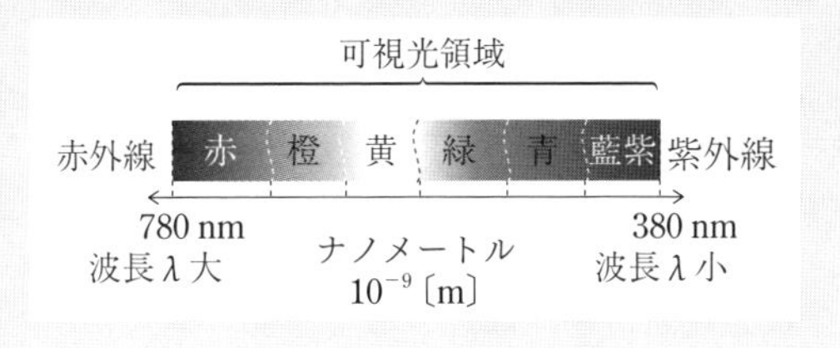

問5

$$\Delta x = \frac{L\lambda}{d} \text{ より，} \lambda = \frac{d\Delta x}{L} = \frac{(5.0\times10^{-4})\times(2.9\times10^{-3})}{2.5} = \underline{\mathbf{5.8\times10^{-7}\ m}}$$

30　くさび型空気層による光の干渉

答

問1　(a)　π　　(b)　暗　　(c)　$2y$

問2　$2y = m\lambda$　　問3　$\Delta x = \dfrac{L\lambda}{2D}$

解答への道しるべ

GR 1 くさび型干渉の Point

くさび型干渉では，空気層の傾きが一定！

解説

反射による位相のずれ

図のように，媒質1と媒質2があり，媒質1よりも2の方が屈折率が大きいとする。光は異なる媒質の境界面で反射をするときに位相が変化するときがある。反射によって位相が変化する場合を覚えておこう。

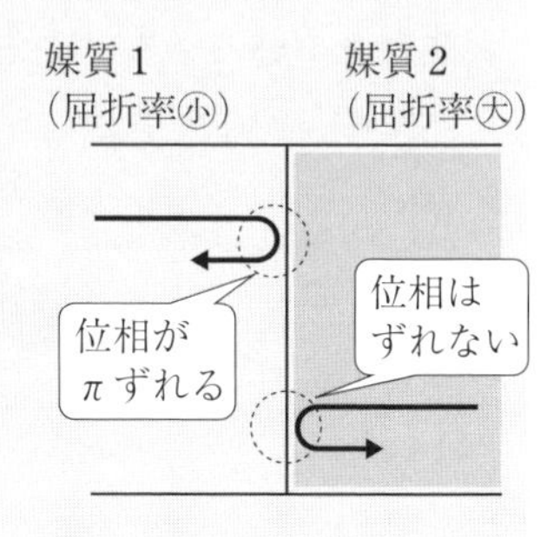

- 屈折率の**小さな**媒質から**大きな**媒質の境界面で反射したとき ➡ **位相がπずれる**
- 屈折率の**大きな**媒質から**小さな**媒質の境界面で反射したとき ➡ **位相はずれない**

〈位相がπずれたときの干渉条件〉

位相がπずれることは，簡単に言うと山が谷になるイメージです。強め合いであったものが弱め合いになり，弱め合いだったものが強め合いとなってしまいます。したがって，干渉条件は，

(位相がずれていないとき)

$$経路差=\begin{cases} m\lambda & \cdots \textbf{強め合い} \\ \left(m+\frac{1}{2}\right)\lambda & \cdots 弱め合い \end{cases}$$

⇨ 逆転

(位相がπずれたとき)

$$経路差=\begin{cases} m\lambda & \cdots 弱め合い \\ \left(m+\frac{1}{2}\right)\lambda & \cdots \textbf{強め合い} \end{cases}$$

STEP 1　経路差を求める

図aより，経路差Δlは，(⋃)部分の長さであるから，

$\Delta l = \mathbf{2y}$ 問1の(c) ……①

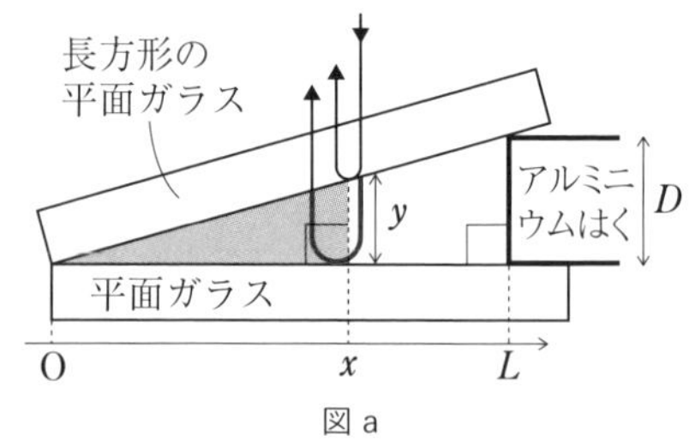

図a

くさび型干渉では，**2枚のガラスによって作られた空気層の傾きが一定**である。図aのように，x軸をとり，傾きに注目すると，傾き$=\dfrac{y}{x}=\dfrac{D}{L}$

$$\therefore\ y=\frac{Dx}{L} \quad \cdots\cdots ②$$

CHAPTER 2 波

②式を①式に代入すると，経路差 $\Delta l = \dfrac{2Dx}{L}$

覚えるのではなく導けるようにしておく

このように，座標軸がとられていなくても必ず座標をとり，干渉する位置 x を自分で定めて，経路差 Δl を x が含まれた式で求めておけばどんな問題でも解けます。

STEP 2　反射による位相の変化を調べる

上のガラス板の下面では位相はずれない。下のガラスの上面では，位相が $\boldsymbol{\pi}$ だけずれる。問1の(a)

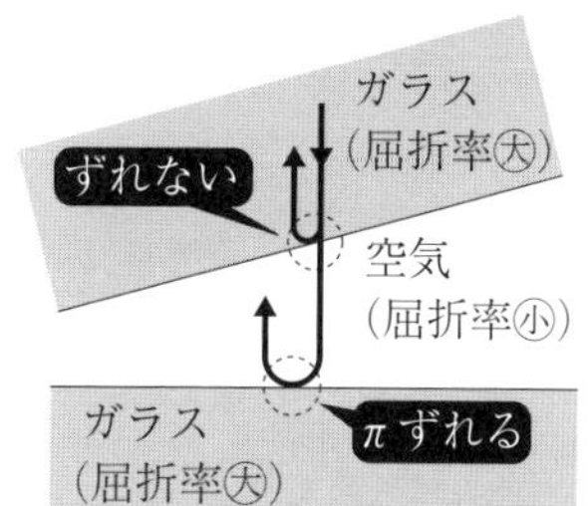

図 b

STEP 3　STEP 1 で求めた経路差を干渉条件の式に代入する

干渉条件より，

位相が π ずれているので，干渉条件が逆転していることに注意

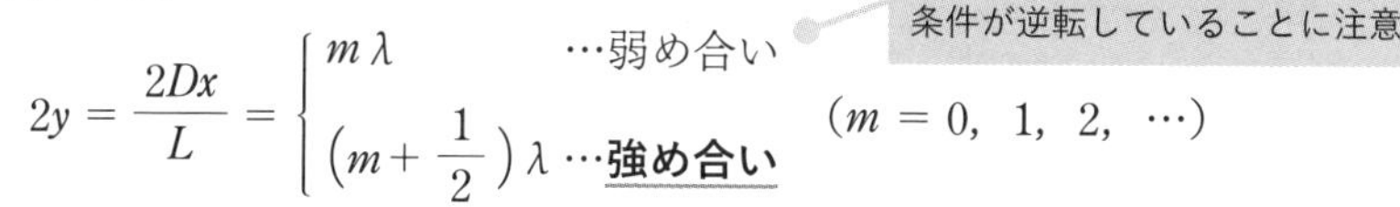

$$2y = \frac{2Dx}{L} = \begin{cases} m\lambda & \cdots \text{弱め合い} \\ \left(m + \dfrac{1}{2}\right)\lambda & \cdots \textbf{強め合い} \end{cases} \quad (m = 0,\ 1,\ 2,\ \cdots)$$

暗線の位置を知りたいので，弱め合い条件より，$\boldsymbol{2y = m\lambda}$ 問2

$$\frac{2Dx}{L} = m\lambda \qquad \therefore\ x = \frac{L\lambda}{2D}m$$

x を x_m にして，暗線の位置をイメージすると図 c のようになる。

図 c より，暗線(あるいは明線)の間隔は等間隔となり，となり合う暗線の間隔 Δx は，

$$\Delta x = \boldsymbol{\frac{L\lambda}{2D}}$$ 問3

原点 O（$x_0 = 0$）の位置は暗線となることがわかる。問1の(b)

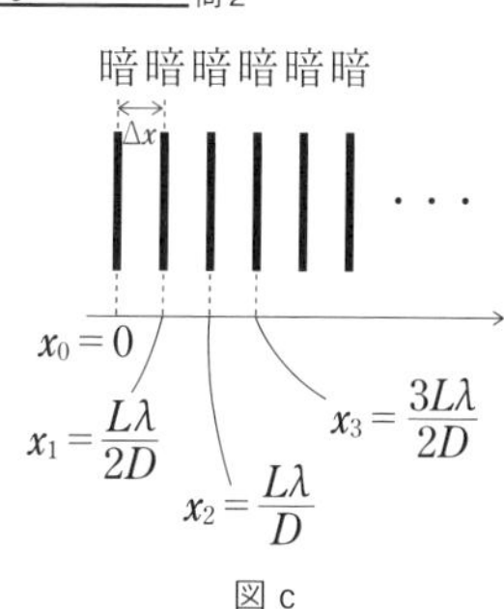

図 c

CHAPTER 3 熱

31 気体分子運動論

答

(a) $2mv_x$　(b) $\dfrac{v_x}{2L}t$　(c) $\dfrac{mv_x^2}{L}$　(d) $\dfrac{1}{3}\overline{v^2}$

(e) $\dfrac{Nm\overline{v^2}}{3L^3}$　(f) $PL^3 = \dfrac{N}{N_A}RT$　(g) $\dfrac{3R}{2N_A}T$　(h) $\dfrac{3}{2}nRT$

解答への道しるべ

GR 1 内部エネルギー

内部エネルギー＝分子の持つ運動エネルギーの合計値

解説

気体の状態方程式

図のように，物質量が n〔mol〕の理想気体が容器に封入してある。この気体の体積を V〔m^3〕，絶対温度を T〔K〕，圧力を p〔Pa〕としたとき，以下の式が成り立つ。

$pV = nRT$　　理想気体の状態方程式

（R〔J/(mol・K)〕：気体定数）

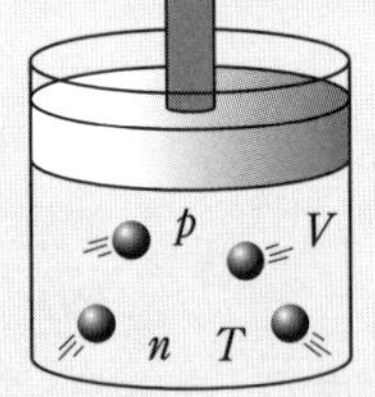

熱分野では，ミクロな世界をイメージすることが大切。圧力，体積，温度，物質量は以下のようにイメージしておこう。

- 圧力 p〔Pa〕：壁へのぶつかり度合い
- 体積 V〔m^3〕：気体分子が飛ぶことができる空間の広さ
- 温度 T〔K〕：気体分子の活発度合い
- 物質量 n〔mol〕：気体分子をどんぶり勘定した値

内部エネルギー＝分子が持つ運動エネルギーの合計値

分子が運動しているとそれぞれの分子は運動エネルギーを持つ。分子1個1個の運動エネルギーを全部足したものが内部エネルギーである。気体

の物質量を n〔mol〕, 気体の温度を T〔K〕としたとき，気体が持つ内部エネルギーは以下のように表せる。

公式： $U = \dfrac{3}{2}nRT$ ｜ 単原子分子の内部エネルギー

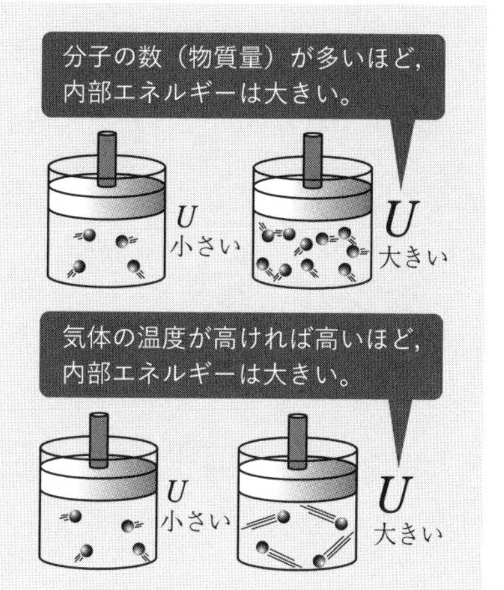

POINT

内部エネルギーは温度に比例する！

(a) 分子が壁Aから受ける力積の大きさを I として，運動量と力積の関係より，

$$\underbrace{mv_x}_{\text{まえ}} \underbrace{- I}_{\text{力積}} = \underbrace{m(-v_x)}_{\text{あと}}$$

$$\therefore \quad I = 2mv_x$$

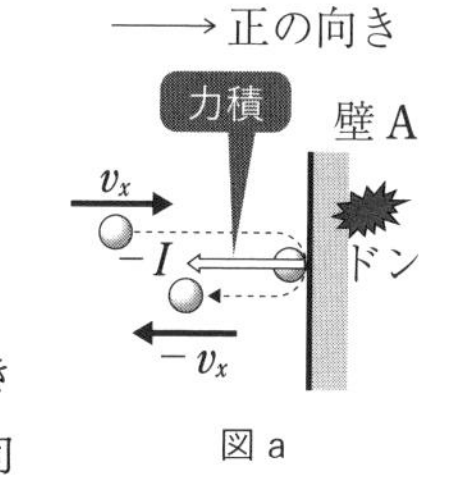

図a

壁Aが受ける力積の大きさと分子が受ける力積の大きさは等しい。よって，**壁Aが受ける力積**は x 軸の正の向きに大きさ **$2mv_x$** である。

(b) 図bのように，分子が壁Aに衝突してから再び壁Aに衝突する時間は，$\dfrac{2L}{v_x}$ 秒である。

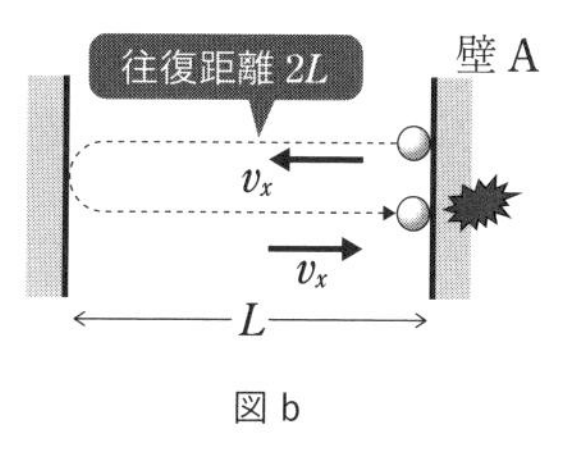

図b

次に，壁Aへ分子が1秒あたりに衝突する回数を求める。**1秒あたりに壁Aに衝突する回数を a 回として，以下のような比例式を考えればよい。**

$$1\text{回} : \frac{2L}{v_x}\text{秒} = a\text{回} : 1\text{秒}$$

これより，$a = \dfrac{v_x}{2L}$ 回/s となる。**1秒あたりに $\dfrac{v_x}{2L}$ 回だけ壁Aに衝突する**ので，t 秒間では，**$\dfrac{v_x}{2L}t$** 回だけ壁Aに衝突することになる。

31 気体分子運動論

(c) **分子が１回の衝突で壁Ａに与える力積の大きさは，(a)より $2mv_x$ である。**

２回衝突すれば $4mv_x$，３回衝突すれば $6mv_x$…，と増えていく。t 秒間では，$\dfrac{v_x}{2L}t$ 回だけ壁Ａに衝突しているので，t 秒間に壁Ａに与えられる力積の大きさは，

$$\underbrace{2mv_x}_{\text{壁Aが1回の衝突で受ける力積}} \times \underbrace{\frac{v_x}{2L}t}_{t\text{秒間での衝突回数}} = \underbrace{\frac{mv_x^2}{L}t}_{t\text{秒間での力積の大きさ}} = \underbrace{\frac{mv_x^2}{L}}_{\text{力}} \times \underbrace{t}_{\text{時間}}$$

力積＝力×時間

と表せる。**力積の定義は力×時間**であるから，壁Ａが受ける平均の力の大きさ $\overline{f}$ は，

$$\overline{f} = \boldsymbol{\frac{mv_x^2}{L}}$$

(d) 図ｃより，分子の速度の２乗の平均値 $\overline{v^2}$ は，

三平方の定理より $\overline{v^2} = \overline{v_x^2} + \overline{v_y^2} + \overline{v_z^2}$ ……①

と表すことができる。また，容器内のすべての分子は特定の方向に偏ることなく不規則に運動しているのでどの方向の平均値も等しい(←気体の等方性という)。したがって，$\overline{v_x^2} = \overline{v_y^2} = \overline{v_z^2}$ ……②と表せる。①式と②式より，$\overline{v_x^2}$ は，

$$\overline{v_x^2} = \boldsymbol{\frac{1}{3}\overline{v^2}}$$

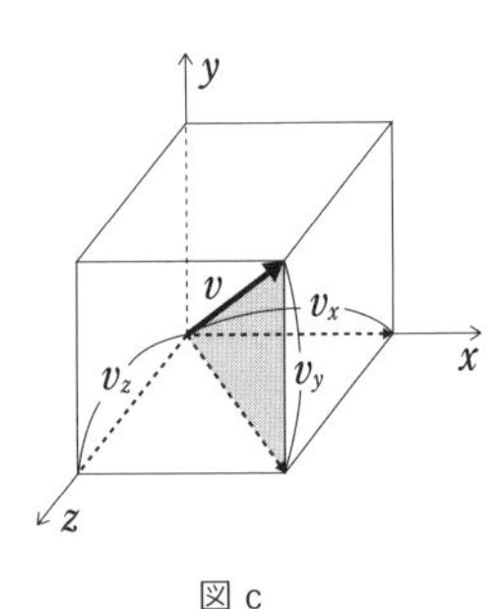

図ｃ

(e) 容器内のすべての分子が壁Ａに与える平均の力の大きさ F は，**１個の分子の平均の力に分子数をかければよい**ので，

$$F = \underbrace{\frac{m\overline{v_x^2}}{L}}_{\text{1個の分子から壁Aが受ける力}} \times \underbrace{N}_{\text{全分子数}} = \frac{Nm\overline{v_x^2}}{L} = \underbrace{\frac{Nm\overline{v^2}}{3L}}_{\text{平均の力の大きさ}}$$

(d)の答え $\overline{v_x^2} = \dfrac{1}{3}\overline{v^2}$ の関係を用いる

分子全体で考えるときは N 個の平均の力を考えるので $\dfrac{mv_x^2}{L}$ ではなく $\dfrac{m\overline{v_x^2}}{L}$ としよう！

また，圧力 P は 力 ÷ 面積 なので，

$$P = \frac{F}{S} = \frac{Nm\overline{v^2}}{3L} \div L^2 = \boldsymbol{\frac{Nm\overline{v^2}}{3L^3}} \quad \cdots\cdots ③$$

圧力の定義

$P = \dfrac{F}{S}$

力 F

L

L

x

面積 $S = L^2$

圧力のミクロなイメージ

圧力とは壁へのぶつかり度合い

容器の体積を V とし，$L^3 = V$ と書けるから，圧力 P は，

公式：$\boldsymbol{P = \dfrac{Nm\overline{v^2}}{3V}}$

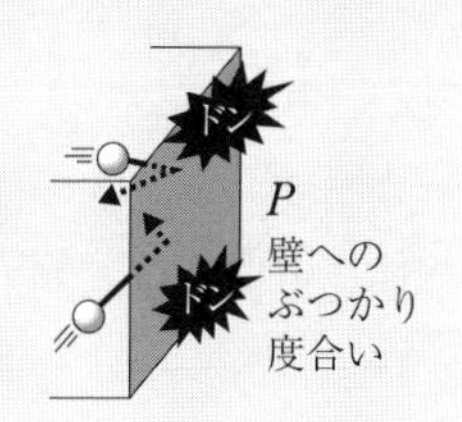

・V が大きい(部屋が広い)と，P は小さくなる。
・N が大きい(人数が多い)と，P は大きくなる。
・$\overline{v^2}$ が大きい(分子が活発である)と，P は大きくなる。

モル数とアボガドロ数

右図のように，1モルの分子を考えてみよう。**1モルで $N_A = 6.02 \times 10^{23}$ 個の分子が存在**する。**1モルの分子をはかりにのせたときの質量を M〔kg〕**とする。

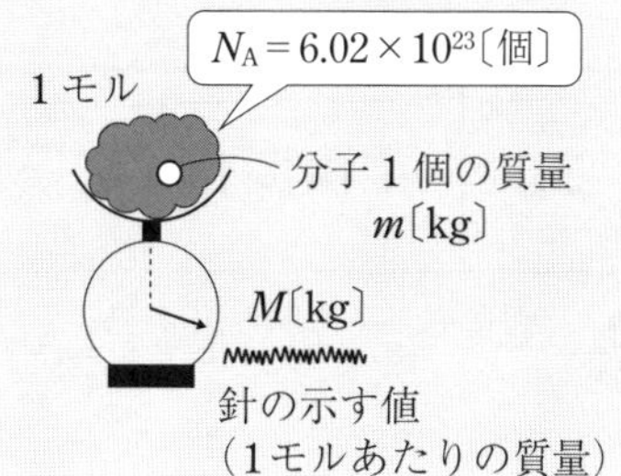

ある容器内に質量 m の分子が n モル存在するとき，以下の関係式となることは覚えておこう。

・**気体分子の数 N とアボガドロ定数の関係式①：$N = nN_A$**
・**分子量（1モルあたりの質量）とアボガドロ定数の関係式②：$M = mN_A$**

(f) 状態方程式：$PV = nRT$ より，

$$\underline{\boldsymbol{PL^3 = \frac{N}{N_A}RT}} \quad \cdots\cdots ④$$

(g) ④式に③式を代入すると，

$$\frac{Nm\overline{v^2}}{3L^3} \times L^3 = \frac{N}{N_A}RT$$

$$\frac{m\overline{v^2}}{3} = \frac{R}{N_A}T$$

$$\frac{1}{2}m\overline{v^2} = \underline{\boldsymbol{\frac{3}{2}\frac{R}{N_A}T}}$$

運動エネルギーの形にしたいので，両辺に $\frac{3}{2}$ をかける

31

気体分子運動論

温度の定義式

温度とは分子の活発度合い

公式：$\dfrac{1}{2}m\overline{v^2} = \dfrac{3}{2}\dfrac{R}{N_A}T$ ｜温度の定義式

温度の定義式より，T が大きいと，$\overline{v^2}$ が大きい。つまり，**温度が高い気体というのは，分子が活発に運動しているイメージ**となる。

(h) 内部エネルギー＝分子の平均の運動エネルギーの合計値

$$U = \underbrace{\frac{1}{2}m\overline{v^2}}_{\text{分子1個の平均運動エネルギー}} \times \underbrace{N}_{\text{全分子数}} = \frac{3}{2}\frac{R}{N_A}T \times N = \frac{3}{2}\frac{N}{N_A}RT = \underline{\boldsymbol{\frac{3}{2}nRT}}$$

$N = nN_A$ より

32 定積変化・定圧変化

答

(a) 0 (b) $\dfrac{3}{4}nRT_0$ (c) $\dfrac{3}{2}R$ (d) $1.5T_0$ (e) $\dfrac{1}{2}nRT_0$

(f) $\dfrac{3}{4}nRT_0$ (g) $\dfrac{5}{4}nRT_0$ (h) $\dfrac{5}{2}R$ (i) R

解答への道しるべ

GR 1 **定積変化における仕事**

定積変化では気体が外部へする仕事は 0

GR 2 **定圧変化の仕事**

定圧変化の仕事➡ $W = P\Delta V$ を用いる

解説

熱力学第1法則

気体に熱を与えると，気体分子の運動が活発になり，気体が外部に対して仕事をする。気体が吸収した熱量は仕事と内部エネルギーに変化するので，**熱力学第1法則は単なるエネルギー保存則**と考えればよい。

法則：$\boldsymbol{Q} = \boldsymbol{\Delta U} + \boldsymbol{W}$

	Q	ΔU	W	
法則：	吸収した熱量	内部エネルギーの増加分	気体が外部にした仕事	熱力学第1法則

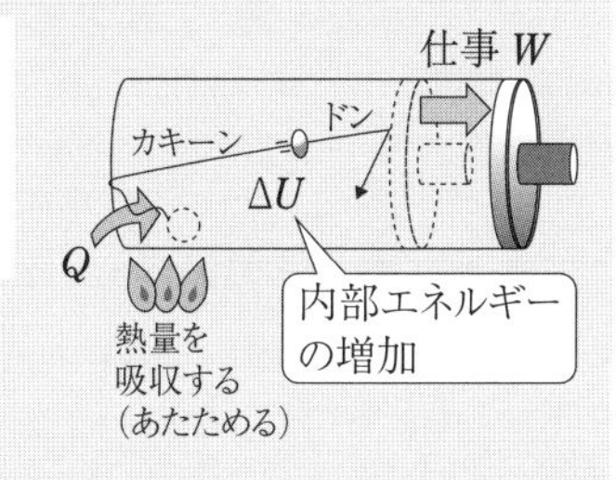

気体が吸収した熱Q（食べた分）が仕事Wに一部使われて，余った分は，内部エネルギーΔUに蓄えられるイメージをしよう

定積変化

① **定積変化** … 体積が一定の変化

例　体積 V_1 が一定で，

$p_1 \to p_2 (p_2 > p_1)$ へ変化した場合

体積が一定なので，気体は外部に仕事をすることができない。したがって，定積変化の特徴は，以下のように表せる。

公式：　$\boldsymbol{W = 0}$

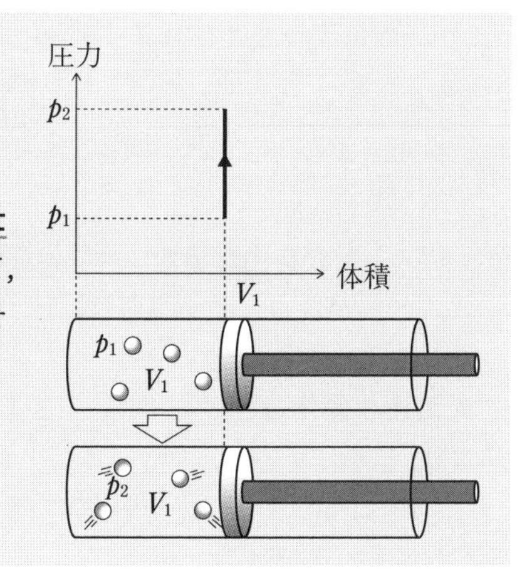

初期状態における気体の状態方程式を立てておこう。圧力を P_0 として，

$$P_0V_0 = nRT_0 \quad \cdots\cdots ①$$

ピストンを**固定**している場合→**定積変化**

(a)　体積の変化がないので，気体が外部にした仕事は **0**〔J〕である。

(b)　内部エネルギーの増加分は

$$\Delta U = \frac{3}{2}nR\Delta T = \frac{3}{2}nR(1.5T_0 - T_0)$$

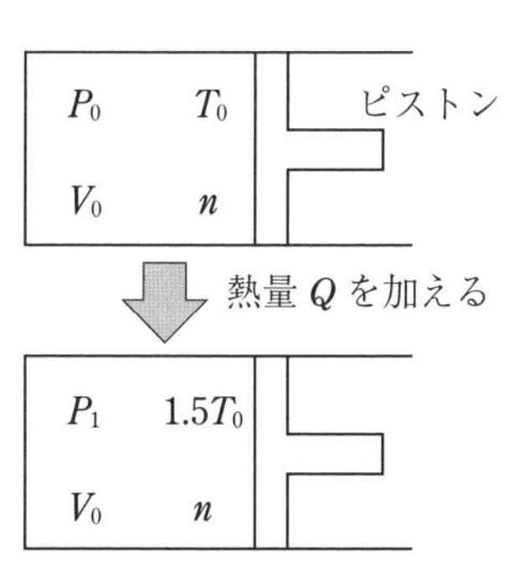

$$= \frac{3}{4} nRT_0$$

熱力学第1法則より，$Q = \Delta U + W = \frac{3}{4} nRT_0 + 0$

$\therefore \quad Q = \boldsymbol{\frac{3}{4} nRT_0}$〔J〕

熱量Qを求めたいときは，熱力学第1法則

(c)

モル比熱

1 molの気体の温度を1 K上昇させるのに必要な熱量を**モル比熱**という。気体n〔mol〕をΔT〔K〕上昇させるのに必要な熱量Q〔J〕は，モル比熱C〔J/(mol・K)〕を用いて，以下のように表せる。

公式：　$\boldsymbol{Q = nC\Delta T}$

1 molの気体の温度を 1 K上昇させるのに必要な熱量をC_Vとして，モル比熱の定義より，$C_V = \frac{Q}{n\Delta T} = \frac{\frac{3}{4} nRT_0}{n \times (1.5T_0 - T_0)} = \boldsymbol{\frac{3}{2} R}$〔J/(mol・K)〕

(d) **ピストンが自由な場合** ➡ **定圧**変化

ピストンが自由に動く場合は，圧力が一定であることは覚えておこう。

変化後の気体の温度をT_1とすると，状態方程式より，

$$P_0 \times 1.5V_0 = nRT_1 \quad \cdots\cdots ②$$

②÷①より，$\frac{1.5P_0V_0}{P_0V_0} = \frac{nRT_1}{nRT_0}$　　$\therefore \quad T_1 = \boldsymbol{1.5T_0}$〔K〕

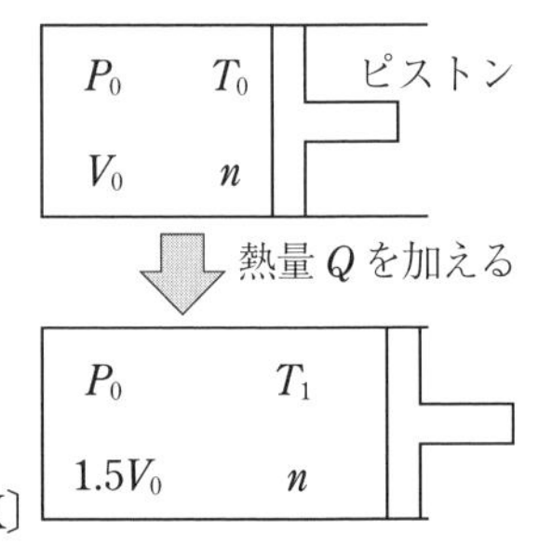

(e)

定圧変化

② **定圧変化** … 圧力が一定の変化

例　圧力pを保ったまま，体積を増加させた場合の気体がした仕事を考えてみよう。力学で学んだように，**仕事の大きさは力×距離**である。気体がピストンを押す力はpSでピストンが移動した距離をΔxとすると，気体が外部に対してした仕事Wは，

$$W = \underbrace{pS}_{\text{力}} \times \underbrace{\Delta x}_{\text{距離}} = p \times \underbrace{S\Delta x}_{\text{体積増加}} = p\Delta V$$

と表せる。気体が外部に対してした仕事は以下のように覚えておこう。

公式： $W = p\Delta V$	圧力が一定の場合のみ

※もし，圧力が一定でなかったら，仕事は以下のようにして求められることも覚えておこう。

圧力が一定でない場合の仕事の求め方

その１：**p-V グラフの面積で求める**

その２：**熱力学第１法則より求める**

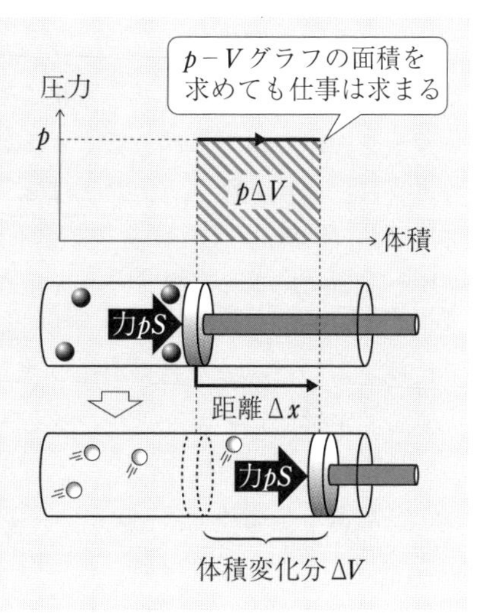

定圧変化なので，仕事の公式より，

$$W = P\Delta V = P_0(\underset{\text{あと}}{1.5V_0} - \underset{\text{まえ}}{V_0}) = 0.5P_0V_0 = \underline{\boldsymbol{\frac{1}{2}nRT_0}}\text{〔J〕}$$

(f) 内部エネルギーの増加分は，

$$\Delta U = \frac{3}{2}nR\Delta T$$

$$= \frac{3}{2}nR(\underset{\text{あと}}{1.5T_0} - \underset{\text{まえ}}{T_0})$$

$$= \underline{\boldsymbol{\frac{3}{4}nRT_0}}\text{〔J〕}$$

内部エネルギーの変化 ΔU〔J〕

公式： $\boldsymbol{\Delta U = nC_V\Delta T \ \left(= \frac{3}{2}nR\Delta T\right)}$

物質量：n〔mol〕　温度変化：ΔT〔K〕

気体定数：R〔J / (mol・K)〕

定積モル比熱：C_V〔J / (mol・K)〕

単原子分子であれば，$C_V = \frac{3}{2}R$〔J / (mol・K)〕

(g) **熱量を求めたいときは熱力学第１法則を用いる。**

$$Q = \Delta U + W = \frac{3}{4}nRT_0 + \frac{1}{2}nRT_0 = \underline{\boldsymbol{\frac{5}{4}nRT_0}}\text{〔J〕}$$

(h) 1mol の気体の温度を 1 K 上昇させるのに必要な熱量を C_p として，モル比熱の定義より，

$$C_p = \frac{Q}{n\Delta T} = \frac{\frac{5}{4}nRT_0}{n \times (1.5T_0 - T_0)} = \underline{\boldsymbol{\frac{5}{2}R}}\text{〔J/(mol・K)〕}$$

(i) $C_p - C_V = \frac{5}{2}R - \frac{3}{2}R = \underline{\boldsymbol{R}}$〔J/(mol・K)〕 ―「マイヤーの関係」という

32 定積変化・定圧変化

マイヤーの関係

気体をどのように状態を変化させるかでモル比熱の値が異なってくる。図①のように，n モルの単原子分子理想気体を状態A(圧力 p_1，体積 V_1，温度 T_1)からBへ定積変化させた場合と，AからCへ定圧変化させた場合では，同じ温度 T_2 に達するのに必要な熱量の値が異なってくる。定積変化と定圧変化を比較してモル比熱を求めてみよう。

圧力
p_2 B
温度 T_2 の等温曲線
p_1 A C
O V_1 V_2 体積

図①

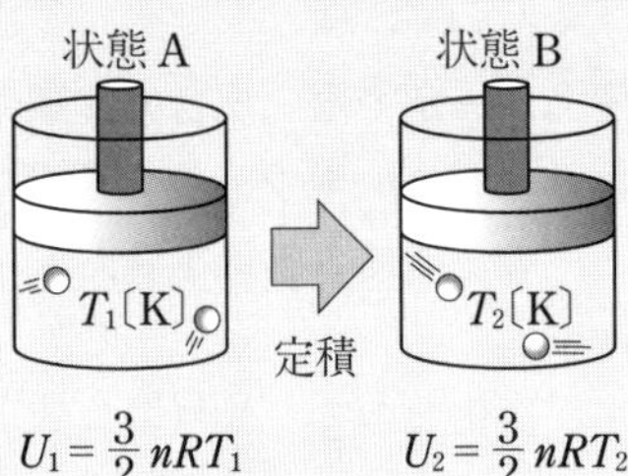

$U_1 = \frac{3}{2}nRT_1$　　$U_2 = \frac{3}{2}nRT_2$

① **定積モル比熱**… 体積を一定に保つ場合のモル比熱

A→Bへと変化する場合に気体が吸収した熱量 Q_{AB} は，熱力学第1法則より，

$$Q_{AB} = \Delta U + 0$$

定積変化なので，仕事は0

温度変化 ΔT

$$Q_{AB} = \frac{3}{2}nRT_2 - \frac{3}{2}nRT_1 = \frac{3}{2}nR(T_2 - T_1) = \frac{3}{2}nR\Delta T$$

1 molの気体の温度を1 K上昇させるのに必要な熱量 C_V とすれば，C_V は Q_{AB} を n と ΔT で割ればよいので，

$$C_V = \frac{Q_{AB}}{n\Delta T} = \frac{3}{2}R\ 〔\mathrm{J/(mol \cdot K)}〕$$

覚えよう　$\boldsymbol{C_p = \frac{3}{2}R}$ 定積モル比熱

② **定圧モル比熱**… 圧力を一定に保つ場合のモル比熱

状態A　状態C
気体がピストンを押し上げる
力 p_1S
T_1〔K〕　T_2〔K〕
$U_1 = \frac{3}{2}nRT_1$　　$U_2 = \frac{3}{2}nRT_2$

A→Cへと変化する場合に気体が吸収した熱量 Q_{AC} は，

$$Q_{AC} = \Delta U + W$$

定圧変化であれば，気体が外部へする仕事 W は $p_1\Delta V$ であるので，

$$Q_{AC} = \Delta U + p_1\Delta V = \frac{3}{2}nR\Delta T + nR\Delta T = \frac{5}{2}nR\Delta T$$

定圧変化のとき，1 molの気体の温度を1 K上昇させるのに必要な熱量

C_p とすれば，C_p は Q_{AC} を n と ΔT で割ればよいので，

$$C_p = \frac{Q_{AC}}{n\Delta T} = \frac{5}{2}R \text{〔J/(mol・K)〕}$$

覚えよう

$$\boldsymbol{C_p = \frac{5}{2}R}$$ 定圧モル比熱

図②のように，A→B，A→C へそれぞれ変化させる場合に，必要な熱量は A→C の方が大きい。**A→B，A→C ではともに最終的に達する温度は等しいので，内部エネルギーの変化量はどちらも $\frac{3}{2}nR\Delta T$ であるが，A→C では気体が外部に対して仕事をしているので，その分だけ必要な熱量が大きくなる**。定圧変化と定積変化のモル比熱の差を求めてみると，

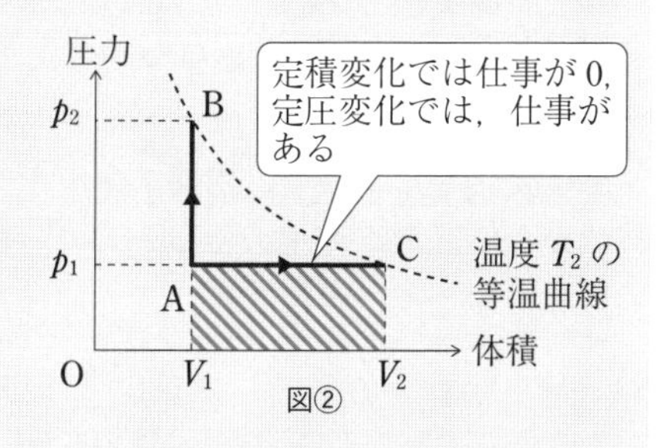

図②

公式：　$C_p - C_V = R$　｜マイヤーの関係

と表すことができ，モル比熱の関係を**マイヤーの関係**という。

33　等温変化・断熱変化

答

問1　0　　問2　Q　　問3　$P_C = \frac{1}{32}P_0$

問4　$-\frac{9}{8}P_0V_0$　　問5　$\frac{9}{8}P_0V_0$

解答への道しるべ

GR 1 等温変化における仕事

等温変化における内部エネルギーの変化は 0 である。

GR 2 断熱変化

断熱変化はポアソンの式を用いよう。

33
等温変化・断熱変化

解説

等温変化

③　**等温変化** … 温度一定の変化

例　温度 T を一定に保ちながら，体積を $V_1 \rightarrow V_2$，圧力を $p_1 \rightarrow p_2$ へ変化させた場合，**温度変化がないので，内部エネルギーの変化がない**。等温変化の特徴として，以下は覚えておこう。

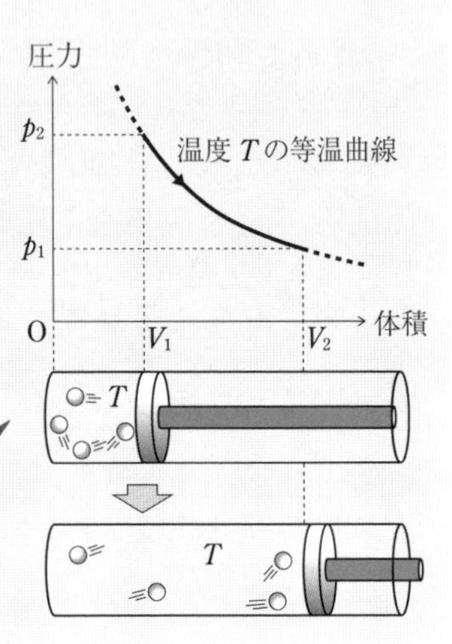

公式：　$\boldsymbol{\Delta U = 0}$

等温変化は$p-V$グラフでは曲線になることも覚えておこう。ボイルの法則より，$pV=$一定だからVが大きくなれば，pは小さくなって反比例の曲線になるよ

問1

等温変化では内部エネルギーの変化 ΔU は $\underline{0}$ である。

問2

圧力が一定ではないので，**仕事は pV グラフの面積あるいは熱力学第 1 法則を利用しよう**。今回は，**pV グラフの面積は曲線なので，うまく求められないので，熱力学第 1 法則を利用する**（p.104 定圧変化参照）。

$$Q_{AB} = \Delta U + W_{AB}$$

$$Q = 0 + W_{AB} \qquad \therefore \quad W_{AB} = \underline{\boldsymbol{Q}}$$

断熱変化

④　**断熱変化** … 外部からの熱の出入りがゼロ

断熱では**外部との熱の出入りがない**ので，特徴として以下は覚えておこう。

公式：　$\boldsymbol{Q = 0}$

断熱変化では温度が急激に変化するので，等温変化よりも曲線の傾きが急になることは覚えておこう。右図のような断熱膨張では気体が熱量を吸収せずに，外部に仕事することで気体の温度が下がっているんだね。食べずに，仕事しすぎでガリガリになってくイメージだね

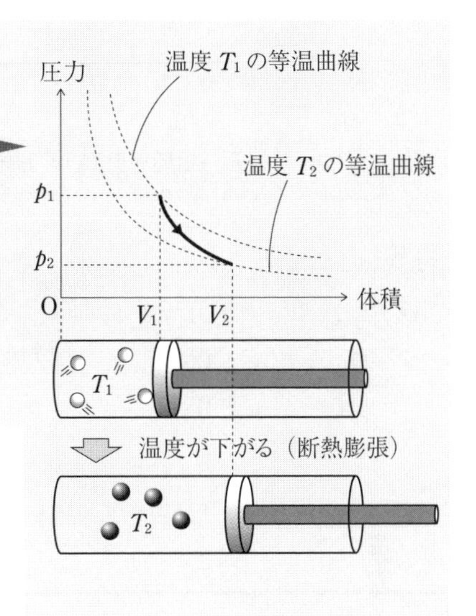

断熱変化のときのみ以下の公式が成り立つ。

ポアソンの式（断熱変化のときのみ）

公式：$\boldsymbol{P \cdot V^{\gamma} = 一定}$
$\boldsymbol{T \cdot V^{\gamma-1} = 一定}$
$\left(\gamma = \dfrac{C_P}{C_V}：比熱比\right)$

※単原子分子のときは $\gamma = \dfrac{5}{3}$ である。

問3

初期状態(状態A)の状態方程式を立てておこう。物質量を n，状態Aのときの温度を T_0 として，

$$P_0V_0 = nRT_0 \quad \cdots\cdots①$$

次に，状態Cの状態方程式は，温度を T_C として，

$$P_C \cdot 8V_0 = nRT_C \quad \cdots\cdots②$$

未知数が，P_C と T_C の2つあるので，どちらも求めることはできない。ここで，**断熱変化のときのみ成り立つポアソンの式を立てよう**。

$$\underbrace{P_0 \cdot V_0{}^{\gamma}}_{まえ} = \underbrace{P_C \cdot (8V_0)^{\gamma}}_{あと}$$

$$P_0 \cdot \left(\frac{V_0}{8V_0}\right)^{\gamma} = P_C$$

単原子分子のときは比熱比は $\gamma = \dfrac{5}{3}$ なので，

$$P_C = \left(\frac{V_0}{8V_0}\right)^{\frac{5}{3}} \cdot P_0 = \left(\frac{1}{8}\right)^{\frac{5}{3}} \cdot P_0 = \left(\frac{1}{2^3}\right)^{\frac{5}{3}} \cdot P_0 = \left(\frac{1}{2}\right)^{5} \cdot P_0 = \underline{\boldsymbol{\frac{1}{32}P_0}}$$

問4

内部エネルギーの増加分は，

$$\Delta U = \frac{3}{2}nR\Delta T = \frac{3}{2}nR(T_C - T_0) = \frac{3}{2}(\underbrace{nRT_C}_{②式} - \underbrace{nRT_0}_{①式})$$

$$= \frac{3}{2}(P_C \cdot 8V_0 - P_0V_0) = \underline{-\frac{\mathbf{9}}{\mathbf{8}}\boldsymbol{P_0V_0}}$$

問5

熱力学第1法則より，

圧力が一定ではないとき，熱力学第1法則で仕事を求めよう

$$Q_{AC} = \Delta U_{AC} + W_{AC}$$

$$0 = \Delta U_{AC} + W_{AC}$$

（0：断熱変化なので）

$$\therefore \quad W_{AC} = -\Delta U_{AC} = \underline{\frac{\mathbf{9}}{\mathbf{8}}\boldsymbol{P_0V_0}}$$

34 p-Vグラフ

答

問1 (a) 0 (b) $3P_0V_0$ (c) $3P_0V_0$

問2 (a) $2P_0V_0$ (b) $-\frac{3}{2}P_0V_0$

問3 (a) P_0V_0 (b) $-\frac{3}{2}P_0V_0$ (c) $\frac{5}{2}P_0V_0$

問4 $W_{正味} = P_0V_0$

解答への道しるべ

GR 1 熱量の求め方

熱量を求めるときは，熱力学第1法則 $\boldsymbol{Q = \Delta U + W}$ を用いる。

解説

A，B，C の絶対温度をそれぞれ T_A，T_B，T_C とする。各点の状態方程式を立てると，

A：$P_0V_0 = RT_A$ ……①

B：$3P_0V_0 = RT_B$ ……②

C：$P_0 \cdot 2V_0 = RT_C$ ……③

①より，$T_A = \dfrac{P_0V_0}{R}$，②より，$T_B = \dfrac{3P_0V_0}{R}$，

③より，$T_C = \dfrac{2P_0V_0}{R}$

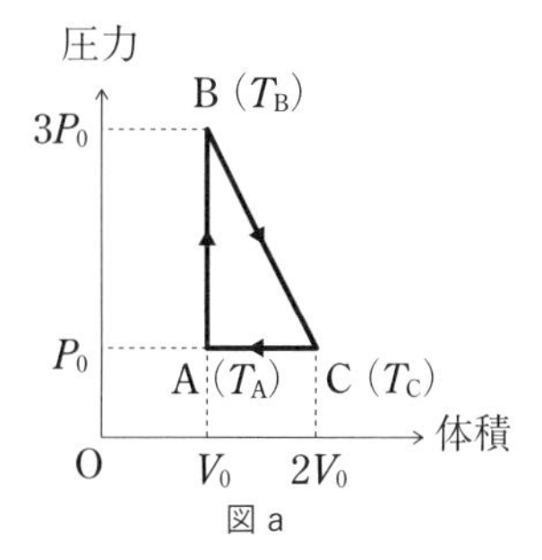

図 a

問 1

A → B の過程は，体積が変化しない**定積変化**である。

(a) 定積変化では，気体が外部する仕事は 0 となる。∴ $W_{AB} = \mathbf{0}$ p.103参照

(b) 内部エネルギーの増加分ΔU_{AB} は，

$$\Delta U_{AB} = \frac{3}{2}nR\Delta T_{AB} = \frac{3}{2}\cdot 1 \cdot R(\overset{あと}{T_B} - \overset{まえ}{T_A}) = \frac{3}{2}R\left(\frac{3P_0V_0}{R} - \frac{P_0V_0}{R}\right) = \underline{\mathbf{3P_0V_0}}$$

(c) 気体が吸収した熱量 Q_{AB} は，熱力学第 1 法則より，

$$Q_{AB} = \Delta U_{AB} + W_{AB} = 3P_0V_0 + 0 = \underline{\mathbf{3P_0V_0}}$$

Q_{AB}が正の値なので，A→Bの過程では気体が熱量を吸収している

問 2

B → C の過程は，特に変化の名前はついていない。

(a) グラフを見ると，B → C では**圧力が一定の変化ではない**ので，***P*-*V* グラフの面積で仕事を求めれば良い**。図 b のように，グラフと横軸で囲まれた面積が仕事の大きさとなるので，

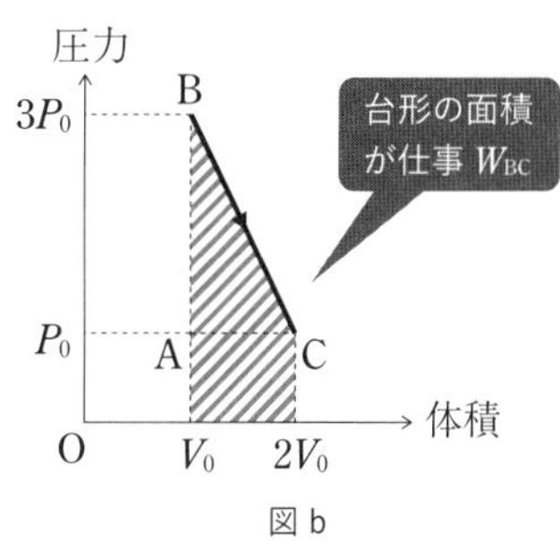

図 b

$$\underset{台形の面積}{W_{BC}} = \underset{上底+下底}{(P_0 + 3P_0)} \cdot \underset{高さ}{(2V_0 - V_0)} \div 2 = \underline{\mathbf{2P_0V_0}}$$

(b) 内部エネルギーの増加分ΔU_{BC} は

$$\Delta U_{BC} = \frac{3}{2}nR\Delta T_{BC} = \frac{3}{2}\cdot 1 \cdot R(\overset{あと}{T_C} - \overset{まえ}{T_B})$$

$$= \frac{3}{2}R\left(\frac{2P_0V_0}{R} - \frac{3P_0V_0}{R}\right) = \underline{-\frac{\mathbf{3}}{\mathbf{2}}\mathbf{P_0V_0}}$$

問3

C→Aの過程は，圧力が変化しない**定圧変化**である。

(a) 定圧変化では，気体が外部にした仕事 W_{CA} は，

$$W_{CA} = P_0 \Delta V_{CA}$$

p.104 定圧変化の仕事参照

気体が外部にした仕事

$$= P_0(V_0 - 2V_0)$$

（あと　まえ）

$$= -P_0V_0$$

（－：された）

W_{CA} が負の値で求まったので，**気体は外部から仕事をされている**ことがわかる。したがって，気体が外部から**された仕事**は，**P_0V_0**

(b) 内部エネルギーの増加分 ΔU_{CA} は，

温度が下がっているので，内部エネルギーは減少

$$\Delta U_{CA} = \frac{3}{2}nR\Delta T_{CA} = \frac{3}{2}\cdot 1\cdot R(T_A - T_C) = \frac{3}{2}R\left(\frac{P_0V_0}{R} - \frac{2P_0V_0}{R}\right) = -\frac{3}{2}P_0V_0$$

(c) 気体が吸収した熱量 Q_{CA} は，熱力学第1法則より，

$$Q_{CA} = \Delta U_{CA} + W_{CA} = -P_0V_0 + \left(-\frac{3}{2}P_0V_0\right) = -\frac{5}{2}P_0V_0$$

（－：放出）

Q_{CA} が負の値で求まったので，気体が**外部に熱量を放出している**ことがわかる。したがって，気体が外部に**放出した熱量**は，**$\frac{5}{2}P_0V_0$**

1サイクルで気体がした仕事

熱機関で1サイクルで気体が外部にした仕事の求め方は3つある。

正味のした仕事＝
- **①各過程で気体がした仕事の総和**
- **② P-V グラフで囲まれた面積**
- **③ $Q_{in} - Q_{out}$**
  - **Q_{in} ：実際に吸収した熱量**
  - **Q_{out} ：実際に放出した熱量**

例えば，右図のような1サイクルを考えてみる。A→B(定積)，B→C，C→A(定圧)の過程で気体が外部にした仕事をそれぞれ W_{AB}，W_{BC}，W_{CA} とする。

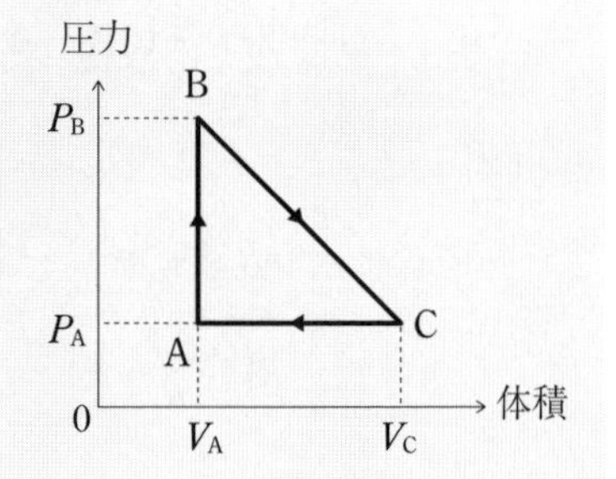

①で示したように，**正味のした仕事は，各過程の気体がした仕事の和**となるので，

$$W_{正味} = W_{AB} + W_{BC} + W_{CA}$$

（和をとる）

と求めればよい。上式の図形的な意味を考えてみよう。仕事は P–V グラフの面積で求められるので，

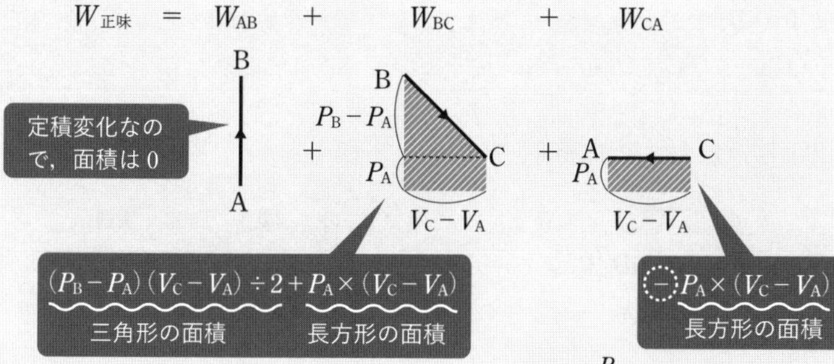

$W_{正味} = W_{AB} + W_{BC} + W_{CA}$

定積変化なので，面積は0

$(P_B - P_A)(V_C - V_A) \div 2 + P_A \times (V_C - V_A)$
三角形の面積　長方形の面積

$-P_A \times (V_C - V_A)$
長方形の面積

$$W_{正味} = \underline{(P_B - P_A)(V_C - V_A) \div 2}$$
P–Vグラフで囲まれた面積

正味のした仕事

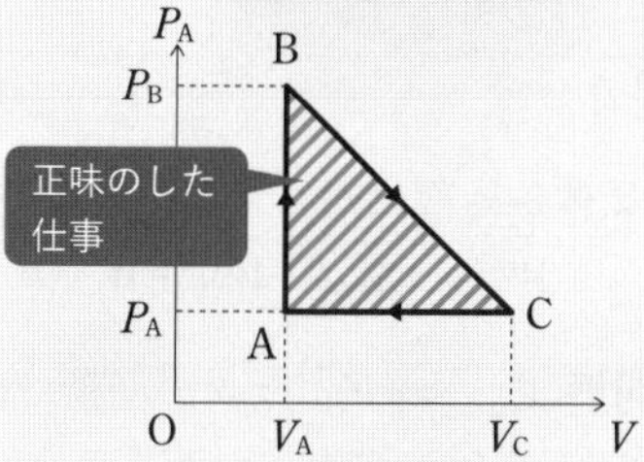

結局，**②で示したように P–V グラフで囲まれた面積が正味のした仕事**となる。

最後に③について，1サイクルでの熱力学第1法則を考えてみよう。

1サイクルでの内部エネルギーの変化 ΔU_{cycle} は，それぞれの過程における内部エネルギーの変化の和をとればよい。

$$\Delta U_{cycle} = \underline{\Delta U_{AB} + \Delta U_{BC} + \Delta U_{CA}}_{\text{和をとる}}$$
$$= \frac{3}{2}nR(T_B - T_A) + \frac{3}{2}nR(T_C - T_B) + \frac{3}{2}nR(T_A - T_C)$$
$$\Delta U_{cycle} = 0$$

1サイクルすると，点Aの温度 T_A から再び温度 T_A に戻るので，温度変化が0である。したがって，$\Delta U_{cycle} = 0$

また，**1サイクルで気体が吸収した熱量はすべての過程で吸収した熱量の和を求めればよい。**

$$Q_{cycle} = \underline{Q_{AB} + Q_{BC} + Q_{CA}}_{\text{和をとる}}$$

注意しておきたいことは，C→Aの過程では，実際には放出しているが，熱量はすべて気体が吸収した熱量で定義しているので，和を取ればよい

ここで，気体が実際に吸収した熱量を Q_{in}，気体が実際に放出した熱量を Q_{out} とする。

34 P-Vグラフ

$Q_{AB} > 0$，$Q_{BC} > 0$，$Q_{CA} < 0$ とすると，

$$Q_{AB} + Q_{BC} = Q_{in}，\ Q_{CA} = -Q_{out}$$

と表せるので，

$$Q_{cycle} = Q_{in} - Q_{out}$$

と表せる。

以上より，熱力学第１法則を立てると，

$$Q_{cycle} = \Delta U_{cycle} + W_{正味}$$ 1サイクルでの熱力学第１法則

$$Q_{in} - Q_{out} = 0 + W_{正味}$$

$$\therefore\ W_{正味} = Q_{in} - Q_{out}$$ ③を示すことができた

問４

気体が外部に対してした正味の仕事 $W_{正味}$は，すべての仕事を足せばよい。

$$W_{正味} = W_{AB} + W_{BC} + W_{CA} = 0 + 2P_0V_0 + (-P_0V_0) = \underline{\boldsymbol{P_0V_0}}$$

［**別解①**］ P–V グラフの面積で求める。

右図の P–V グラフで囲まれた面積を求めると，

$$W_{正味} = (3P_0 - P_0) \times (2V_0 - V_0) \div 2$$
$$= \underline{\boldsymbol{P_0V_0}}$$

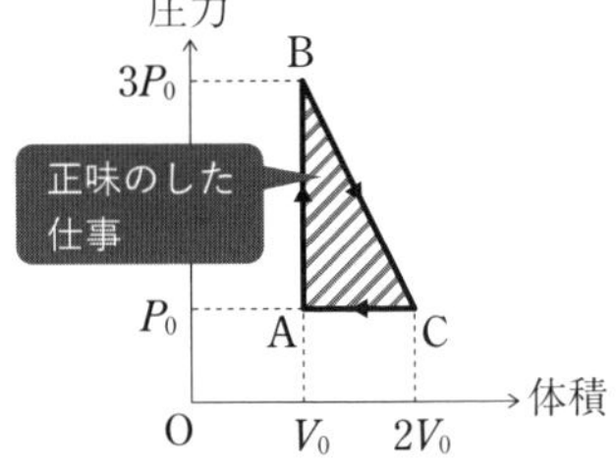

［**別解②**］ $W_{正味} = Q_{in} - Q_{out}$

$$= (Q_{AB} + Q_{BC}) - Q_{CA}$$

$$= \left(3P_0V_0 + \frac{1}{2}P_0V_0\right) - \frac{5}{2}P_0V_0 = \underline{\boldsymbol{P_0V_0}}$$

35　ピストンのつり合い

答

問1　$n = \dfrac{(p_0S+mg)L}{RT_0}$〔mol〕

問2　$T_1 = 2T_0$〔K〕　　問3　$W_1 = (p_0S + mg)L$〔J〕

問4　$Q_1 = \dfrac{5(p_0S+mg)L}{2}$〔J〕　　問5　$p_2 = p_0 + \dfrac{2mg}{S}$〔Pa〕

問6　$T_2 = \dfrac{p_0S+2mg}{p_0S+mg}T_0$〔K〕　　問7　$Q_2 = \dfrac{3}{2}mgL$〔J〕

解答への道しるべ

GR 1 ピストンのつり合い

静かにゆっくりと動くピストンでは力のつり合いが保たれるので定圧変化となる。

解説

［A］　問1

図aのはじめの状態における気体の圧力を p_A〔Pa〕，モル数を n〔mol〕とする。気体の状態方程式を立てると

$$p_ASL = nRT_0 \quad \cdots\cdots①$$

また，**ピストンは静止しているので，力のつり合いが成り立つ**。ピストンに働く力のつり合いより，

$$p_AS = p_0S+mg$$

$$\therefore\quad p_A = p_0+\frac{mg}{S} \quad \cdots\cdots②$$

①式より，

$$n = \frac{p_ASL}{RT_0} = \boldsymbol{\frac{(p_0S+mg)L}{RT_0}}\ \text{〔mol〕}$$

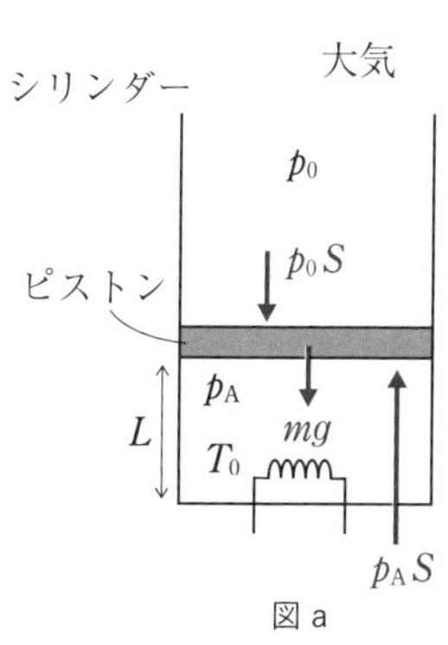

図a

問2

ピストンはゆっくり上昇するので，定圧変化となる。よって，**圧力は p_A のまま**である。図bの状態方程式を立てると，

$$p_A \cdot 2SL = nRT_1 \quad \cdots\cdots ③$$

③式÷①式より，

$$\frac{p_A \cdot 2SL}{p_A SL} = \frac{nRT_1}{nRT_0}$$

$$2 = \frac{T_1}{T_0} \qquad \therefore \quad T_1 = \mathbf{2T_0} \text{〔K〕}$$

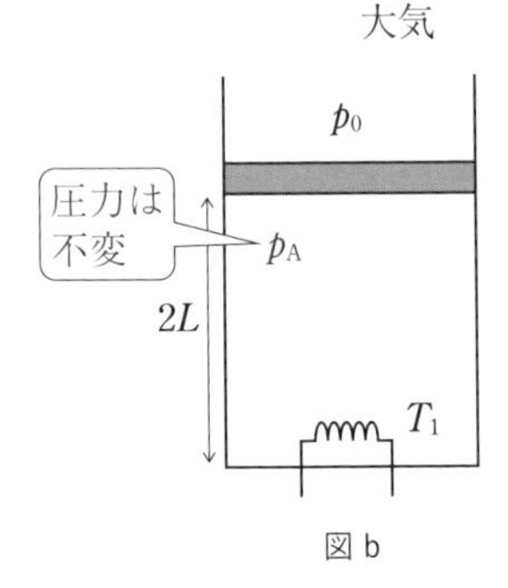

図b

問3

定圧変化の公式より，

$$W_1 = p_A\Delta V = p_A(\overset{あと}{2SL} - \overset{まえ}{SL})$$

$$= p_A SL$$

$$\therefore \quad W_1 = \mathbf{(p_0S + mg)L} \text{〔J〕}$$

気体が外部へする仕事 W〔J〕

公式： $W = p\Delta V$

圧力：p〔Pa〕
体積の変化量：ΔV〔m^3〕

※定圧変化のときのみ使用可

問4

熱量を求めるときは，熱力学第1法則を立てよう。まず，内部エネルギーの変化 ΔU_1 を求めておく。

$$\Delta U_1 = \frac{3}{2}nR\Delta T$$

$$= \frac{3}{2}nR(\overset{あと}{2T_0} - \overset{まえ}{T_0})$$

$$= \frac{3}{2}nRT_0$$

$$= \frac{3}{2} \times \frac{(p_0S + mg)L}{RT_0} \times RT_0$$

$$\therefore \quad \Delta U_1 = \frac{3(p_0S + mg)L}{2}$$

内部エネルギーの変化 ΔU〔J〕

公式： $\Delta U = nC_V\Delta T \ \left(= \frac{3}{2}nR\Delta T\right)$

物質量：n〔mol〕　温度変化：ΔT〔K〕
気体定数：R〔J/(mol・K)〕
定積モル比熱：C_V〔J/(mol・K)〕
単原子分子であれば，$C_V = \frac{3}{2}R$〔J/(mol・K)〕

熱力学第１法則より，

$$Q_1 = \Delta U_1 + W_1$$
$$= \frac{3(p_0S+mg)L}{2} + (p_0S+mg)L$$

$$\therefore\quad Q_1 = \underline{\boldsymbol{\frac{5(p_0S+mg)L}{2}}\text{〔J〕}}$$

熱力学第１法則

公式：　$Q = \Delta U + W$

気体が吸収する熱量：Q〔J〕
気体の内部エネルギーの変化量：ΔU〔J〕
気体が外部へする仕事：W〔J〕

［B］　問５

図ｂのはじめの状態は［A］と同じである。加熱後の状態（図ｃ）における圧力を p_B〔Pa〕として，状態方程式は，

$$p_BSL = nRT_2 \quad \cdots\cdots④$$

その後，おもりをのせてピストンの固定を外した状態を図ｄとする。ピストンは高さ L で静止していたことから，**図ｃから図ｄは定積変化であることがわかる**。また，おもりをのせてピストンの固定を外したのに，体積の変化がないことから，圧力は p_B のままであることもわかる。仮に，ピストンの固定を外して体積が増加あるいは減少するなら，p_B から圧力が変化することになるが，体積は変化していないので，圧力は変化しない。よって，$p_B = p_2$ である。

よって，④式は，

$$p_2SL = nRT_2 \quad \cdots\cdots⑤$$ となる。

また，ピストンのつり合いより，

$$p_2S = mg + mg + p_0S$$

$$\therefore\quad p_2 = \underline{\boldsymbol{p_0 + \frac{2mg}{S}}\text{〔Pa〕}}\ (= p_B)$$

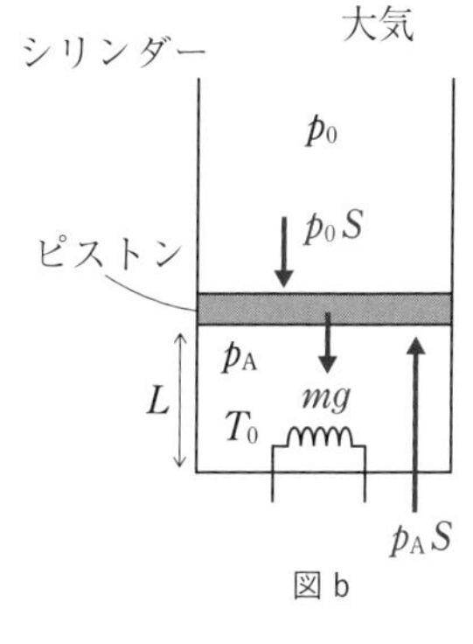

図ｂ

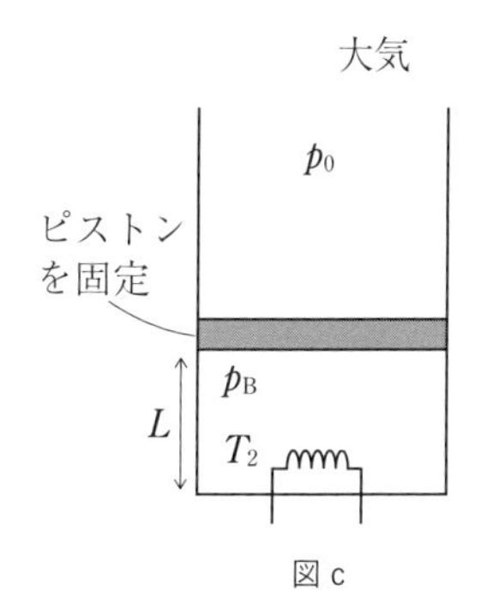

図ｃ

問6

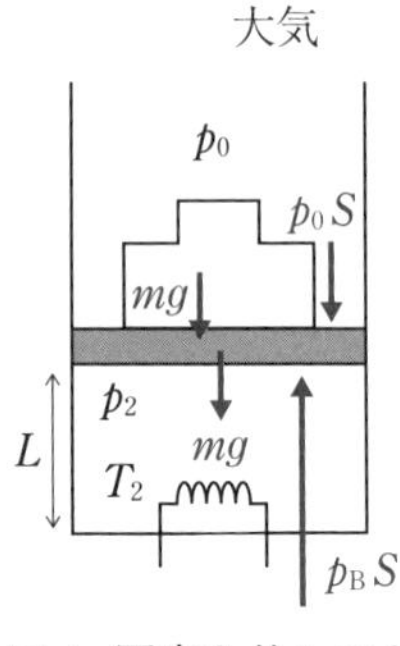

図d：固定を外しても高さLのまま

⑤÷①より，

$$\frac{p_2SL}{p_ASL}=\frac{nRT_2}{nRT_0}$$

$$\frac{p_2}{p_A}=\frac{T_2}{T_0}$$

$$\therefore\quad T_2=\frac{p_0+\dfrac{2mg}{S}}{p_0+\dfrac{mg}{S}}T_0=\boldsymbol{\frac{p_0S+2mg}{p_0S+mg}T_0}\ \text{〔K〕}$$

問7

熱量を求めるときは，熱力学第1法則を立てよう。まず，内部エネルギーの変化ΔU_2であるが，温度ははじめの状態(図a)のT_0から，図dのT_2まで変化しているので，

$$\Delta U_2=\frac{3}{2}nR\Delta T=\frac{3}{2}nR(\overset{\text{あと}}{T_2}-\overset{\text{まえ}}{T_0})$$

$$=\frac{3}{2}\times\frac{(p_0S+mg)L}{RT_0}\times R\times\left(\frac{p_0S+2mg}{p_0S+mg}T_0-T_0\right)$$

$$=\frac{3}{2}\times\frac{(p_0S+mg)L}{RT_0}\times R\times\frac{mg}{p_0S+mg}T_0$$

$$\therefore\quad \Delta U_1=\frac{3}{2}mgL$$

定積変化なので仕事$W_2=0$に注意して，熱力学第1法則より，

$$Q_2=\Delta U_2+W_2=\frac{3}{2}mgL+0\qquad\therefore\quad Q_2=\boldsymbol{\frac{3}{2}mgL}\ \text{〔J〕}$$

CHAPTER 4 電磁気

36 一様な電場内での力のつり合い

答　問1　BからA　　問2　$\dfrac{mg}{\cos\theta}$　　問3　$\dfrac{mg}{Q}\tan\theta$

解答への道しるべ

GR 1 クーロン力(静電気力)の向き

クーロン力(静電気力)の向きは,

正電荷であれば，電場の向きと同じ向き。

負電荷であれば，電場の向きと逆向き。

解説

電場

電荷が力を受ける場（空間）のことを電場という。電荷が電場から受ける力のことを**静電気力(クーロン力)**という。電場の定義は,

電場 E〔N/C〕：+1C あたりが受ける静電気力

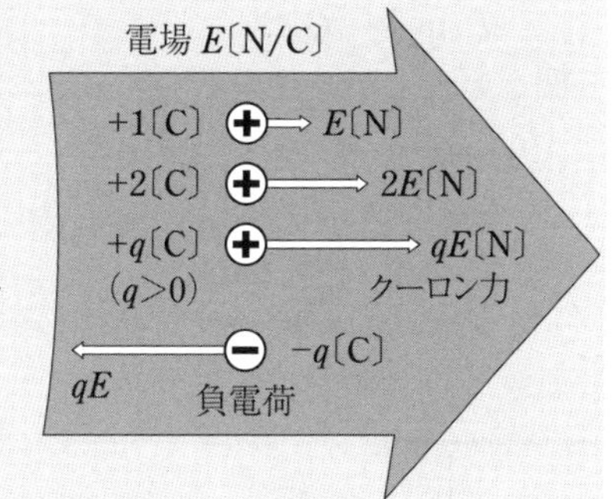

例えば，図のように，右向きの電場が生じているときに，+1〔C〕が受ける力は右向きに大きさ E〔N〕となり，+2〔C〕であれば，力は $2E$〔N〕と電気量の大きさに比例して大きくなる。したがって，電場中に $+q$〔C〕の電荷があるとき，クーロン力の大きさ F〔N〕は，以下のように表される。

$$F = qE \quad \begin{cases} q > 0 \text{ のとき，} F \text{ は } E \text{ と同じ向き} \\ q < 0 \text{ のとき，} F \text{ は } E \text{ と反対向き} \end{cases}$$

問1

小球は負の電荷である。小球が図aの左向きに移動したことから，クーロン力の向きは左向きである。よって，負の電荷が受ける力の向きは電場と逆向きであるから，電場の向きは**<u>BからA</u>**

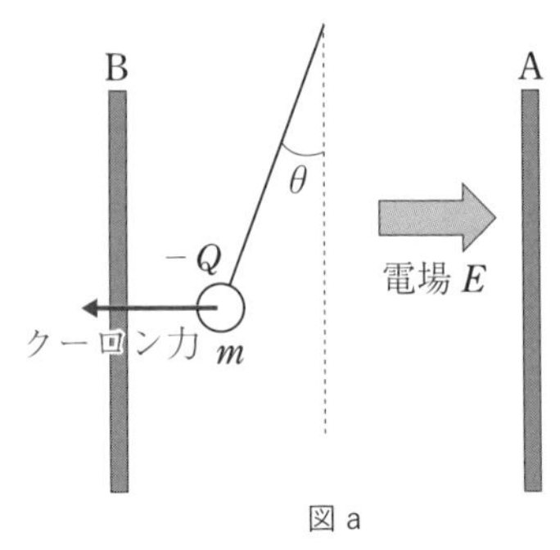

図 a

問2

図bは小球に働く力を図示したものである。張力の大きさをTとして，鉛直方向の力のつり合いより，

$$T\cos\theta = mg$$

$$\therefore\quad T = \boldsymbol{\frac{mg}{\cos\theta}}$$

問3

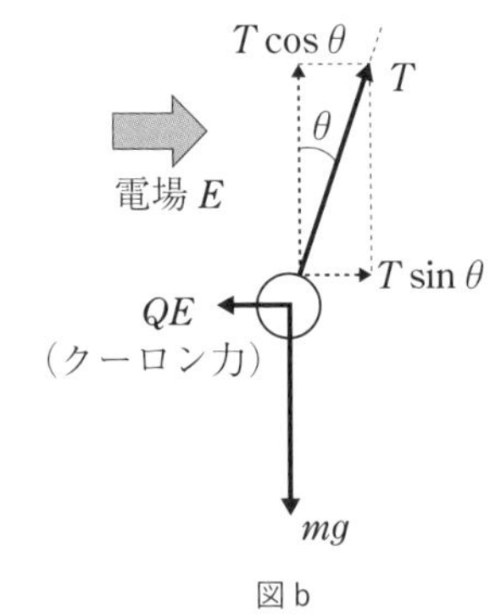

図 b

水平方向の力のつり合いより，

$$T\sin\theta = QE$$

問2の張力Tを代入して，

$$\frac{mg}{\cos\theta}\times\sin\theta = QE$$

$$\therefore\quad E = \boldsymbol{\frac{mg}{Q}\tan\theta}$$

37　一様な電場内での仕事

答

問1　$\dfrac{V}{d}$〔V/m〕　　問2　$\dfrac{QV}{d}$〔N〕，極板BからAの向き

問3　$\dfrac{QV}{2}$〔J〕　　問4　$v = 2\sqrt{\dfrac{QV}{m}}$〔m/s〕

解答への道しるべ

GR 1 電場のイメージ

電場の強さは電位の傾きの大きさである。

解説

一様な電場と電位差の関係

図のように，大きさ E〔V/m〕の一様な電場が右向きに生じている。電場の強さは電位の傾きの大きさをイメージしよう。電場は電気的な高さの高いところから低いところへ流れる。

点Aと点Bの間隔を d〔m〕，AB間の電位差(高低差)を V〔V〕としたとき，電場(傾き)は以下のように表される。

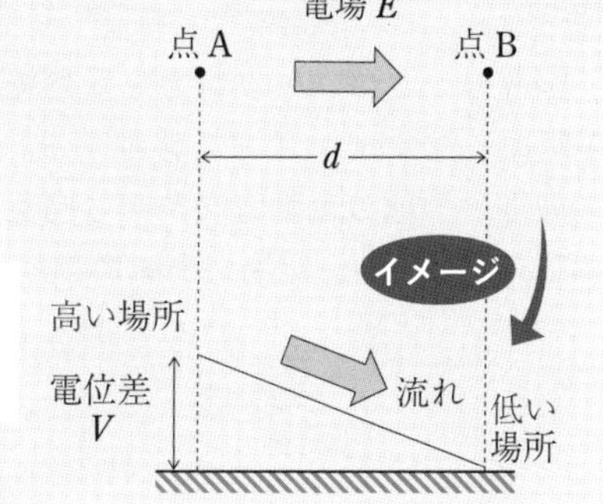

公式： $\boldsymbol{E} = \dfrac{\boldsymbol{V}}{\boldsymbol{d}}$〔V/m〕 $(\boldsymbol{V} = \boldsymbol{Ed})$ ｜ 一様な電場と電位差の関係

問1

図aは，問題の図を時計回りに90度回転させた図である。一様な電場と電位差の関係より，電場の大きさ E〔V/m〕は，

$$E = \frac{V}{d}\text{〔V/m〕}$$

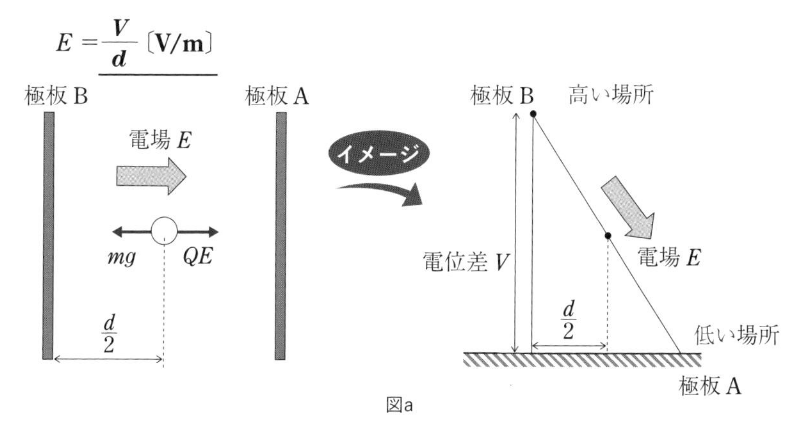

図a

問2

小球に働く力は図aのようになる。重力が鉛直下向きに働いているのに，小球が落下しないのは，クーロン力が鉛直上向きに働いているためである。クーロン力が鉛直上向きに働くためには，電場が鉛直上向きに向いていればよい。よって，電場の向きは**極板BからAの向き**となる。また，小球が受けるクーロン力の大きさFは，

$$F = QE = \boldsymbol{\frac{QV}{d}}\text{〔N〕}$$

ちなみに，鉛直方向は力のつり合いが成り立つので，鉛直方向の力のつり合いより，$QE = mg$が成立する。

問3

図bのようにクーロン力を受けて小球は極板A側に$\frac{d}{2}$だけゆっくりと移動する。クーロン力の向きと小球の運動方向が同じ向きなので仕事は正の値となる。電場が小球にした仕事Wは，

$$W = +\underbrace{F}_{力}\times\underbrace{\frac{d}{2}}_{変位} = \frac{QV}{d}\times\frac{d}{2} = \boldsymbol{\frac{QV}{2}}\text{〔J〕}$$

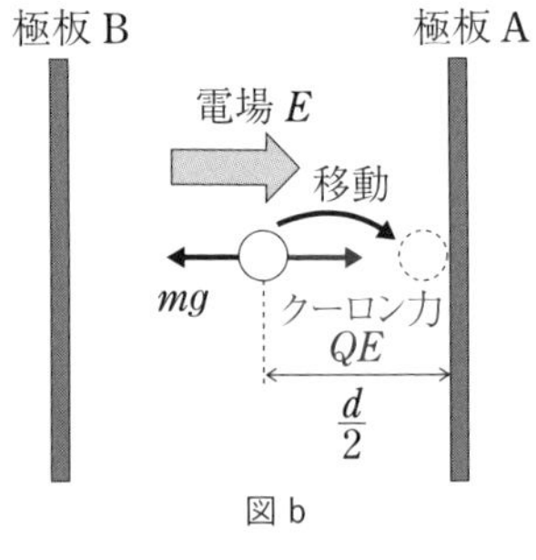

図b

仕事 W〔J〕

公式： $\boldsymbol{W = F \cdot s}$

力：F〔N〕　　変位：s〔m〕

※力の向きと運動する向きが同じ向きの場合は$W > 0$
※力の向きと運動する向きが逆向きの場合は$W < 0$

問4

電場の位置エネルギー U〔J〕

公式： $\boldsymbol{U = qV}$

電位の定義は+1〔C〕がもつ静電気力による位置エネルギーである。$+q$〔C〕の電荷が電位V〔V〕の高さにあると，電荷がもつ位置エネルギーはqV〔J〕となる。

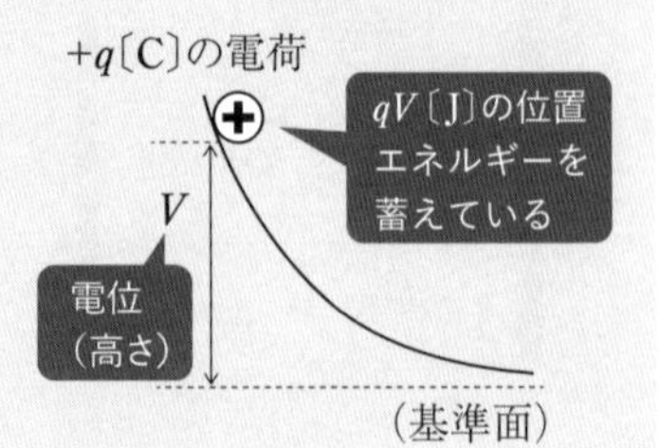

極板の正極と負極を反転させたものが図cである。イメージは極板Aの電気的な高さが極板Bよりも高いイメージである。重力の位置エネルギーと静電気力による位置エネルギーの基準を極板Bとして，極板Aの位置で小球は重力の位置エネルギーとクーロン力の位置エネルギーを持っている。これらの位置エネルギーが極板Bに達したときの運動エネルギーに変換されたと考えればよい。力学的エネルギー保存則より，

電場の位置エネルギーを使うときは必ず符号をつけること。今回は，正電荷なのでプラス

$$\underbrace{mgd + (+Q)V}_{\text{極板Aでの力学的エネルギー}} = \underbrace{mg \cdot 0 + (+Q)\cdot 0 + \frac{1}{2}mv^2}_{\text{極板Bでの力学的エネルギー}}$$

mgd：重力の位置エネルギー　$(+Q)V$：静電気力の位置エネルギー　$mg \cdot 0$：重力の位置エネルギー　$(+Q)\cdot 0$：静電気力の位置エネルギー　$\frac{1}{2}mv^2$：運動エネルギー

$$QEd + QV = \frac{1}{2}mv^2$$

力のつり合いより，$mg = QE$

$$QV + QV = \frac{1}{2}mv^2$$

$$\therefore \quad v = \mathbf{2\sqrt{\frac{QV}{m}}} \text{〔m/s〕}$$

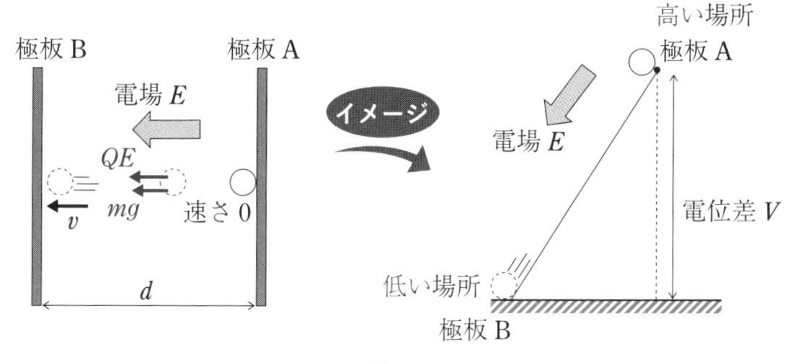

図c

38 点電荷のつくる電場

問1　$\frac{17kQ}{4a^2}$〔N/C〕　　問2　$\frac{17kqQ}{4a^2}$〔N〕，$-x$軸方向

解答への道しるべ

GR 1 **電場の合成**

電場は向きと大きさがあるベクトル量である。

解説

点電荷のつくる電場

図のように，電気量 Q〔C〕の点電荷があると，点電荷から電場が湧き出していく。電場の強さ E〔N/C〕は点電荷から距離が離れるほど弱くなる。点電荷の中心から距離 r〔m〕だけ離れた点Aにおける電場の大きさ E は，クーロンの比例定数を k として，以下のように表される。

公式： $\boldsymbol{E = k\frac{Q}{r^2}}$ ｜ 点電荷のつくる電場

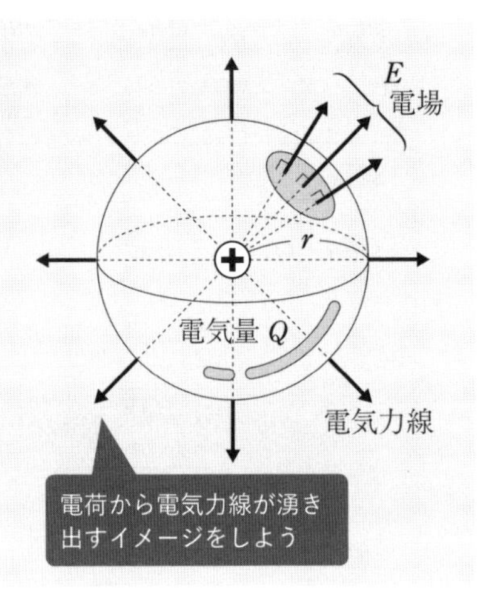

問1

図aのように，点Aと点Bの点電荷から点Pにつくられる電場の強さをそれぞれ E_{AP}，E_{BP} とする。$+4Q$ から電場が湧き出し E_{AP} は $+x$ 軸方向となる。$-Q$ は電場を $+x$ 軸方向につくり，吸いこむイメージとなる。

$$E_{AP} = k\frac{4Q}{a^2}$$

$$E_{BP} = k\frac{Q}{(2a)^2} = k\frac{Q}{4a^2}$$

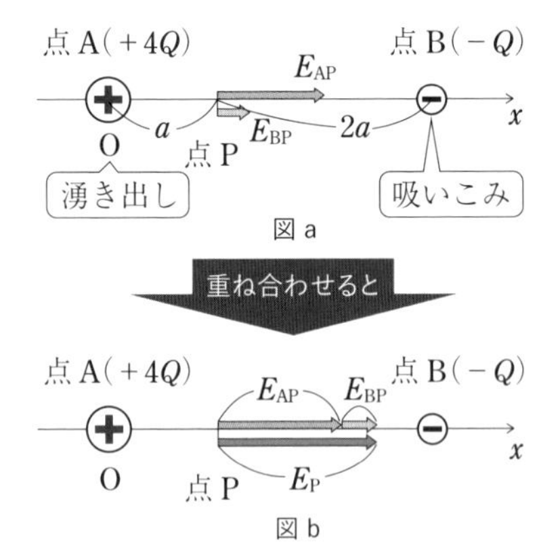

点AとBの電場を合成した電場の強さを E_P とすると，

$$E_P = E_{AP} + E_{BP} = k\frac{4Q}{a^2} + k\frac{Q}{4a^2} = \underline{\boldsymbol{\frac{17kQ}{4a^2}}〔\mathbf{N/C}〕}$$

問 2

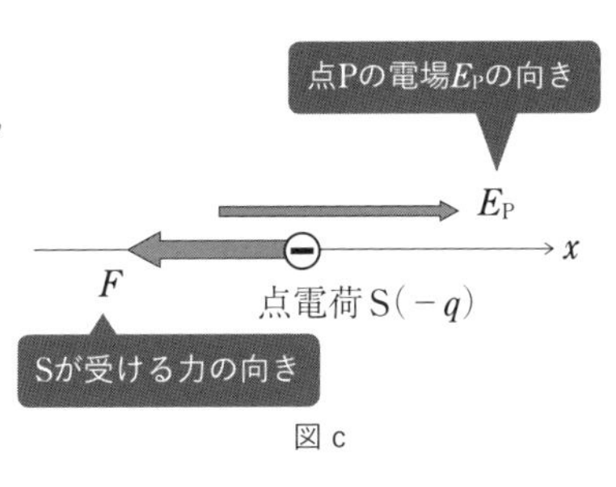

図 c

点Pでの電場の向きは$+x$軸方向であり，**点電荷Sは電気量が負**なので，Sが受ける静電気力の向きは**$-x$軸方向**となる。またその大きさFは，

$$F = q \times E_P = \frac{17kqQ}{4a^2}\text{〔N〕}$$

$F=qE$の公式

39 点電荷のつくる電場と電位

答

問 1　解説参照　　問 2　(a)　　問 3　$V_O = \frac{2kQ}{a}$

問 4　電場：$\frac{\sqrt{3}kQ}{4a^2}$，電位：$\frac{kQ}{a}$　　問 5　$\sqrt{\frac{2qV_O}{m}}$

解答への道しるべ

GR 1 等電位線と電気力線の関係

等電位線と電気力線は**直交**する。

解説

問 1

等電位線と電気力線は**直交**するので，**答えは右図**。

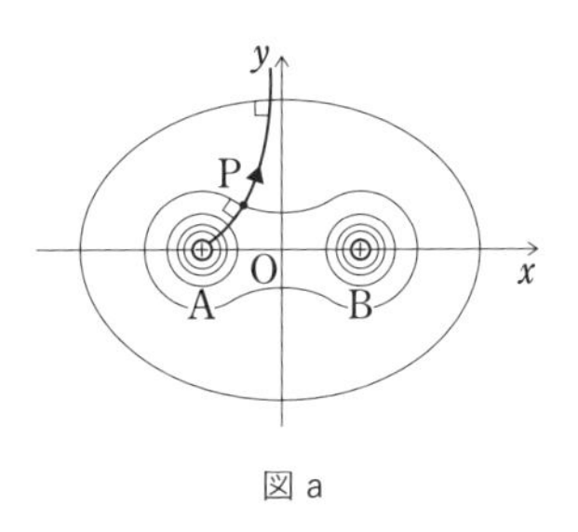

図 a

点電荷のつくる電位 V〔V〕＝〔J/C〕

公式：$V = k\dfrac{Q}{r}$

電気量：Q〔C〕　距離：r〔m〕
クーロンの比例定数：k〔N・m²/C²〕

※電位の基準は無限遠，電位のイメージは山の裾の高さ。

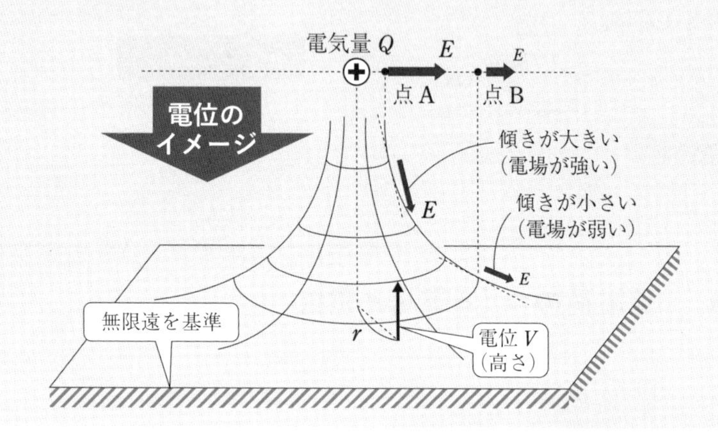

問2

電位はスカラー量なので，各点の電位を求めて，和をとればよい。AとBのそれぞれの電荷がつくる電位は図bの実線と点線で，2つの電位を重ね合わせると，赤い線となる。したがって，答えは**(a)**

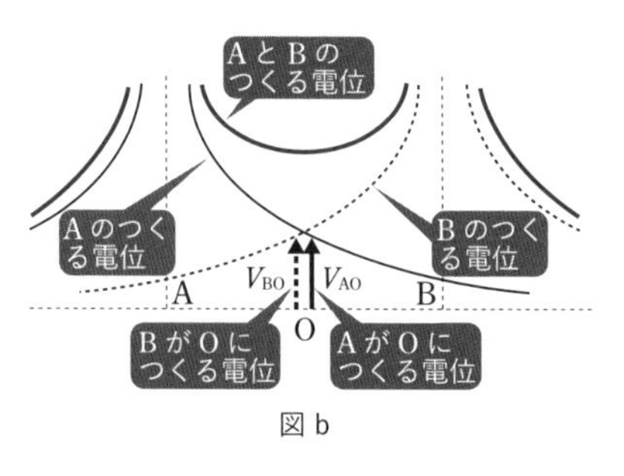

図b

問3

点Aと点Bの電荷がつくる電位をそれぞれV_{AO}，V_{BO}とする。点電荷がつくる電位の公式より，V_{AO}とV_{BO}はともに$k\dfrac{+Q}{a}$であり，$V_{AO} = V_{BO}$となる。したがって，AとBが原点Oにつくる電位はV_{AO}とV_{BO}の和をとればよい。

$$V_O = \underbrace{V_{AO} + V_{BO}}_{\text{和をとる}} = k\frac{+Q}{a} + k\frac{+Q}{a} = \underline{\frac{2kQ}{a}}$$

（符号をつけておく）

問4

点Sの電場は，Aの電荷がつくる電場E_{AS}とBの電荷がつくる電場E_{BS}を重ね合わせたものとなり，図cのようにy軸の正の向きに向く。点Sの電場の大きさをE_Sとする。

$$E_S = E_{AS}\cos 30^\circ + E_{BS}\cos 30^\circ$$
$$= E_{AS}\cos 30^\circ \times 2$$
$$= k\frac{Q}{(2a)^2}\times\frac{\sqrt{3}}{2}\times 2 = \underline{\boldsymbol{\frac{\sqrt{3}\,kQ}{4a^2}}}$$

また，点Sの電位V_Sは，

$$V_S = V_{AS}+V_{BS} = k\frac{+Q}{2a}+k\frac{+Q}{2a} = \underline{\boldsymbol{\frac{kQ}{a}}}$$

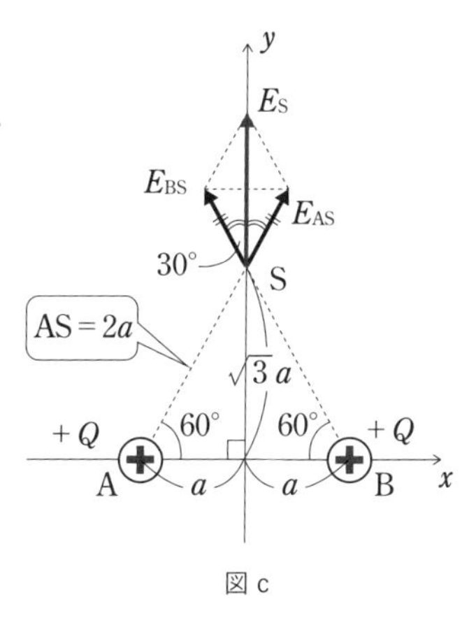

図c

問5

点電荷は外力を受けずに静電気力のみを受けて運動する。このような場合は以下の力学的エネルギー保存則が成り立つ。

力学的エネルギー保存則：$\boldsymbol{\frac{1}{2}mv_0{}^2+qV}$ ＝一定

図dのように，点Oで持っていた位置エネルギーが無限遠で運動エネルギーになったと考えればよいので，力学的エネルギー保存則より，

$$\underbrace{\frac{1}{2}m\cdot 0^2+qV_O}_{\text{点O(はじめ)}} = \underbrace{\frac{1}{2}mv_0{}^2+q\cdot 0}_{\text{無限遠(あと)}}$$

$$\therefore\quad v_0 = \underline{\boldsymbol{\sqrt{\frac{2qV_O}{m}}}}$$

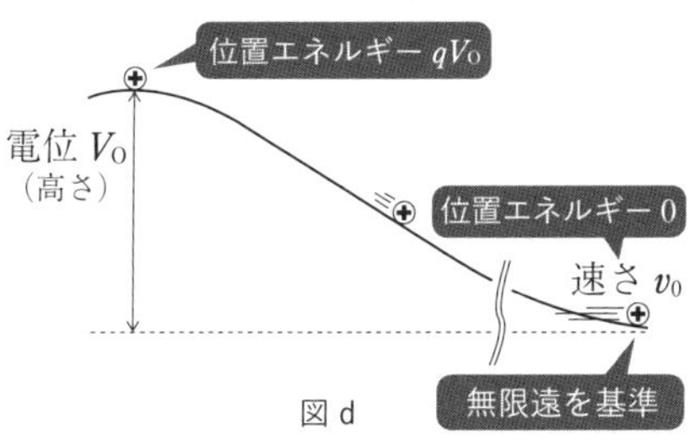

図d

40 コンデンサー

答

問1 $C=\frac{\varepsilon_0 S}{d}$〔F〕　問2 $Q_1 = CV$〔C〕

問3 $U_1=\frac{1}{2}CV^2$〔J〕　問4 $Q_2 = CV$〔C〕

問5 $V_2 = 3V$〔V〕　問6 $Q_3=\frac{C}{3}V$〔C〕

解答への道しるべ

GR 1 電池に接続されているとき

電池に接続されているときは，コンデンサーの電圧が一定となる。

GR 2 電池から切り離されたときの操作

電池から切り離されたときは電気量が一定となる。

コンデンサー

図①のように，2枚の導体板A，Bをそれぞれ電池の正極，負極に接続すると，自由電子が移動し，Aが正，Bが負に帯電し，やがて自由電子の移動は止まる。**これらの電荷は互いの引力によって，導体板の向かい合った面に集まり，電池を切り離しても，そのまま保持される**。このように接近して置かれた2つの導体板は電荷を蓄えることができる。これを**コンデンサー**という。

コンデンサーの充電過程

コンデンサーが充電されていく過程を見てみよう。まず，図①のように，充電されていないコンデンサーがある。そのコンデンサーに電圧Vの電池を取り付けて，充電してみる。充電されていないコンデンサーでは電気的に中性になっていて，電気量が顕在化していない状態だと思えばよい。スイッチを入れると，極板Aにある電子が極板B側に移動していく。

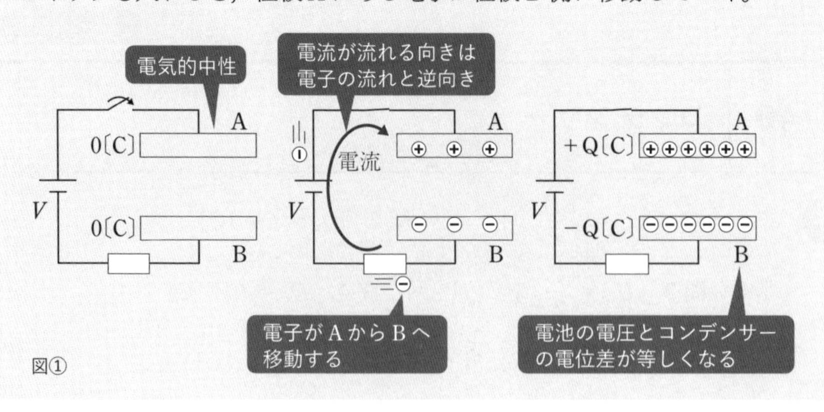

図①

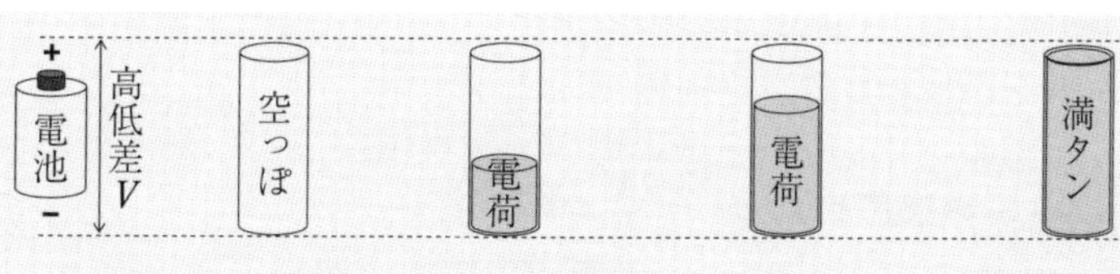

図①

これを繰り返し，極板Aには正の電荷が取り残され，徐々に極板B側は負の電荷が蓄えられていく。最終的に，**極板間の電位差が電池の電圧に等しくなるまで充電される**。また，**コンデンサーの一方の極板に$+Q$の電荷が帯電すると，他方の極板には必ず同じ量の異符号の$-Q$が帯電する**。

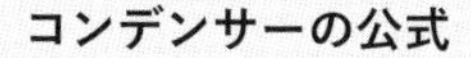

$C = \dfrac{\varepsilon_0 S}{d}$〔F〕（ファラド）	電気容量
$Q = CV$	関係式
$U = \dfrac{1}{2}QV = \dfrac{1}{2}CV^2 = \dfrac{Q^2}{2C}$〔J〕	静電エネルギー

極板間の距離：d〔m〕　電気量：Q〔C〕
極板の面積：S〔m^2〕　電圧（電位差）：V〔V〕

$-Q$　d　$+Q$　S　E　V

コンデンサーのイメージはタンク。タンクにたまる水の量(電気量)は容量と電圧で決まる。

解説

問1

電気容量は $C = \dfrac{\varepsilon_0 S}{d}$〔F〕

問2

スイッチを閉じると，**コンデンサーの電圧（電位差）は電池の電圧に等しいので，V〔V〕**となる。

よって，$Q = CV$の関係式より，

$Q_1 = CV$〔C〕

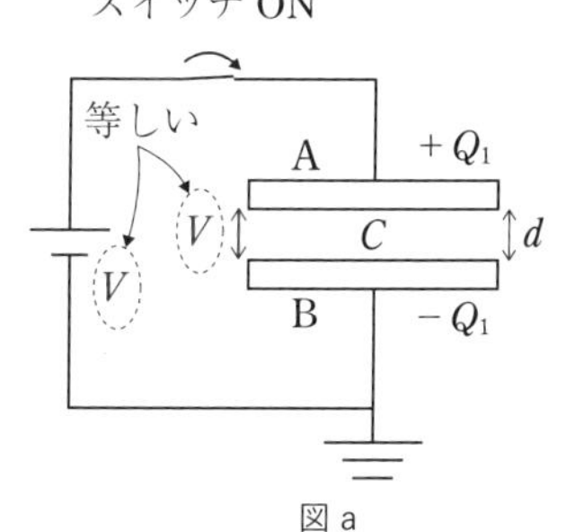

図a

問3

静電エネルギーの公式より，$U_1 = \boldsymbol{\frac{1}{2}CV^2}$ **〔J〕**

問4

次に，スイッチを開いてから，極板間隔を $3d$〔m〕にした。電気容量 C_2〔F〕は

$$C_2 = \frac{\varepsilon_0 S}{3d} = \frac{1}{3} \times \frac{\varepsilon_0 S}{d} = \frac{C}{3} \text{〔F〕}$$

（$\frac{\varepsilon_0 S}{d}$ は C）

極板間隔を広げると容量は小さくなる

電池から切り離されているので，電気量は一定に保たれる。よって，コンデンサーに蓄えられている電気量の大きさ Q_2 は，Q_1 と等しい。

$$Q_2 = Q_1 = \boldsymbol{CV} \text{〔C〕}$$

スイッチOFFしたとき
➡コンデンサーの電気量は不変

問5

極板間隔が $3d$ になったときのコンデンサーの電位差を V_2〔V〕とする。コンデンサーの電気量 Q_2 は，

$$Q_2 = C_2 V_2$$

関係式

$$Q_1 = C_2 V_2$$

$$CV = \frac{C}{3} \times V_2 \qquad \therefore \quad V_2 = \boldsymbol{3V} \text{〔V〕}$$

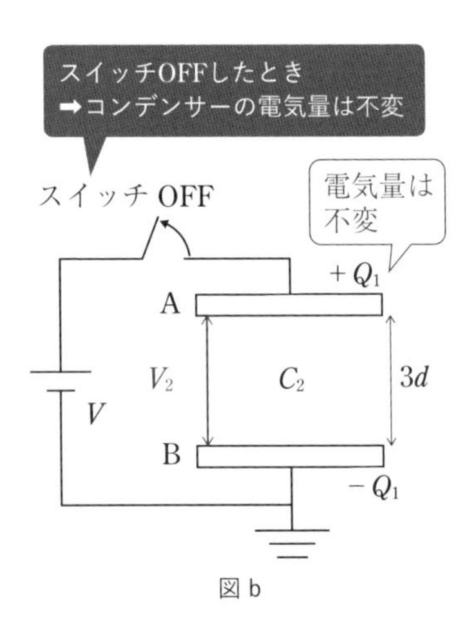

図 b

問6

スイッチを閉じて電池に接続
➡コンデンサーの電圧＝電池の電圧

また，極板間隔は変化していないので，電気容量は C_2 のまま不変である。したがって，コンデンサーの電気量 Q_3 は，

$$Q_3 = C_2 V = \boldsymbol{\frac{C}{3}V} \text{〔C〕}$$

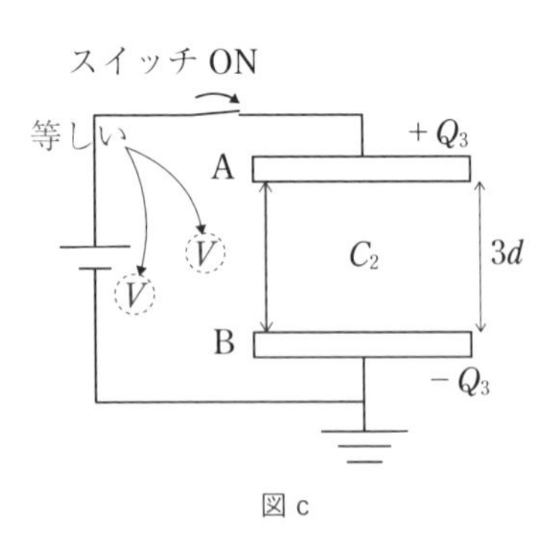

図 c

41 コンデンサーへの金属板の挿入

答

問1	$Q_1 = CV$	問2	$U_1 = \frac{1}{2}CV^2$
問3	CV^2	問4	$\frac{1}{2}CV^2$
問5	$\frac{3}{2}C$	問6	$\frac{2}{3}V$

解答への道しるべ

GR 1 抵抗で発生したジュール熱を求める場合

抵抗で発生したジュール熱を求めるときは，コンデンサーの静電エネルギーの変化に注目しよう。

GR 2 金属板を入れたときの電気容量

金属板をコンデンサー内へ挿入したとき，金属板の部分は等電位となる。

解説

コンデンサーの公式

$\boldsymbol{C = \frac{\varepsilon_0 S}{d}}$〔F〕 | 電気容量

$\boldsymbol{Q = CV}$ | 関係式

$\boldsymbol{U = \frac{1}{2}QV = \frac{1}{2}CV^2 = \frac{Q^2}{2C}}$〔J〕 | 静電エネルギー

極板間の距離：d〔m〕　電気量：Q〔C〕
極板の面積：S〔m^2〕　電圧（電位差）：V〔V〕

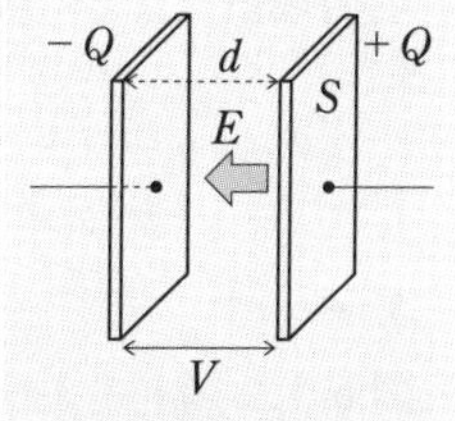

コンデンサーのイメージはタンク。タンクにたまる水の量(電気量)は容量と電圧で決まる。

問1

面積 S，真空の誘電率を ε_0 として，電気容量 C は，

$$C = \frac{\varepsilon_0 S}{3d}$$

と表せる。

スイッチを閉じているのでコンデンサーの電圧（電位差）は電池の電圧に等しいので，$\boldsymbol{V}$〔V〕となる。

よって，$Q = CV$ の関係式より，

$$Q_1 = \boldsymbol{CV}$$

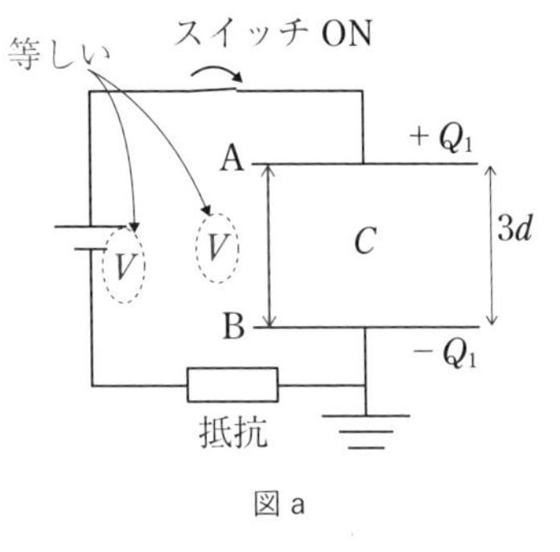

図 a

問2

静電エネルギーの公式より，

$$U_1 = \boldsymbol{\frac{1}{2}CV^2}$$

問3

電池の仕事

公式： $\boldsymbol{W = \Delta Q V}$

電池を通過した電気量：ΔQ〔C〕
電池の起電力：V〔V〕

※電池は電気量を低いところから高いところへ引き上げるポンプをイメージしよう。

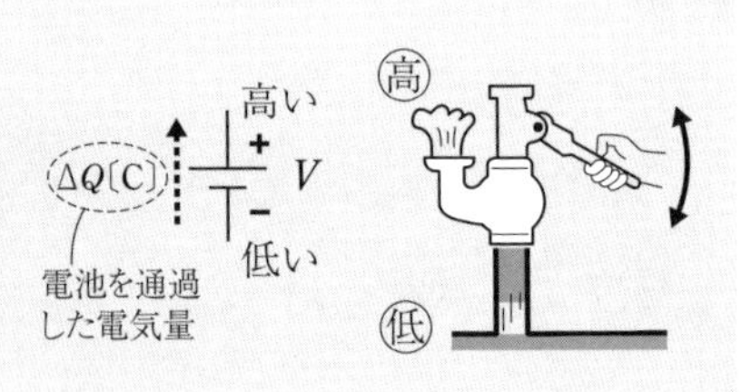

図 b から図 c のように，電池を通過した電気量 ΔQ は，$\Delta Q = \underbrace{Q_1}_{あと} - \underbrace{0}_{まえ} = CV$

よって，電池のした仕事 W は，

$$W = \Delta Q V = \boldsymbol{CV^2}$$

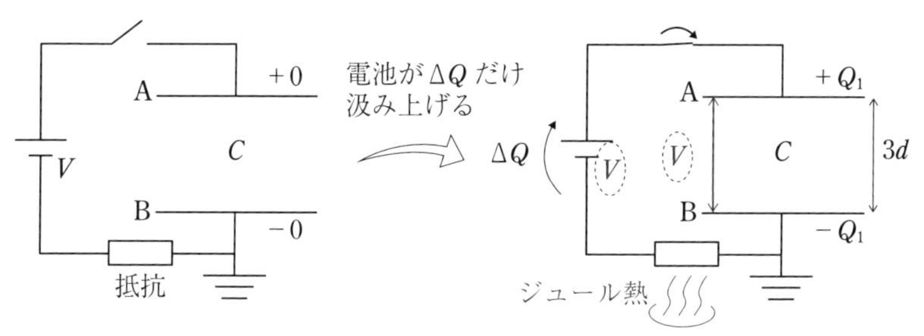

図 b：スイッチを閉じる前　　図 c：スイッチを閉じた後

問 4

抵抗で発生したジュール熱を J とする。電池のした仕事は $W = CV^2$ であり，コンデンサーに蓄えられている静電エネルギーは $\frac{1}{2}CV^2$ である。これらの差が抵抗で発生するジュール熱となっていると考えればよい。エネルギー保存則より，

$$\underbrace{0}_{\text{充電される前の静電エネルギー}} + \underbrace{W}_{\text{電池がした仕事}} = \underbrace{\frac{1}{2}CV^2}_{\text{充電された後の静電エネルギー}} + \underbrace{J}_{\text{ジュール熱}}$$

$$\therefore\ J = W - \frac{1}{2}CV^2 = \underline{\boldsymbol{\frac{1}{2}CV^2}}$$

問 5

設問に答える前に，静電誘導を確認しておこう。

静電誘導

図①は，帯電したコンデンサーの極板間の電気力線のようすである。図②のように，導体を挿入すると，導体表面に電荷が集まり，表面の電荷が左向きに電場を作る。**この内部の電場とコンデンサーが作る電場が打ち消しあって**，図③のように，**導体内部の電場がゼロ**となる。グラフ c を見ると，**電場がゼロの区間は電位差が 0 となり，等電位**となっている。

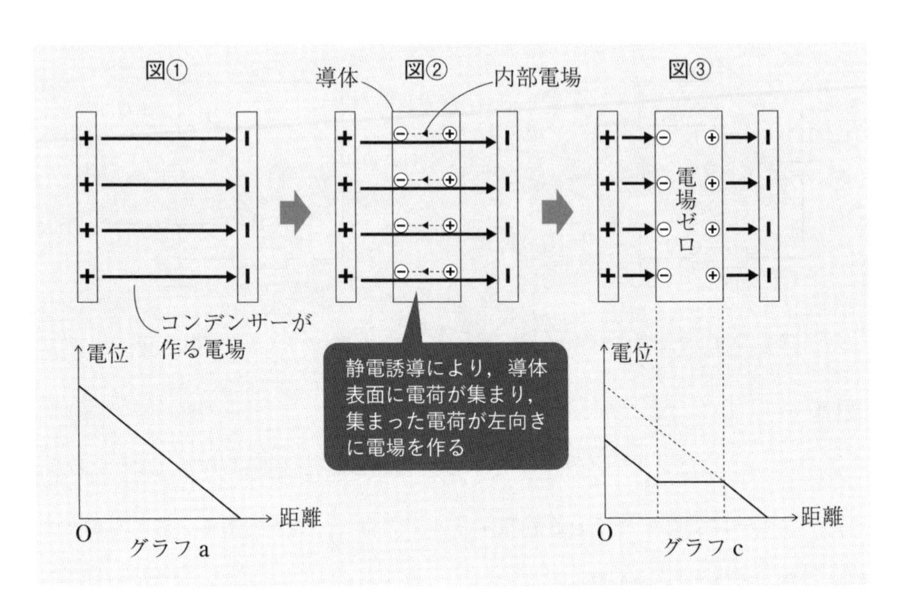

図dのように**金属板が入ったところは静電誘導により電場が0となり，等電位となっている**。よって，**金属板が入った部分を図dのようにみなせば，直列に接続された2つのコンデンサーとみなせる。**したがって，領域1の電気容量と領域2の電気容量をそれぞれ，C_1，C_2とすると，容量は，

$$C_1 = \frac{\varepsilon_0 S}{d} = 3C$$

$$C_2 = \frac{\varepsilon_0 S}{d} = 3C$$

直列接続の合成容量の公式より，コンデンサーの合成容量$C_{合}$は

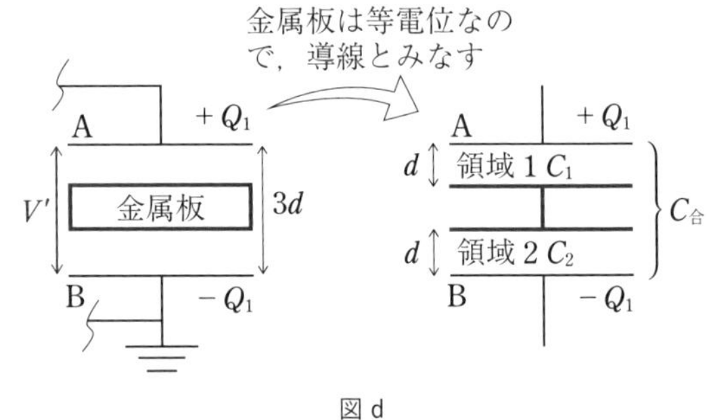

図d

$$\frac{1}{C_{合}} = \frac{1}{C_1} + \frac{1}{C_2}$$

$$\frac{1}{C_{合}} = \frac{1}{3C} + \frac{1}{3C}$$

$$= \frac{2}{3C}$$

$$\therefore \quad C_{合} = \frac{3}{2}C$$

コンデンサーの合成容量（直列接続）

公式：$\dfrac{1}{C_{合}} = \dfrac{1}{C_1} + \dfrac{1}{C_2}$

電気容量C_1〔F〕とC_2〔F〕のコンデンサーを直列に接続したときの合成容量

C_1 C_1
ひとつとみなす
$C_{合}$

問6

スイッチを開く ➡ コンデンサーの電気量は不変

極板 AB 間の電位差を V' として，$Q = CV$ の関係式より，

$$Q_1 = C_{合}V' \quad \rightarrow \quad CV = \frac{3}{2}CV' \qquad \therefore \quad V' = \underline{\boldsymbol{\frac{2}{3}V}}$$

42	複数コンデンサーによるスイッチ切り替え

答　問1　$\dfrac{2}{3}CE$　　問2　電位：$\dfrac{1}{2}E$，電荷：$\dfrac{1}{2}CE$

解答への道しるべ

GR 1 コンデンサーの電気回路問題の解き方

コンデンサー回路の問題では，電気量が保存している部分に注目する。

解説

問1

STEP 1　各コンデンサーに電気量を定める（極板に蓄えられる電気量の符号は適当に定めてよい）

S_1 を閉じて十分時間が経過した後に，C_1，C_2 に蓄えられている電荷を図 a のように，それぞれ Q_1，Q_2 と定める。

STEP 2　導線の電位を調べる。電位がわからない点は，電位を文字で定める

電気回路の問題において，つながった導線は等電位となる。蛍光ペンなどで導線に色を塗ると電位の違いが分かり易い。例えば，点 G から左側の電池の負極までは同じ導線でつながれているので等電位である。この導線は点 G でアースされているので，0 V となる。その他に，電池の

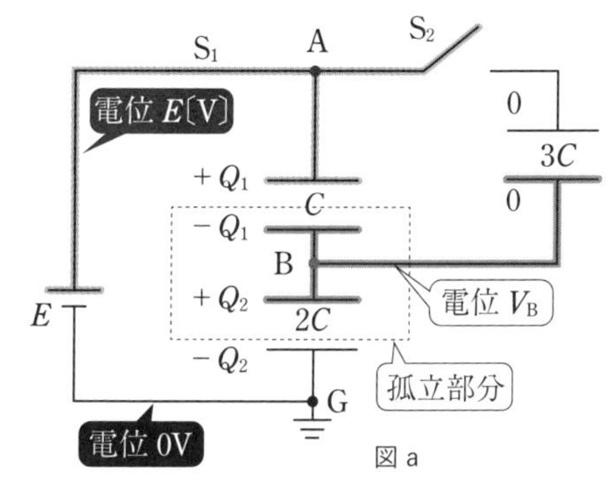

図 a

正極からコンデンサー C_1 の上の極板までは，等電位であり，電位は E〔V〕である。

ここで，点Bはこの回路では，電位が不明となるので，点Bの電位がわからないものとして V_B と定める。

STEP 3　孤立部分を探して，電荷保存の式を立てて電位を求める

孤立部分とは図aの（[点線枠]）の部分である。簡単にいうと，電気回路図を描くときに一筆書きできないような離れ小島である。この孤立部分では，電荷が保存されるので，電荷保存の式が成り立つ。電荷保存を立てるときは，以下のように，

現在の孤立部分の電気量の和＝過去の孤立部分の電気量の和

$$\underbrace{\underset{C_1\text{の下の極板電荷}}{-Q_1} + \underset{C_2\text{の上の極板電荷}}{Q_2}}_{\text{現在の電気量の和}} = \underbrace{\underset{C_1\text{の下の極板電荷}}{0} + \underset{C_2\text{の上の極板電荷}}{0}}_{\text{過去の電気量の和}}$$

はじめ，C_1とC_2には電荷がなかった

$$-C(\overset{\text{高い}}{E}-\overset{\text{低い}}{V_B}) + 2C(\overset{\text{高い}}{V_B}-\overset{\text{低い}}{0}) = 0$$

電位の高い方から低い方を引く　　電位の高い方から低い方を引く

$Q=CV$の式を用いた

$$3CV_B = CE \qquad \therefore\ V_B = \frac{1}{3}E$$

STEP 4　求めた電位から，各コンデンサーの電気量をそれぞれ求める

Q_1，Q_2 はそれぞれ，

$$Q_1 = C(E-V_B) = C\left(E-\frac{E}{3}\right) = \underline{\boldsymbol{\frac{2}{3}CE}},\quad Q_2 = 2C(V_B-0) = \frac{2}{3}CE$$

問2

S_1 を開くと，C_2 の電荷 Q_2 は動くことができないので Q_2 のままになる。ここで，S_2 を閉じると，C_1，C_3 にはそれぞれ新たな電気量 Q_1'，Q_3' が蓄えられる。電位が不明な点は点Aのみで，電位を V_A として，図bの孤立部分に注

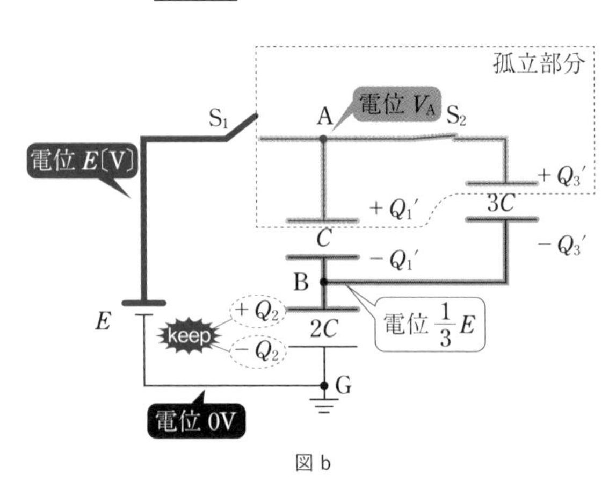

図b

目して，孤立部分の電荷保存より，

$$\underbrace{\underset{\substack{C_1\text{の上の}\\\text{極板電荷}}}{+Q_1'}\quad\underset{\substack{C_3\text{の上の}\\\text{極板電荷}}}{+Q_3'}}_{\text{現在の電気量の和}} = \underbrace{\underset{\substack{C_1\text{の上の}\\\text{極板電荷}}}{+Q_1}\quad\underset{\substack{C_3\text{の上の}\\\text{極板電荷}}}{+0}}_{\text{過去の電気量の和}}$$

$$C\left(\overset{\text{高い}}{V_A} - \overset{\text{低い}}{\frac{1}{3}E}\right) + 3C\left(\overset{\text{高い}}{V_A} - \overset{\text{低い}}{\frac{1}{3}E}\right) = \frac{2}{3}CE$$

$$CV_A - \frac{1}{3}CE + 3CV_A - CE = \frac{2}{3}CE$$

$$4CV_A = 2CE \qquad \therefore \quad V_A = \underline{\boldsymbol{\frac{1}{2}E}}$$

Q_1'，Q_3' はそれぞれ，

$$Q_1' = C\left(V_A - \frac{1}{3}E\right) = \frac{1}{6}CE,\ \ Q_3' = 3C(V_A - \frac{1}{3}E) = \underline{\boldsymbol{\frac{1}{2}CE}}$$

43 オームの法則の証明

答

(a) $\dfrac{V}{R}$　(b) $\dfrac{V}{l}$　(c) $\dfrac{eV}{l}$　(d) 反対　(e) $\dfrac{eV}{kl}$

(f) v　(g) Sv　(h) nSv　(i) $enSvt$　(j) $enSv$

(k) $\dfrac{nSe^2}{kl}V$　(l) $\dfrac{kl}{e^2nS}$　(m) 比例　(n) 反比例

解答への道しるべ

GR 1 電流の定義

ある断面を単位時間あたりに通過する電気量。

電流

電流の強さは導体の断面を単位時間あたりに通過する電気量と定義されている。図のように，断面Sを時間Δt〔s〕の間に電気量がΔq〔C〕だけ通過すれば，電流の強さI〔A〕は以下のように表せる。

電流I〔A〕
導体
S〔m^2〕
断面S
$-e$〔C〕
電子数密度
n〔個/m^3〕
$v\Delta t$〔m〕
Δt秒後
断面Sを通過した電気量Δq
Δtの間に断面Sを通過した電子の数は$nSv\Delta t$〔個〕

公式： $\boldsymbol{I = \dfrac{\Delta q}{\Delta t}}$ ｜ 単位：〔A〕＝〔C/s〕

導体内の電子は速さv〔m/s〕で運動しているとし，単位体積中の電子の数をn〔個/m^3〕とする。断面Sに注目し，時間Δt〔s〕の間に断面S(断面積S〔m^2〕)を通過する電子の数は$n \times Sv\Delta t$〔個〕だけ通過することになる。電気素量をe〔C〕として，時間Δt〔s〕の間に導体の断面Sを通過する電気量Δqは，$\Delta q = e \times nSv\Delta t$〔C〕となる。したがって，導体を流れる電流の強さは，$I = \dfrac{\Delta q}{\Delta t}$を用いて，$I = \dfrac{\Delta q}{\Delta t} = \dfrac{enSv\Delta t}{\Delta t} = enSv$と表すことができる。

公式： $\boldsymbol{I = enSv}$ ｜ 電流の強さ

オームの法則

抵抗R〔Ω〕の導体に大きさI〔A〕の電流が流れている状態ではAB間に電位差(高低差)V〔V〕が生じている。R，V，Iには以下の関係が成り立つ。

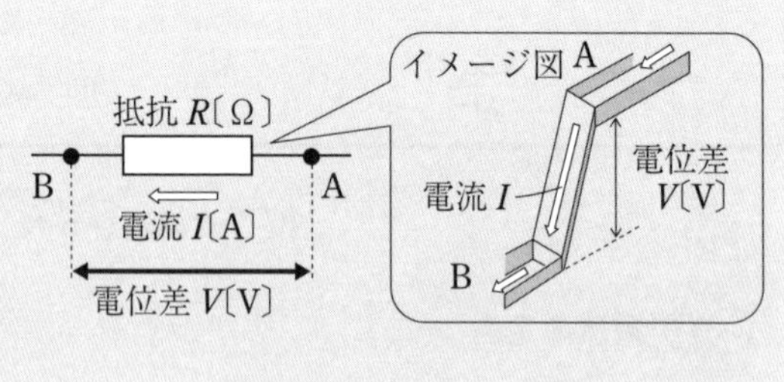

公式： $\boldsymbol{V = RI}$ ｜ オームの法則

(a) オームの法則より，

$$I = \frac{V}{R} \quad \cdots\cdots①$$

(b)〜(d)　断面積 S〔m^2〕, 長さ l〔m〕の金属棒の両端に電圧 V〔V〕が加わると，金属棒内には，大きさ $E = \underline{\boldsymbol{\frac{V}{l}}}_{\text{(b)}}$〔V/m〕の一様な電場が生じる。電気素量を e とすると，1個の自由電子は，電場により，大きさ $eE\left(= \underline{\boldsymbol{\frac{eV}{l}}}_{\text{(c)}}\right)$〔N〕のクーロン力を電場と逆向きに受け，加速される。よって，自由電子が移動する向きは，電流の向きと**反対**(d)向きとなる。

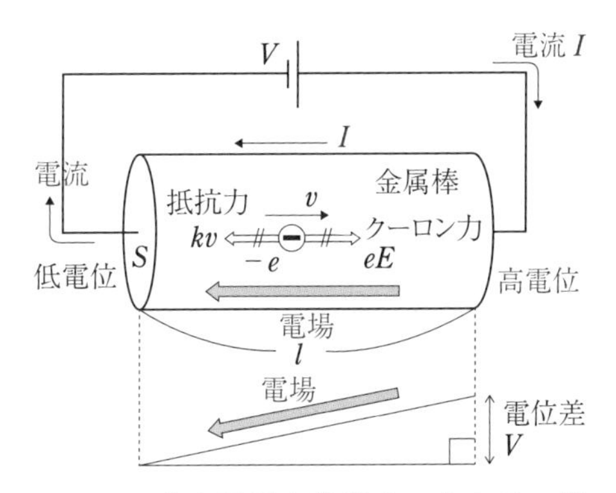

(e)　電子は熱振動する陽イオンに衝突するため，抵抗力を受け減速する。やがて，クーロン力と抵抗力がつり合うため，電子は一定の速さ v〔m/s〕で運動する。抵抗力の大きさは v に比例するので，力のつり合いより，

$$\underbrace{kv}_{\text{抵抗力}} = \underbrace{\frac{eV}{l}}_{\text{クーロン力}} \quad \therefore \quad v = \underline{\boldsymbol{\frac{eV}{kl}}}_{\text{(e)}} \quad \cdots\cdots②$$

と表せる。

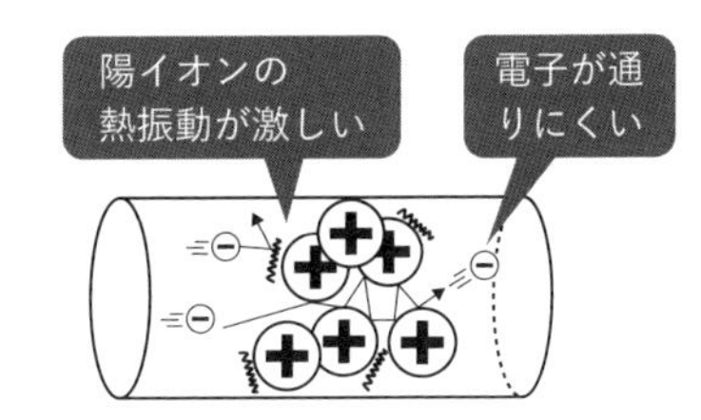

(f)〜(j)　自由電子は1秒間で $\underline{\boldsymbol{v}}_{\text{(f)}}$〔m〕進むので，体積 $\underline{\boldsymbol{Sv}}_{\text{(g)}}$〔m^3〕内の自由電子が断面Aを通過することになる。よって，1秒間で断面Aを通過する電子数 N は，

$$N = \underbrace{n}_{〔個/m^3〕} \times \underbrace{Sv}_{〔m^3/s〕} \times \underbrace{1}_{〔s〕} = \underline{\boldsymbol{nSv}\text{〔個〕}}_{\text{(h)}}$$

t 秒間では，$nSvt$ 個の電子が断面Aを通過するので，t 秒間での断面Aを通過する電気量は $\underline{\boldsymbol{enSvt}\text{〔C〕}}_{\text{(i)}}$ となる。したがって，電流の定義より，

$$I = \frac{\Delta q}{\Delta t} = \frac{enSvt}{t} = \underline{\boldsymbol{enSv}}_{\text{(j)}}\text{〔A〕} \quad \cdots\cdots③$$

(k)　②式を③式に代入すると，$I = enSv = enS\dfrac{eV}{kl} = \underline{\boldsymbol{\frac{nSe^2}{kl}V}}_{\text{(k)}}$ 　……④

43
オームの法則の証明

(l)〜(n)　④式を以下のように変形する。

$$V = \frac{\boldsymbol{kl}}{\boldsymbol{e^2nS}} \times I$$ 　$V = \boldsymbol{R} \times I$ の形になっている！

①式のオームの法則 $V = RI$ と比較すると，抵抗 R〔Ω〕は，

$$R = \underline{\frac{\boldsymbol{kl}}{\boldsymbol{e^2nS}}}_{(l)} = \frac{k}{e^2n} \times \frac{l}{S}$$ 　$R = \boldsymbol{\rho} \times \frac{l}{S}$ の形だ！

と表せる。ここで，**R は l に比例**(m) **し，S に反比例**(n) **する**。また，抵抗率 ρ〔Ω・m〕に相当するのは，

$$\rho = \frac{k}{e^2n}$$

であることもわかる。

抵抗

抵抗は長さ l〔m〕に比例し，断面積 S〔m^2〕に反比例する。

公式：　$\boldsymbol{R = \rho \frac{l}{S}}$

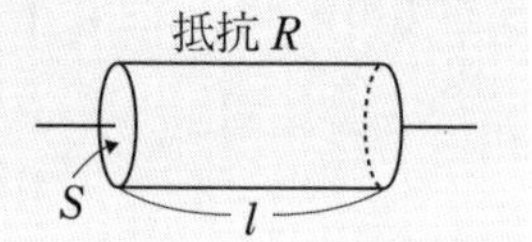

抵抗率 ρ〔Ω・m〕：抵抗の材質や温度などで決まる定数

44　キルヒホッフの法則

問1　E→B の向きに大きさ 1 A

問2　$P_1 = 16$ W　$P_2 = 1$ W　$P_3 = 27$ W

解答への道しるべ

GR 1 抵抗回路の解き方

抵抗のみの回路の問題では，キルヒホッフ第1法則と第2法則を立てる。

解説

キルヒホッフの法則

図①のように，起電力 V の電池に抵抗値がそれぞれ R_1, R_2, R_3 の抵抗で回路が組まれている。キルヒホッフを学ぶときは水路をイメージすればよい。それぞれのイメージは以下のようにしておこう。

- ・電池：水を引き上げるポンプ
- ・抵抗：坂道
- ・導線：水路

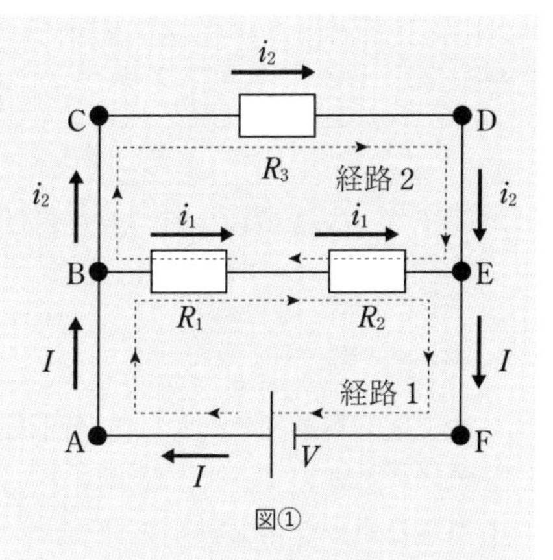

図①

図①をイメージ化したものが図②である。ポンプである電池によって電流(水)が組み上げられ，高さ(電位)V の水路に達し，点 B で分流し，再び点 E で合流するようなイメージである。

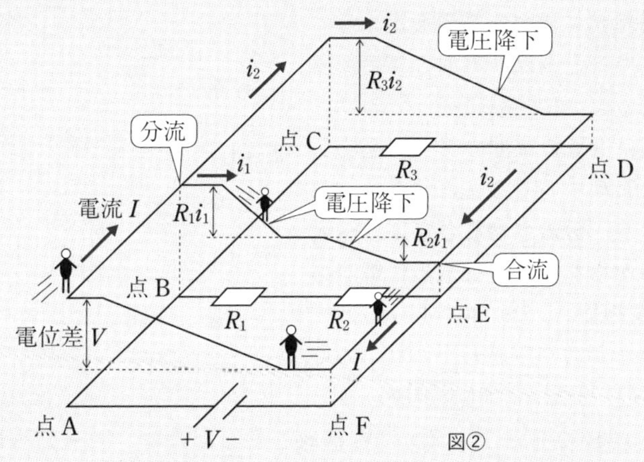

図②

キルヒホッフ第 1 法則

キルヒホッフ第 1 法則とは，電流の和の式である。図①の点 B に注目すると，点 A から流れてきた電流 I が点 B で i_1 と i_2 に分流している。このときに電流 i_1, i_2, I の間には以下の式が成り立つ。

$\boldsymbol{I = i_1 + i_2}$　**キルヒホッフ第 1 法則**

キルヒホッフ第２法則

閉回路を一周すると，もとの電位(高さ)に戻ってくる。例えば，経路１(FABEF)を図②のように時計回りに回ってみると，

$$\oplus\ V\ \ominus\ R_1 i_1\ \ominus\ R_2 i_1 = 0 \quad \cdots\cdots①$$

⊕：のぼる（電池を通過）　⊖：くだる（抵抗R_1(坂道)をくだる）　⊖：くだる（抵抗R_2(坂道)をくだる）　0：点Fに戻ってきたので，もとの電位（高さ）

同様に，経路２(BCDEB)も図②のように時計回りに回ってみると，

$$\ominus\ R_3 i_2\ \oplus\ R_2 i_1\ \oplus\ R_1 i_1 = 0 \quad \cdots\cdots②$$

⊖：くだる（抵抗R_3(坂道)をくだる）　⊕：のぼる（抵抗R_2(坂道)をのぼる）　⊕：のぼる（抵抗R_1(坂道)をのぼる）　0：点Bに戻ってきたので，もとの電位（高さ）

注：閉回路の回る向きは時計回り，反時計回りどちらでもよい。

①式や②式のように，閉回路を１周すると，もとの電位に戻ってくる式を**キルヒホッフ第２法則**という。

問１

STEP 1　各抵抗に流れる電流を定める

電流を定めるときは，電池のプラス極から流れ出るように回路に注いでいけばよい。今回は８Vの電池のプラス極側から電流Iが流れていくことにする。点Bで分流するが，**分流させるときに，電流の向きがわからない場合は適当に電流の向きを定めてよい**。BE間の１Ωの抵抗の電流の向きが右か左かわからないので，今回はB→Eの向きに電流が流れると仮定する。点BでB→Eに電流がi流れるとしたので，B→Cへ電流が$I-i$だけ流れることになる。

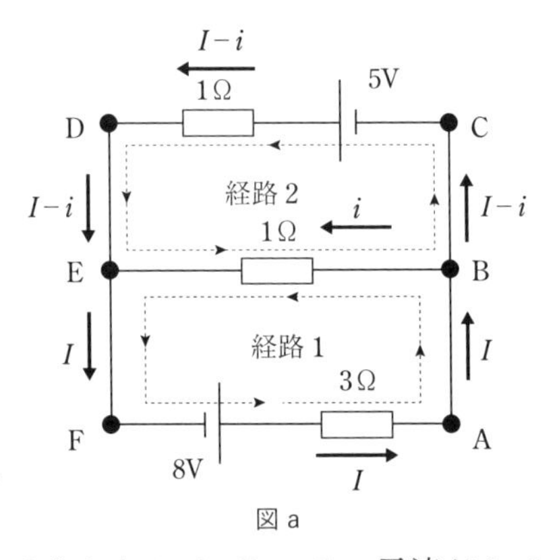

図ａ

注意　電流を定めるときは，未知数をなるべく少なくするようにする。BC間の電流をI_{BC}と定めて，$I_{BC} = I-i$というキルヒホッフ第１法則を立てることもできるが，定める文字が少ない方が解きやすいので，なるべく少ない文字にしよう。

STEP 2　1まわりする経路を決める

キルヒホッフ第2法則より，

経路1：　$\oplus\ 8\ \ominus\ 3\times I\ \ominus\ 1\times i = 0$ ……①

- $\oplus\ 8$：のぼる（電池を通過）
- $\ominus\ 3\times I$：くだる（抵抗 3Ω（坂道）をくだる）
- $\ominus\ 1\times i$：くだる（抵抗 1Ω（坂道）をくだる）
- 0：点Fに戻ってきたので，もとの電位（高さ）

経路2：　$\oplus\ 5\ \ominus\ 1\times(I-i)\ \oplus\ 1\times i = 0$ ……②

- $\oplus\ 5$：のぼる（電池を通過）
- $\ominus\ 1\times(I-i)$：くだる（抵抗 1Ω（坂道）をくだる）
- $\oplus\ 1\times i$：のぼる（抵抗 1Ω（坂道）をのぼる）
- 0：点Cに戻ってきたので，もとの電位（高さ）

①式と②式を連立して，

$I = 3\,\mathrm{A},\ i = \ominus 1\,\mathrm{A}$

B → E へ電流が流れると仮定したが，求めた電流 i が負の値なので，電流は反対向きに流れていたことがわかる。したがって，**E → B の向きに大きさ 1 A** の電流が流れる。

問2

抵抗の消費電力

抵抗に電流が流れると抵抗では熱エネルギーが発生する。**抵抗での単位時間ごとに発生するジュール熱 P〔W〕**は以下のように表される。

公式：$\boldsymbol{P = IV = RI^2 = \dfrac{V^2}{R}}$　｜　単位：〔W〕=〔J/s〕

抵抗 R〔Ω〕
電流 I〔A〕
電位差 V〔V〕

$P_1 = 1\times(I-i)^2 = 1\times\{3-(-1)\}^2 = \underline{16\,\mathrm{W}}$

$P_2 = 1\times i^2 = 1\times(-1)^2 = \underline{1\,\mathrm{W}}$

$P_3 = 3\times I^2 = 3\times 9 = \underline{27\,\mathrm{W}}$

45 非線型抵抗

答

問1　(a)　10　(b)　0.1　(c)　40　(d)　1.6

(e)　温度上昇により，抵抗内の陽イオンの熱振動が激しくなり，電子の移動を妨げるから。

問2　(f)　3　(g)　150　(h)　0.45

解答への道しるべ

GR 1 非線型抵抗の問題の解き方

非線型抵抗の問題の解き方は，特性曲線とキルヒホッフ第2法則を連立する。

解説

問1

(a)と(b)　グラフより，点Aの電流と電圧はそれぞれ$I = 0.1$ A，$V = 1$ V。オームの法則より，$R = \frac{V}{I} = \frac{1}{0.1} = \mathbf{10}_{(a)}\,\Omega$。また，消費電力の公式より，$P = IV = 0.1 \times 1 = \mathbf{0.1}_{(b)}$ W

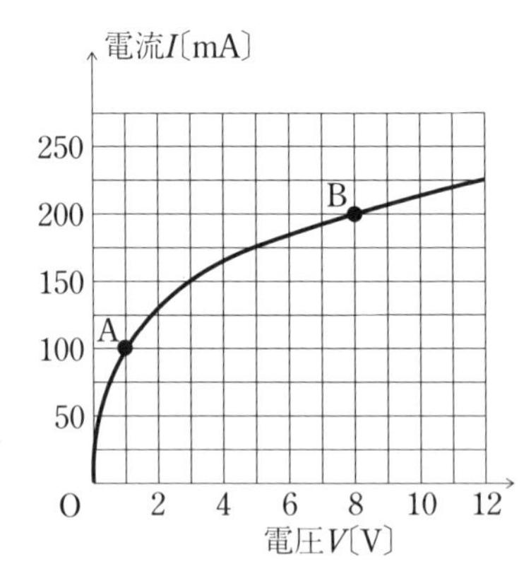

(c)と(d)　グラフより，点Bの電流と電圧はそれぞれ$I = 0.2$ A，$V = 8$ V。オームの法則より，$R = \frac{V}{I} = \frac{8}{0.2} = \mathbf{40}_{(c)}\,\Omega$。また，消費電力の公式より，$P = IV = 0.2 \times 8 = \mathbf{1.6}_{(d)}$ W

(e)　**温度上昇により，抵抗内の陽イオンの熱振動が激しくなり，電子の移動を妨げるから。**

問2

STEP 1　電球に流れる電流を I とおき，加わる電圧を V とおく

図のように，I と V を定める。

STEP 2　キルヒホッフ第2法則より，閉回路を1回りする

キルヒホッフ第2法則より，

$$\underset{\substack{\text{のぼる}\\\text{電池を通過}}}{+12}\ \underset{\substack{\text{くだる}\\\text{抵抗60Ωをくだる}}}{-\ 60\times I}\ \underset{\substack{\text{くだる}\\\text{電球をくだる}}}{-\ V} = 0 \quad \cdots\cdots①$$

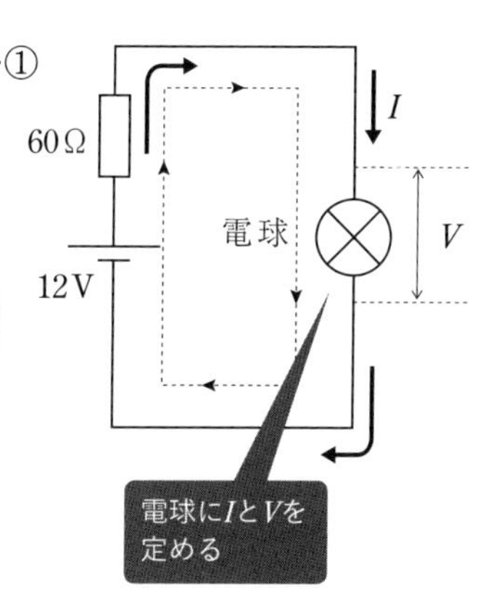

①式を I について解くと，

$$I = \underset{\text{傾き}}{-\frac{1}{60}} \times V + \underset{\text{切片}}{0.2} \quad \cdots\cdots② \quad \text{直線の式}$$

これは縦軸に I，横軸に V をとったグラフで，

傾きが $-\dfrac{1}{60}$ で切片は0.2の直線の式になる。

STEP 3　特性曲線のグラフとキルヒホッフ第2法則を連立する

適当な値を入れて，直線を描いていくと，

$I = 0\,\text{A}$ のとき，$V = 12\,\text{V}$

$V = 0\,\text{V}$ のとき，$I = 0.2\,\text{A} = 200\,\text{mA}$

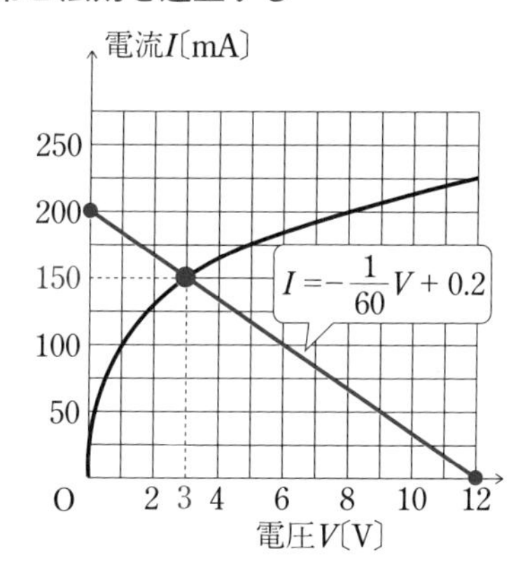

②式と特性曲線を連立して(曲線と直線の交点を求めて)，交点は $I =$ **150**(g) mA のとき，$V =$ **3**(f) V

このときの消費電力は

$$P = IV = 0.15 \times 3 = \mathbf{0.45}_{\text{(h)}}\,\text{W}$$

45

非線型抵抗

46　平行電流間に働く力

答

問1　0　　問2　$-x$ 軸方向，$\dfrac{\sqrt{3}\,I}{4\pi r}$

問3　$F_{\mathrm{A}}=\dfrac{\mu_0 I^2 l}{4\pi r}$，$-x$ 軸方向　　問4　$+y$ 軸方向

解答への道しるべ

GR 1 電流が磁場から受ける力

平行電流が受ける力は2本の電流の向きが
- 同じ向きなら引力
- 逆向きなら反発力

解説

直線電流がつくる磁場

図のように，十分に長い導線を流れる直線電流がつくる磁場は，電流に垂直な平面内で同心円状になっている。

公式：$\boldsymbol{H}=\dfrac{\boldsymbol{I}}{\boldsymbol{2\pi r}}$ 〔A / m〕

直線電流がつくる磁場

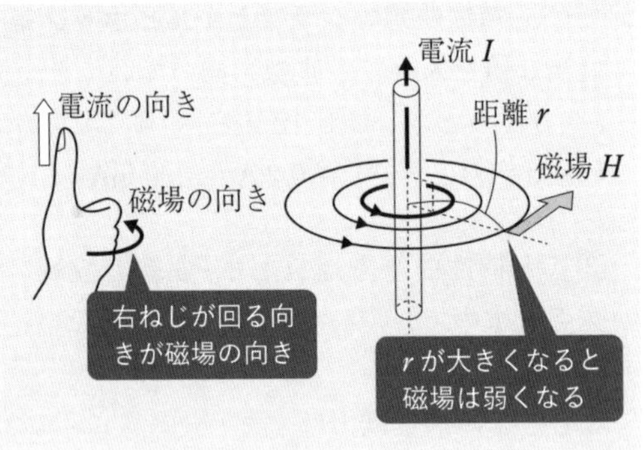

問1

導線AとBがつくる磁場の向きは図aのようになる。導線Aが原点Oにつくる磁場の向きは$-y$方向であり，その大きさH_{AO}は，

$$H_{\mathrm{AO}}=\frac{I}{2\pi r}$$

また，導線Bが原点Oにつくる磁場の向きは$+y$方向でその大きさH_{BO}はH_{AO}と等しい。よって，原点Oにつくられる磁場の大きさは **0** となる。

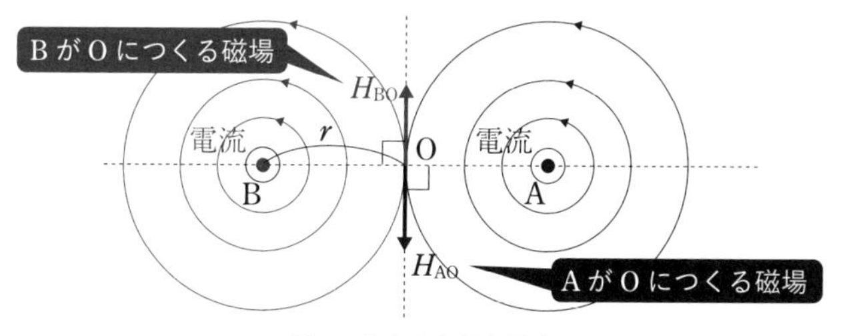

図a　真上から見た場合

問2

点C$(0, \sqrt{3}r)$の位置に導線AとBがつくる磁場の大きさをそれぞれH_{AC}，H_{BC}とする。H_{AC}, H_{BC}の向きは図bの向きとなる。導線A，Bから点Cまでの距離は等しいので，$H_{AC} = H_{BC}$である。これらの磁場を合成すると，**$-x$軸方向**に磁場が向く。合成した磁場の大きさをH_Cとする。

$$H_C = H_{BC}\cos 30^\circ \times 2$$

$$= \frac{I}{2\pi \times 2r} \times \frac{\sqrt{3}}{2} \times 2$$

$$\therefore \quad H_C = \boldsymbol{\frac{\sqrt{3}I}{4\pi r}}$$

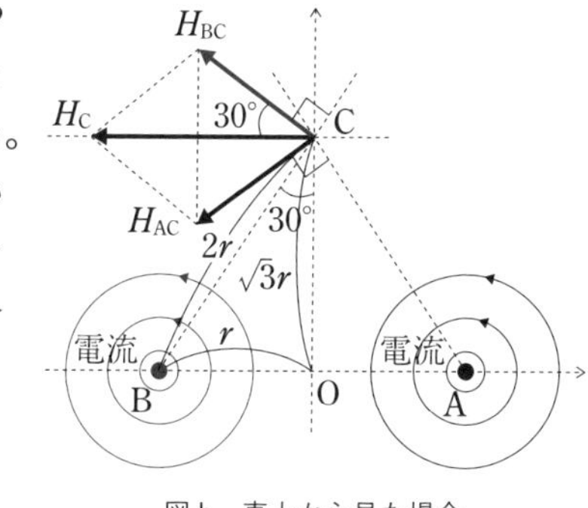

図b　真上から見た場合

問3

電流が磁場から受ける力 F〔N〕

公式：

$$F = \mu IHl$$
$$〔= IBl〕$$

電流：I〔A〕　磁場：H〔A/m〕
透磁率μ〔N/A^2〕　導線の長さ：l〔m〕

※力の向きはフレミングの左手の法則にしたがう向き

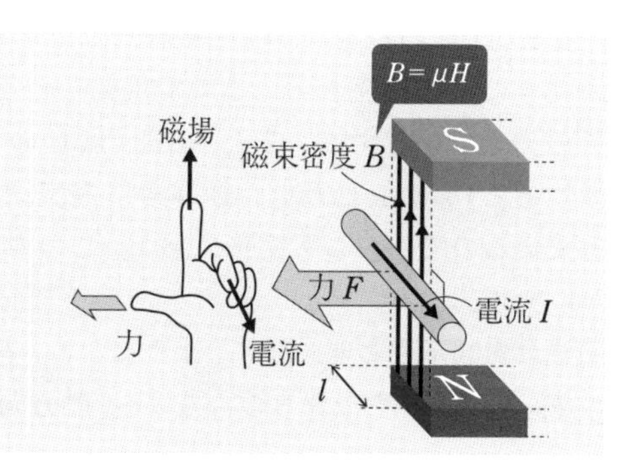

図cのように，導線Bが導線Aにつくる磁場H_{BA}の向きは図cの向きとなり，フレミングの左手の法則より，導線Aが受ける力の向きは導線Bに向かう向き(**$-x$軸方向**)となる。Aが受ける力の大きさF_Aは，

$$F_A = \mu_0 I H_{BA} l = \mu_0 \times I \times \frac{I}{2\pi \times 2r} \times l = \boldsymbol{\frac{\mu_0 I^2 l}{4\pi r}}$$

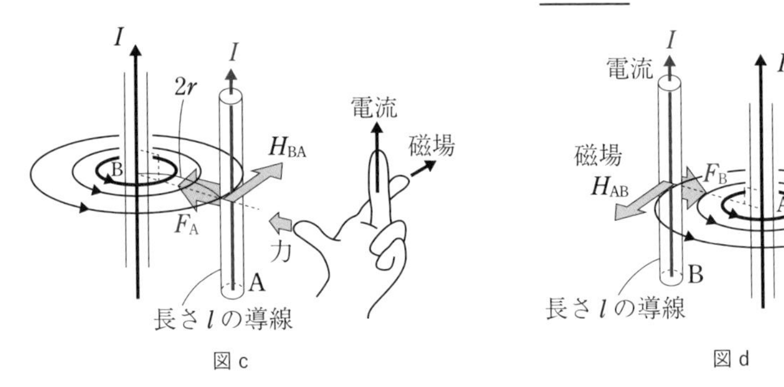

図c　　図d

※図dのように，導線Bが受ける力を考えてみる。導線Aがつくる磁場H_{AB}は図dの向きとなり，この磁場からBに流れる電流が受ける力は導線Aに向かう向きとなる。AはBに向かう力を受けているので，BとAはお互い引き合う力となる。また，F_Bの大きさは，

$$F_B = \mu_0 I H_{AB} l = \mu_0 \times I \times \frac{I}{2\pi \times 2r} \times l = \frac{\mu_0 I^2 l}{4\pi r}$$

となり，$\boldsymbol{F_A = F_B}$である。

よって，**2本の導線が平行に並んで同じ向きに電流が流れている場合，引力が働く。また，逆向きに電流が流れていると反発力(斥力)**となる。

問4

Aと(点Cの位置にある)導線Pは互いに逆向きに電流が流れているので反発し合う。この力をF_{AC}とする。また，Bと(点Cの位置にある)導線Pは互いに逆向きに電流が流れているのでこちらも反発し合う。この力をF_{BC}とする。

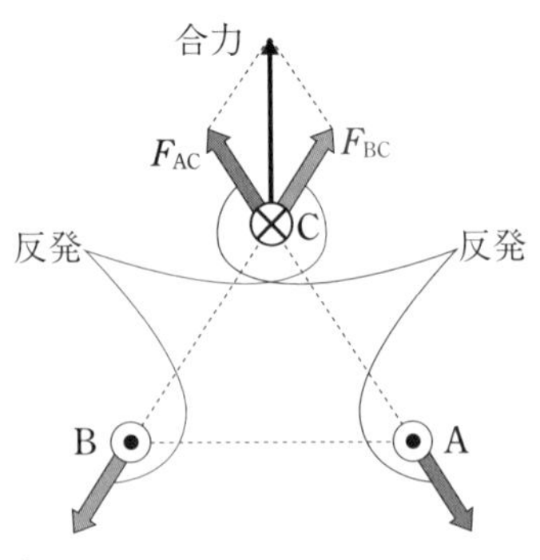

図e

これを図示すると，図eのようになる。$F_{AC} = F_{BC}$であるからこれらの合力は**$+y$軸方向**となる。

［ 別解 ］

図fのように，点Cにつくられる磁場の向きは$-x$軸方向なので，フレミングの左手の法則を用いれば，**$+y$軸方向**とわかる。

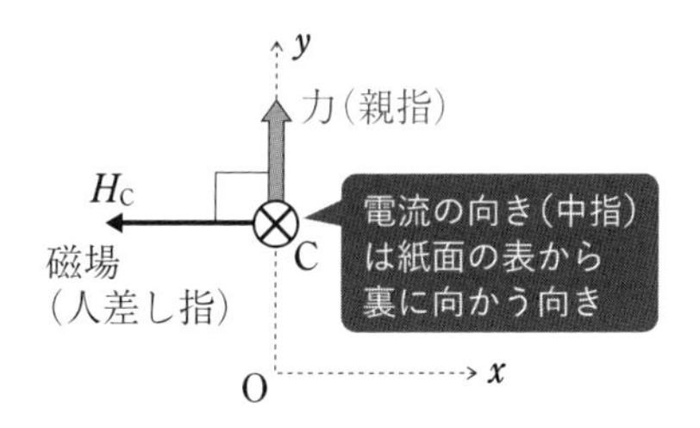

図f　真上から見た場合

47　ローレンツ力による円運動

答

問1　z軸の負の方向　　　問2　$\mathrm{OP} = \dfrac{2mv}{qB}$

問3　$\dfrac{\pi m}{qB}$

解答への道しるべ

GR 1 磁場に対して垂直に入射する荷電粒子の運動

荷電粒子が磁場に対して垂直に入射すると等速円運動する。

ローレンツ力

荷電粒子が磁場から受ける力のことを**ローレンツ力**という。ローレンツ力を以下のように考えてみよう。

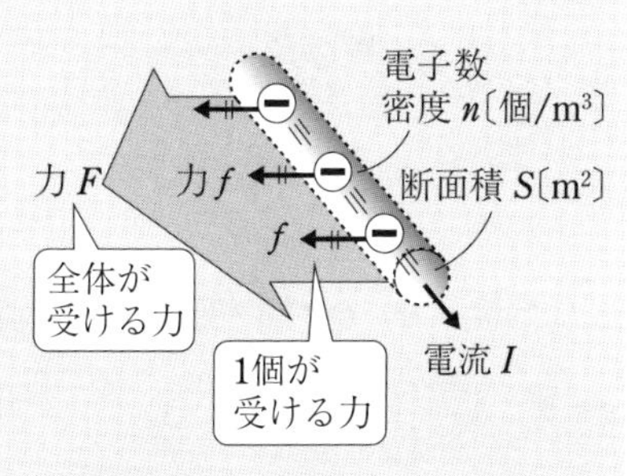

電流とは動く荷電粒子の集合体である

電流が力を受けるのは荷電粒子が力を受けているからである

⬇

電流全体が受ける力は荷電粒子が受ける力の合計である。

電流全体が受ける力Fは，$F = IBl$〔N〕であり，長さlの導線にある電子数は，nSl〔個〕である。したがって，荷電粒子1個あたりが受ける力fは全体が受ける力FをnSlで割ればよいので，

$$f = \frac{F}{nSl} = \frac{IBl}{nSl} = \frac{enSvBl}{nSl} = evB$$ 電流の公式 $I = enSv$ を用いる

$\therefore\ f = ev$B　ローレンツ力

一般に電気量 q〔C〕の粒子が磁束密度 B〔T〕の磁場の中で，磁場に垂直に速さ v〔m/s〕で運動しているときのローレンツ力の大きさ f〔N〕は，以下のように表せる。

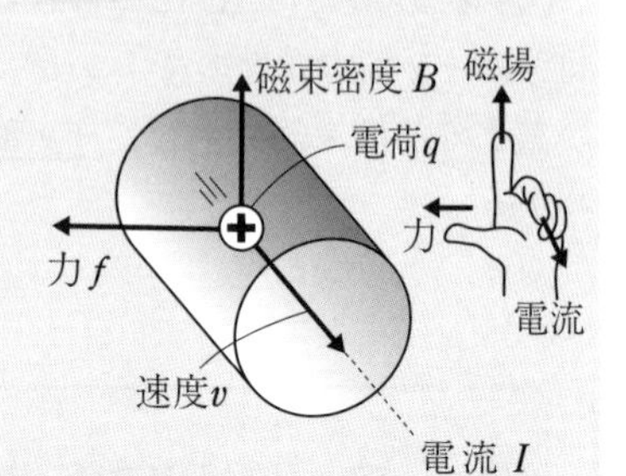

公式： $\boldsymbol{f = qvB}$〔N〕｜ローレンツ力

粒子が受ける力の向きは，電気量が正でも負でも電流の向きが中指になるようにしよう

問1

図のように，等速円運動する粒子には中心に向かう向きに力が働く。図より，時計回りに円運動することから，粒子が原点 O に入射したときに x 軸の正の向きに力が働けばよい。したがって，磁場の向きは紙面の表から裏へ向かう向きとなるので，**z 軸の負の方向**となる。

問2

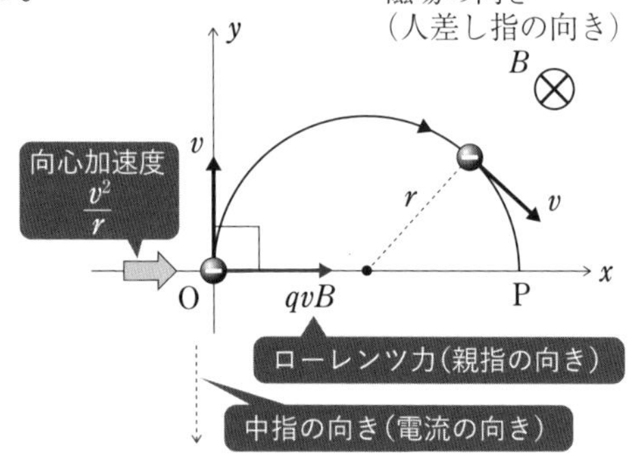

円運動の半径を r として，中心方向の運動方程式より，

$$m \cdot \frac{v^2}{r} = qvB$$

$$\therefore\ r = \frac{mv}{qB}$$

したがって，OP 間の距離は円の直径であるから，$\mathrm{OP} = 2r = \boldsymbol{\frac{2mv}{qB}}$

問3

周期の公式より，周期 T は，

$$T = \frac{2\pi r}{v} = \frac{2\pi}{v} \times \frac{mv}{qB} = \frac{2\pi m}{qB}$$

周期Tは速さvに依存しない。つまり，どんな速さでも周期は一定

粒子が点 P に達するまでの時間は半周期なので，$\frac{T}{2} = \boldsymbol{\frac{\pi m}{qB}}$

48 磁場中を運動するコイル

答

問1 (a) $-Bav$ (b) $-\dfrac{Bav}{R}$ (c) $\dfrac{(Ba)^2v}{R}$ (d) 正

問2 (e) 0 (f) 0 (g) 0

問3 (h) Bav (i) $\dfrac{Bav}{R}$ (j) $\dfrac{(Ba)^2v}{R}$ (k) 正

解答への道しるべ

GR 1 磁場中を運動するコイル

磁場中を等速度運動するとき，外力と電磁力がつり合っている。

誘導起電力

図①のように，導体棒が磁場を横切ると**誘導起電力**が生じる。誘導起電力が生じる原因をローレンツ力で説明してみる。速さ v で右向きに運動する導体棒内の正電荷 e に注目してみると，電荷が受けるローレンツ力の大きさ f は,

$$f = evB \text{〔N〕}$$

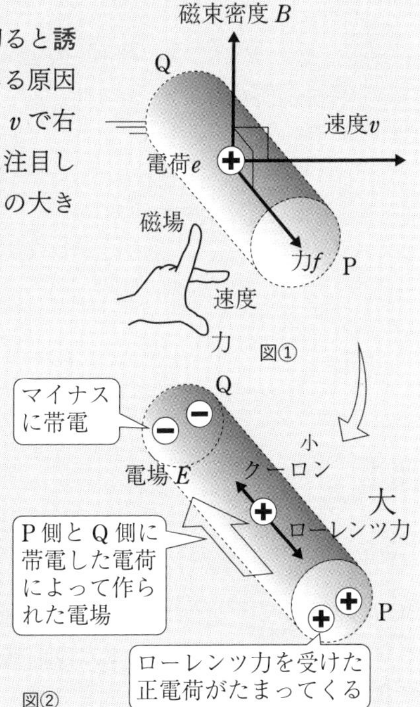

図①
図②

ローレンツ力を受けた電荷はP側にたまっていき，Q側は負に帯電していく。この帯電した電荷はP→Qへ電場をつくり出す(図②)。

生じた電場から電荷 e にクーロン力がP→Qへはたらく(この段階ではローレンツ力が勝っている)。

徐々に電荷の偏りが激しくなり，やがて，ローレンツ力とクーロン力がつり合って電荷 e の移動は止む(図③)。

$$\underset{\text{クーロン力}}{eE} = \underset{\text{ローレンツ力}}{evB} \quad \therefore \quad E = vB$$

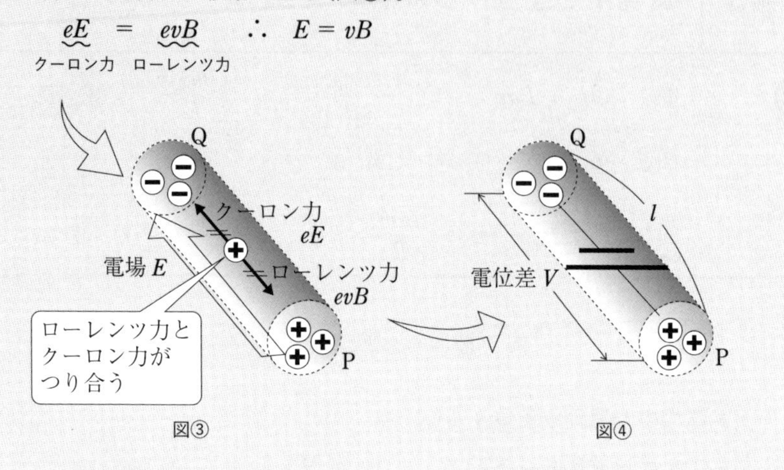

図③　図④

結局，図④のように，P は正に帯電し，Q は負に帯電しているので，PQ 間には電位差が生じている。棒の電位差を V，棒の長さを l として，

$$V = E \times l$$ 公式：$V=Ed$を用いる

$$\therefore \quad V = vBl$$

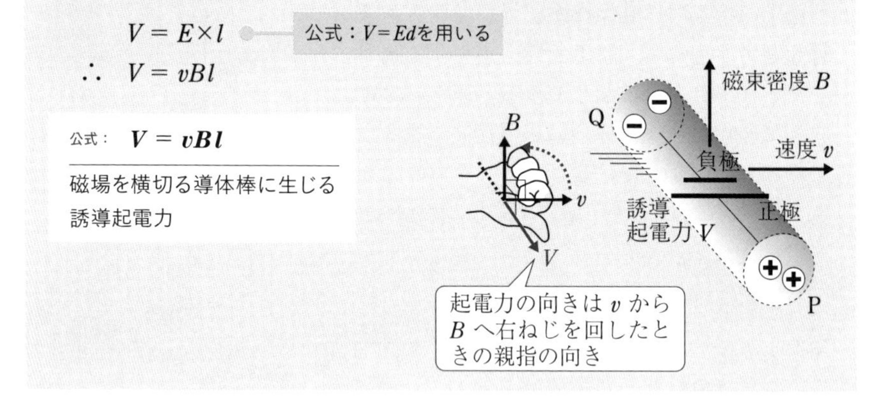

問 1

$0 \leqq t \leqq \dfrac{a}{v}$ において，図 a のように辺 BC は磁場を横切ることになる。辺 BC に注目して v から B へ右ねじを回すと，親指（起電力）が C → B の向きとなる。よって，B 側が起電力の正極となるので，起電力は ADCBA の向きとなり負となる。また，その大きさは，Bav。したがって，コイルに生じる誘導

起電力は，$V=\underline{\boldsymbol{-Bav}}$ (a)

オームの法則より，

$$V=RI \qquad \therefore\ I=\frac{V}{R}=\underline{-\frac{\boldsymbol{Bav}}{\boldsymbol{R}}}\ \text{(b)}$$

電流が負となるので，反時計回りに流れる

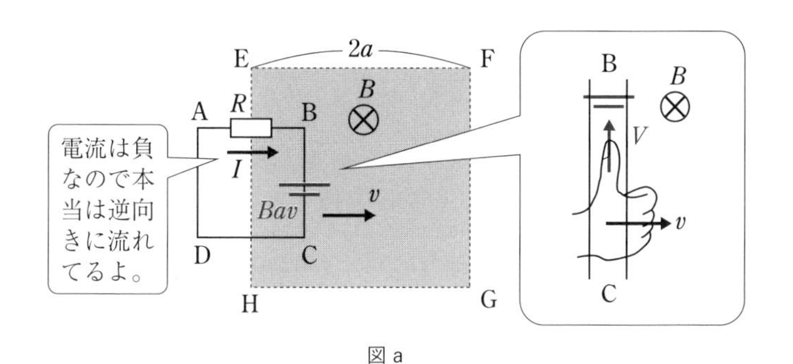

図 a

辺 BC に流れる電流の向きは C → B の向きなので，辺 BC の電流が磁場から受ける力は，図 b のように，フレミングの左手の法則より，負の向き(左向き)となる。また，その大きさ $|F_{BC}|$ は，

$$|F_{BC}|=a|I|B=\frac{(Ba)^2v}{R}$$

コイルを運動させるために，**外力を電磁力に逆らって加えなければいけない**。コイルは一定の速度なので電磁力と外力はつり合っている。よって外力は**正** (d)の向き(右向き)となり，その大きさ $F_{外}$ は

$$F_{外}=|F_{BC}|=\underline{\frac{\boldsymbol{(Ba)^2v}}{\boldsymbol{R}}}\ \text{(c)}$$

電流は負なので，絶対値をつけて，実際に流れる向きの方が見やすい

B　⊗ B（人差し指）

（中指）$|I|$

$|F_{BC}|$ 電磁力（親指）

$F_{外}$ 外力

v

C

図 b

問 2

$\dfrac{a}{v}\leqq t\leqq\dfrac{2a}{v}$ において，辺 AD と辺 BC が磁場を横切ることになる。図 c のように辺 AD では，D → A の向きが，辺 BC では，C → B の向きが誘導起電力の正極となる。辺 AD と辺 BC の誘導起電力の大きさは等しいので，コイルに生じる誘導起電力の大きさは，$V=\underline{\boldsymbol{0}}$ (e)

オームの法則より，

$$V = RI \qquad \therefore \quad I = \frac{V}{R} = \underline{\mathbf{0}}_{\text{(f)}}$$

コイルには電流が流れていないので，コイルが受ける力も $\underline{0}_{\text{(g)}}$ となる。

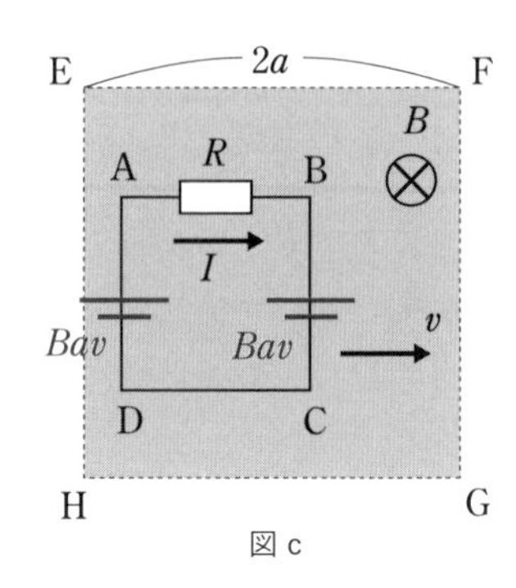

図 c

問3

$\dfrac{2a}{v} \leqq t \leqq \dfrac{3a}{v}$ において，辺ADが磁場を横切ることになる。辺ADではA側が起電力の正極となるので，起電力は時計回りなる。したがって，コイルに生じる誘導起電力は，$V = \underline{+\boldsymbol{Bav}}_{\text{(h)}}$

オームの法則より，

$$V = RI \quad \therefore \quad I = \frac{V}{R} = \underline{+\frac{\boldsymbol{Bav}}{\boldsymbol{R}}}_{\text{(i)}}$$

辺ADに流れる電流の向きはD→Aの向きなので，辺ADの電流が磁場から受ける力は，図eのように，負の向きとなる。また，その大きさ F_{AD} は，

$$F_{\mathrm{AD}} = aIB = \frac{(Ba)^2 v}{R}$$

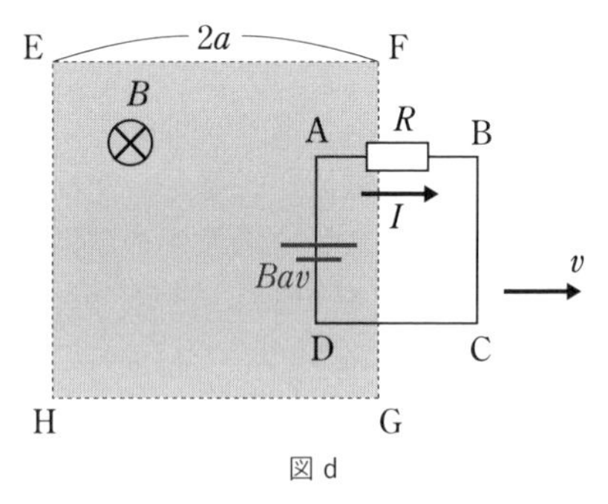

図 d

コイルは一定の速度で運動しているので，電磁力と外力はつり合っている。したがって，外力は $\underline{\text{正}}_{\text{(k)}}$ の向き(右向き)となり，その大きさ $F_{\text{外}}$ は，

$$F_{\text{外}} = F_{\mathrm{AD}} = \underline{\frac{(\boldsymbol{Ba})^2 \boldsymbol{v}}{\boldsymbol{R}}}_{\text{(j)}}$$

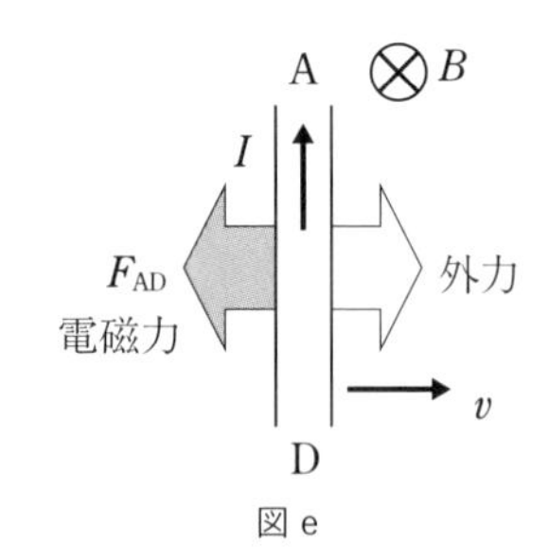

図 e

49　磁場中を運動する導体棒

答

問 1　Blv，Q よりも P のほうが高電位

問 2　$\dfrac{Blv}{R}$　　問 3　$a = g - \dfrac{(Bl)^2v}{mR}$

問 4　$v_{\mathrm{f}} = \dfrac{mgR}{(Bl)^2}$　　問 5　$P = R\left(\dfrac{mg}{Bl}\right)^2$

解答への道しるべ

GR 1 運動する導体棒の終端速度

導体棒が終端速度に達したときには，加速度 0 になる。

解説

問 1

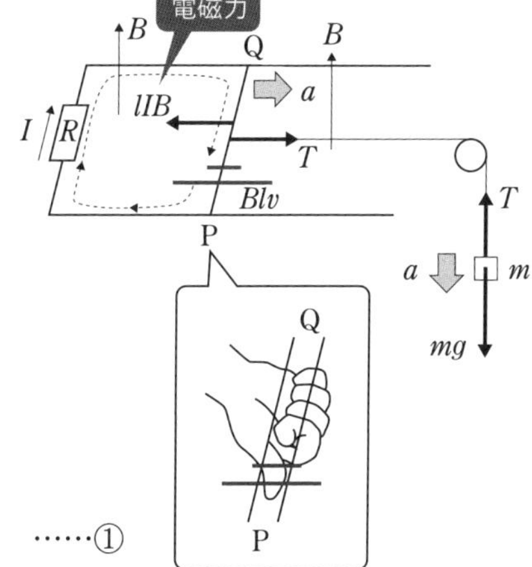

誘導起電力の大きさ V は，

$V = \underline{\boldsymbol{Blv}}$

また，図より，起電力の正極は P 側を向くので，**Q よりも P のほうが高電位**

問 2

キルヒホッフ第 2 法則より，

$$\overset{のぼる}{\oplus} Blv \overset{くだる}{\ominus} RI = 0 \qquad \therefore \quad I = \frac{\boldsymbol{Blv}}{\boldsymbol{R}} \quad \cdots\cdots①$$

問 3

張力の大きさを T とする。おもりと棒 PQ には図のように力が働く。加速度を a として，おもりと棒 PQ の運動方程式を立てると，

$$ma = mg - lIB = mg - l\frac{Blv}{R}B \qquad \therefore \quad a = \boldsymbol{g - \frac{(Bl)^2 v}{mR}}$$

問4

十分に時間が経過したあと，おもりの落下速度は一定になる。したがって，おもりの加速度は0なので，問3で求めた式で$a = 0$として，

$$0 = g - \frac{(Bl)^2 v_{\mathrm{f}}}{mR} \qquad \therefore \quad v_{\mathrm{f}} = \boldsymbol{\frac{mgR}{(Bl)^2}}$$

また，このときに流れる電流I_{f}は，①式より，

$$I_{\mathrm{f}} = \frac{Blv_{\mathrm{f}}}{R} = \frac{Bl}{R} \times \frac{mgR}{(Bl)^2} \qquad \therefore \quad I_{\mathrm{f}} = \frac{mg}{Bl}$$

問5

抵抗での単位時間あたりに発生する熱エネルギーをPとして，

$$P = RI_{\mathrm{f}}^2 = \boldsymbol{R\left(\frac{mg}{Bl}\right)^2}$$

〈補足〉おもりの単位時間あたりの位置エネルギーの減少分ΔU_gを求めてみよう。

$$\Delta U_g = mgv_{\mathrm{f}} = mg \times \frac{mgR}{(Bl)^2} = R\left(\frac{mg}{Bl}\right)^2$$

と求まる。$P = \Delta U_g$であることがわかり，エネルギー保存則が成り立っている。**おもりの単位時間あたりの位置エネルギーの減少分が抵抗で発生する消費電力であることがわかる**。

CHAPTER 5 原子

50 半減期

答

(a) α 線　(b) β 線　(c) γ 線

(d) γ, β, α　(e) α, β, γ　(f) 2　(g) 2

(h) 中性子　(i) ヘリウム　(j) 電磁波

問1 $^{14}_{7}N$　問2 11460 年前

解答への道しるべ

GR 1 放射線

α 線はヘリウム原子核，β 線は電子，γ 線は波長の短い電磁波である。

原子核

原子核は陽子と中性子からなり，非常に小さいところでくっついている。陽子どうしは反発力が働くが**核力**という強い力でくっついていられる。

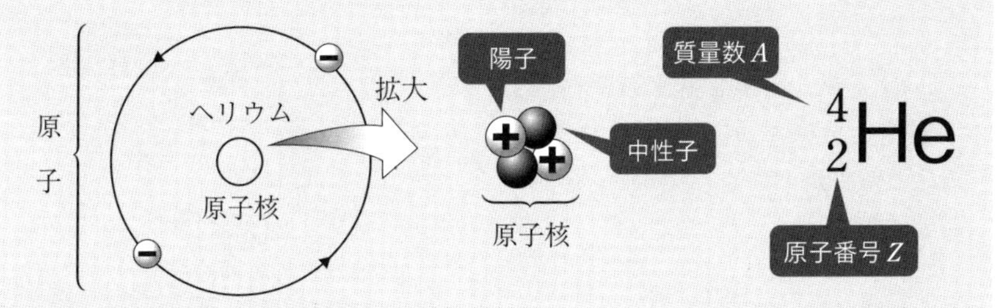

・陽子と中性子はほぼ質量が等しい。
・核力：狭い原子核内で陽子や中性子をくっつけている力。

$A\,(=4)$：質量数＝核子の合計（陽子＋中性子）
$Z\,(=2)$：原子番号＝陽子の数

α崩壊

不安定な原子核が安定になろうとして，ヘリウム原子核（陽子2個＋中性子2個の塊）を放出する。

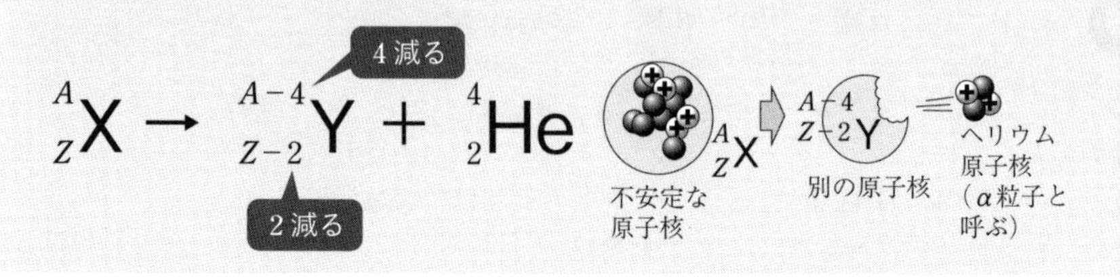

β崩壊

原子核内の中性子が陽子に変化し，電気量を保存するために，電子1個を生成する。

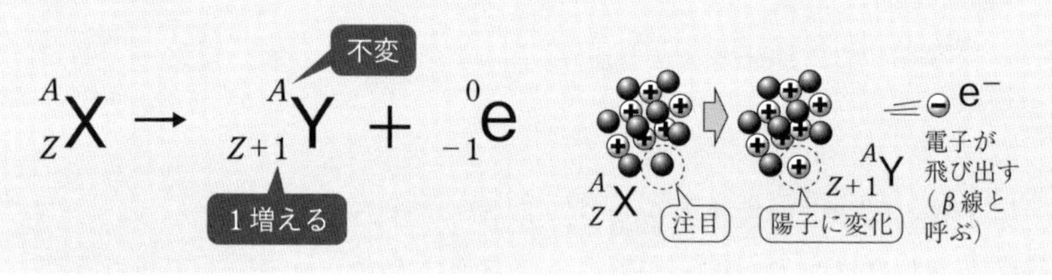

γ崩壊

α崩壊やβ崩壊を行なった後，不安定な原子核が安定になるために，エネルギーを電磁波（γ線）として放出する。

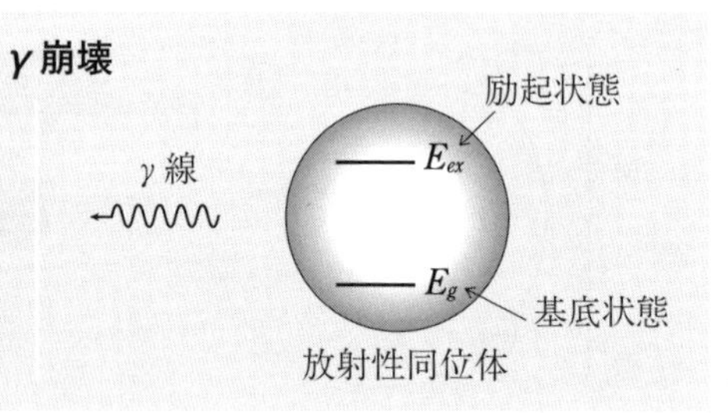

以下は放射線の種類と性質なので，覚えておこう。

放射線の種類と性質

	正体	質量	電気量	電場を加える	電離作用	透過力
α線	高速のヘリウム原子核 $^{4}_{2}He$	重い	$+2e$	電場と同じ向きに曲がる	大	小
β線	高速の電子 $^{0}_{-1}e$	軽い	$-e$	電場と逆向きに曲がる	中	中
γ線	高エネルギーの光子（波長の短い電磁波）	0	0	直進	小	大

半減期

原子核が崩壊によって，他の原子核に変わるとき，元の原子核の数が半分になるまでの時間を**半減期**という。

はじめの原子核の数を N_0，時間 t 後に壊れないで残っている原子核の数を N，半減期を T とすると，

公式： $N = N_0\left(\dfrac{1}{2}\right)^{\frac{t}{T}}$

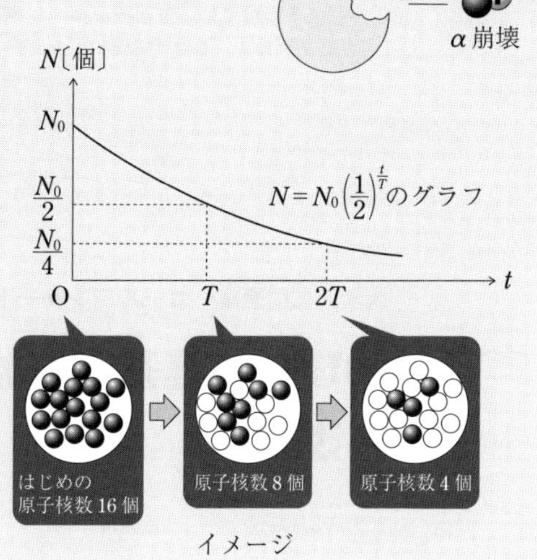

問1

$^{14}_{6}C \rightarrow \underline{^{14}_{7}N}$ ＋ 電子

問2

$^{14}_{6}C$ の存在量が大気中の割合の $\dfrac{1}{4}$ であるから，半減期の公式より，

$$\underset{\text{残っている原子核の数}}{N} = \underset{\text{はじめの原子核の数}}{N_0} \times \left(\frac{1}{2}\right)^{\frac{t}{T}} \rightarrow \frac{N}{N_0} = \left(\frac{1}{2}\right)^{\frac{t}{T}} \rightarrow \frac{1}{4} = \left(\frac{1}{2}\right)^{\frac{t}{T}} \rightarrow \left(\frac{1}{2}\right)^2 = \left(\frac{1}{2}\right)^{\frac{t}{T}}$$

$$\frac{t}{T} = 2 \qquad \therefore \quad t = 2T = 2 \times 5730 = \underline{\textbf{11460 年前}}$$

佐々木 哲　ささき・てつ

河合塾物理科講師。生徒が毎回の授業を楽しみにしてくれることを常に考えている。授業内では趣味のプログラムを活かし，CG（コンピュータグラフィックス）などを見せたり，教室で実験なども行ったりしている。授業を受けた生徒からは，今まで解けなかった物理の問題がスラスラ解けるようになったと評判。予備校では，首都圏を中心に講座を担当。映像授業「河合塾マナビス」では「物理」にも出講している。

大学入試問題集　ゴールデンルート

物理［物理基礎・物理］
基礎編

2021年3月19日　初版発行

著者　佐々木　哲
発行者　青柳　昌行
発行　株式会社KADOKAWA
〒102-8177
東京都千代田区富士見2-13-3
電話0570-002-301（ナビダイヤル）

印刷所　図書印刷株式会社

アートディレクション　北田　進吾
デザイン　堀　由佳里、畠中　脩大（キタダデザイン）
編集　大木　晴夏
校正　㈱ダブルウイング
DTP　㈱ニッタプリントサービス

●お問い合わせ
https://www.kadokawa.co.jp/（「お問い合わせ」へお進みください）
※内容によっては、お答えできない場合があります。
※サポートは日本国内のみとさせていただきます。
※Japanese text only

定価はカバーに表示してあります。

ISBN 978-4-04-604473-0　C7042